MIX
Papier aus verantwortungsvollen Quellen
Paper from responsible sources
FSC® C105338

René Kaden

Mikrobiologische Charakterisierung von Tonrohstoffen unter Berücksichtigung des Alterationsprozesses Mauken

disserta
Verlag

Kaden, René: Mikrobiologische Charakterisierung von Tonrohstoffen unter
Berücksichtigung des Alterationsprozesses Mauken, Hamburg, disserta Verlag, 2011

ISBN: 978-3-942109-56-7
Druck: disserta Verlag, ein Imprint der Diplomica® Verlag GmbH, Hamburg, 2011

Bibliografische Information der Deutschen Nationalbibliothek
Die Deutsche Nationalbibliothek verzeichnet diese Publikation in der Deutschen
Nationalbibliografie; detaillierte bibliografische Daten sind im Internet über
http://dnb.d-nb.de abrufbar.

Die digitale Ausgabe (eBook-Ausgabe) dieses Titels trägt die ISBN 978-3-942109-57-4
und kann über den Handel oder den Verlag bezogen werden.

Von der Fakultät für Chemie und Physik
der technischen Universität Bergakademie Freiberg
genehmigte Dissertation zur Erlangung
des akademischen Grades doctor rerum naturalium.

Dieses Werk ist urheberrechtlich geschützt. Die dadurch begründeten Rechte, insbesondere die der Übersetzung, des Nachdrucks, des Vortrags, der Entnahme von Abbildungen und Tabellen, der Funksendung, der Mikroverfilmung oder der Vervielfältigung auf anderen Wegen und der Speicherung in Datenverarbeitungsanlagen, bleiben, auch bei nur auszugsweiser Verwertung, vorbehalten. Eine Vervielfältigung dieses Werkes oder von Teilen dieses Werkes ist auch im Einzelfall nur in den Grenzen der gesetzlichen Bestimmungen des Urheberrechtsgesetzes der Bundesrepublik Deutschland in der jeweils geltenden Fassung zulässig. Sie ist grundsätzlich vergütungspflichtig. Zuwiderhandlungen unterliegen den Strafbestimmungen des Urheberrechtes.

Die Wiedergabe von Gebrauchsnamen, Handelsnamen, Warenbezeichnungen usw. in diesem Werk berechtigt auch ohne besondere Kennzeichnung nicht zu der Annahme, dass solche Namen im Sinne der Warenzeichen- und Markenschutz-Gesetzgebung als frei zu betrachten wären und daher von jedermann benutzt werden dürften.

Die Informationen in diesem Werk wurden mit Sorgfalt erarbeitet. Dennoch können Fehler nicht vollständig ausgeschlossen werden und der Verlag, die Autoren oder Übersetzer übernehmen keine juristische Verantwortung oder irgendeine Haftung für evtl. verbliebene fehlerhafte Angaben und deren Folgen.

© disserta Verlag, ein Imprint der Diplomica Verlag GmbH
http://www.disserta-verlag.de, Hamburg 2011
Hergestellt in Deutschland

Mikrobiologische Charakterisierung von Tonrohstoffen unter Berücksichtigung des Alterationsprozesses „Mauken"

Von der Fakultät für Chemie und Physik

der Technischen Universität Bergakademie Freiberg

genehmigte

DISSERTATION

zur Erlangung des akademischen Grades

doctor rerum naturalium

Dr. rer. nat.

vorgelegt

von Dipl. Biol. René Kaden

geboren am 31.03.1975 in Marienberg

Gutachter: Prof. Dr. Michael Schlömann, Freiberg

Prof. Dr. Gernot Klein, Höhr-Grenzhausen

Tag der Verleihung: 26.11.2010

Meinem Großvater

1920-2010

Inhaltsverzeichnis

Inhaltsverzeichnis 9

Abkürzungsverzeichnis 13

Zielsetzung 17

1   Einleitung 19
1.1   Tone und Tonminerale 19
1.2   Tonalteration und Maukprozess 22
1.3   Mikrobiologische Prozesse im Boden 27

2   Material und Methoden 35
2.1   Auswahl der Tonrohstoffe 35
2.2   Abbau und Vorbereitung der Tone 35
2.3   Tonsterilisation und DNA-Eliminierung 36
    2.3.1   Autoklavieren 36
    2.3.2 A_W-Wert Manipulation und Trockensterilisation 37
2.4   Rheologische Messmethoden 38
    2.4.1   Bestimmung der Fließgrenze 38
    2.4.2   Bestimmung der Viskosität 39
2.5   Mineralogische Untersuchungsmethoden 40
    2.5.1   Röntgenfluoreszenzanalyse (RFA) 40
    2.5.2   ATR-IR Spektroskopie 40
    2.5.3   Röntgenbeugung (XRD) 41
    2.5.4   Ermittlung der Korngrößenverteilung 41
    2.5.5   Simultane Thermische Analyse (STA) 41
    2.5.6   Bestimmung der Kationenaustauschkapazität (KAK) 42

Inhaltsverzeichnis

2.6 Keramtechnische Methoden 42
- 2.6.1 Massecharakterisierung mittels Laborstrangpresse 43
- 2.6.2 Plastizität nach Pfefferkorn 43
- 2.6.3 Rheologische Charakterisierung von Rund- und Flachstrangproben .. 43
- 2.6.4 Texturbeurteilung im Frosttest 44
- 2.6.5 Bestimmung der Trockenbiegefestigkeit (TBF) 44
- 2.6.6 Untersuchung des Brennverhaltens 44

2.7 Kultivierungsmethoden 45
- 2.7.1 Sabouraud Agar 45
- 2.7.2 R2A(s) und R2A(l) 46
- 2.7.3 Cetrimid Agar 47
- 2.7.4 Tonagar 47
- 2.7.5 Dynamisches Kultivierungssystem DCS 48

2.8 Biochemische Methoden 50
- 2.8.1 Biolog 50
- 2.8.2 ApiZym 54
- 2.8.3 Quantitative Bestimmung der Esteraseaktivität 55

2.9 Physikalische und chemische Basisparameter 56

2.10 Nukleinsäureanalytik 58
- 2.10.1 DNA-Extraktion 59
- 2.10.2 Polymerase Kettenreaktion (PCR) 63
- 2.10.3 Denaturierende Gradienten Gelelektrophorese (DGGE) 67
- 2.10.4 Sequenzierung und Datenbankrecherche 69
- 2.10.5 Sequenzassembling und taxonomische Analysen 71

2.11 Versuche 72
- 2.11.1 Optimierung der Gesamt-DNA-Extraktion aus Tonen 72
- 2.11.2 Durchführung der Basischarakterisierung 73
- 2.11.3 Durchführung des Maukversuchs 74

Inhaltsverzeichnis

3 Ergebnisse und Diskussion 77

3.1 Optimierung molekularanalytischer Methoden 77

3.2 Sterilisieren und Nukleinsäureelimination 90

3.3 Basischarakterisierung der Tone 95
    3.3.1 Physikochemische Parameter 95
    3.3.2 Mineralogische Basischarakterisierung der Tone 96
    3.3.3 Keramtechnische Basischarakterisierung der Tone 101
    3.3.4 Mikrobiologische Basischarakterisierung der Tone 103

3.4 Maukversuch 121
    3.4.1 Änderung physikalisch-chemischer Parameter 121
    3.4.2 Änderungen nanomineralogischer Parameter 134
    3.4.3 Mikrobiologische Veränderungen des Systems 137
    3.4.4 Keramtechnische Veränderungen 170

Zusammenfassung 175

Abstract 179

Tabellenanhang 183

Abbildungsanhang 213

Abbildungsverzeichnis 215

Literatur 221

Danksagung 243

Lebenslauf 245

Eidesstattliche Erklärung 247

Vorabpublikationen 249

Abkürzungsverzeichnis

Aufgrund der Allgemeingültigkeit von SI-Einheiten und den Formeln von chemischen Elementen wird auf die Erklärung dieser Abkürzungen verzichtet.

A	Adenin
AOM	anaerobe Oxidation von Methan
APS	Ammoniumpersulfat
ATR	attenuated total reflection (abgeschwächte Totalreflexion)
A_W-Wert	Activity of Water (Wasseraktivität)
AWCD	average well color development (Mittlere Farbentwicklung im Biolog)
bp	Basenpaare; Angabe der Länge der DNA
BMBF	Bundesministerium für Bildung und Forschung
C	Cytosin
Ct	Cycle threshold, Zyklusschwelle in der qRT-PCR
Cu-Trien	Cu(II)-Triethylentetramin
ddNTP	di- Desoxynukleotid
DEV	Deutsches Einheitsverfahren
DGGE	Denaturierende Gradienten-Gelelektrophorese
DIN	Deutsche Industrienorm
DNA	Deoxyribonucleic acid (Desoxyribonukleinsäure)
dNTP	Desoxyribonukleosidtriphosphate
DOC	dissolved organic carbon (gelöster organischer Kohlenstoff)
E. coli	*Escherichia coli*
EDTA	Ethylendiamintetraessigsäure
EN	Euronorm

Abkürzungsverzeichnis

EPS	Extrazelluläre Polymere Substanzen
Exo-Sap	Gemisch aus Exonuklease 1 und Shrimp Alkaline Phosphatase
FAD	Flavin-Adenin-Dinukleotid
FDA	Fluoresceindiacetat
FGK	Forschungsinstitut für anorganische Werkstoffe Glas und Keramik
FM	Frischmasse
G	Guanin
ICP-OES	inductively coupled plasma optical emission spectrometry (optische Emissionsspektrometrie mittels induktiv gekoppelten Plasmas)
IFG	Institut für Funktionelle Grenzflächen
IR	Infrarot
ISO	International Standards Organisation
KbE	koloniebildende Einheiten
KAK	Kationenaustauschkapazität
KIT	Karlsruher Institut für Technologie
l	liquid (flüssig)
NAD(P)	Nicotinsäureamid-Adenin-Dinukleotid-(Phosphat)
NCBI	National Center for Biotechnology Information
NS	nuclear small (Amplifikationsort zum Nachweis von Pilzen)
OD	Optische Dichte
PCR	Polymerase Chain Reaction (Polymerase Kettenreaktion)
PBS	Phosphate buffered saline (Phosphatgepufferte Kochsalzlösung)
PhChl	Phenol-Chloroform
PHB	Polyhydroxybutyrat
PHV	Polyhydroxyvalerat
QAC	Quaternary ammonium compounds
RFA	Röntgenfluoreszenzanalyse
RMP	Ribulosemonophosphat

Abkürzungsverzeichnis

ROC	Residualer organischer Kohlenstoff
qRT-PCR	Quantitative Real Time Polymerase Chain Reaction
s	solid (fest)
STA	Simultane Thermoanalyse
Stabw.	Standardabweichung
SRB	Sulfatreduzierende Bakterien
T	Thymin
TAE	Puffer aus Tris, Na-Actetat und EDTA
TBF	Trockenbiegefestigkeit
Temed	Tetramethylendiamin
TIC	total inorganic carbon (gesamt- anorganischer Kohlenstoff)
T_m	Schmelztemperatur der Primer
TM	Trockenmasse
TOC	total organic carbon (gesamt- organischer Kohlenstoff)
Tris HCl	Tris(hydroxymethyl)-aminomethan- Salzsäure
TVO	Trinkwasserverordnung
u	unit; Einheit der Enzymaktivität
VE-Wasser	demineralisiertes Wasser
W1 / W2	Westerwälder Tone 1 und 2
XRD	X-ray defractometry (Röntgenbeugung)

Zielsetzung

Die Forschungsarbeiten für die Dissertationsschrift „Mikrobiologische Charakterisierung von Tonrohstoffen unter Berücksichtigung des Alterationsprozesses Mauken" sind in ein, durch das Bundesministerium für Bildung und Forschung (BMBF) gefördertes Vorhaben (01RI0626B), mit dem Titel „Entwicklung neuer Aufbereitungstechnologien für tonmineralische Rohstoffe durch gezielte Nutzung und Steuerung mikrobiologischer Reaktionen" - BIOTON - eingegliedert.

Zur industriellen Verarbeitung von Tonrohstoffen können diese zunächst gelagert werden, um durch den Prozess des Maukens die Produkteigenschaften zu verändern. Dieses Verfahren wird seit Jahrhunderten genutzt, obwohl die Prozesse, welche der Veränderung der Rohstoffeigenschaften zugrunde liegen, nie aufgeklärt werden konnten. Auf Grundlage bereits publizierter Daten liegt die Vermutung nahe, dass das Mauken ein mikrobiell beeinflusster Prozess ist.

Um diese These zu untersuchen, sollen zwei Tone, welche ähnliche chemische und mineralogische Eigenschaften besitzen, entsprechend der Erfahrungen aus Industrieprozessen aber ein unterschiedliches Maukverhalten aufweisen, genauer charakterisiert werden. Der Schwerpunkt der Arbeiten liegt dabei auf der mikrobiologischen Analytik, wobei zur Charakterisierung des Habitats sowie zur Bewertung der Änderungen von Produkteigenschaften auch physikalisch-chemische, mineralogische und keramtechnische Parameter in die Betrachtungen einfließen sollen, welche in Zusammenarbeit mit den Projektpartnern des BIOTON-Projektes erhoben werden.

Da die Extraktion von Nukleinsäuren aus Tonen aufgrund der Struktur und Variabilität des Rohstoffs bekanntermaßen Probleme bereitet, soll zunächst eine Methode zur DNA-Extraktion aus zwei definierten Tonen etabliert sowie die Methoden zu deren weiterer Verwendung in der molekularbiologischen Analytik mittels PCR und DGGE angepasst werden. Ziel dieser Arbeiten ist es, eine möglichst genaue Darstellung der mikrobiellen Vielfalt bezüglich der untersuchten Matrix zu erhalten. Dabei sollen auch alternative Möglichkeiten zur Populationsanalyse, außer der Gesamt-DNA-Extraktion untersucht werden.

Zielsetzung

Nach der Charakterisierung der Rohstoffe soll deren Maukverhalten unter möglichst industrienahen Bedingungen untersucht werden. Dabei sollen, zu zeitlich definierten Probenahmen, vor allem die nachweisbaren Spezies innerhalb der Eubacteria analysiert werden. Um die Vergleichbarkeit mit bereits publizierten Daten gewährleisten zu können, soll die molekulare Analytik auf Basis der 16S rDNA erfolgen. Außerdem soll die Änderung der mineralogischen und keramtechnischen Parameter erfasst und gegebenenfalls im Kontext diskutiert werden.

1 Einleitung

1.1 Tone und Tonminerale

Tone sind Sedimente mit einer dominierenden Kornfraktion < 2 µm, welche größtenteils aus Tonmineralen bestehen. Diese Minerale enthalten vor allem Silizium, Aluminium, Wasserstoff und Sauerstoff, welche mit einem Vorkommen von über 90% die häufigsten Elemente in der Erdkruste sind (Jasmund & Lagaly 1993). Tonminerale entstehen als natürliche Verwitterungsprodukte von Glimmern und Feldspäten, welche die Hauptbestandteile des Granits darstellen. Sie sind schichtförmig aus Lagen von Siliziumtetraedern [SiO_4] und Aluminiumoktaedern [$Al(O,OH)_6$] aufgebaut, wobei das Aluminium auch durch Magnesium [$Mg(O,OH)_6$] ersetzt sein kann. Diese Lagen können entweder in einer Anordnung von Tetraeder- und Oktaederschicht (TO) als 1:1 Schichtsilikate oder in der Abfolge Tetraeder-Oktaeder-Tetraeder (TOT) als 2:1 Schichtsilikate vorkommen (Abbildung 1.1).

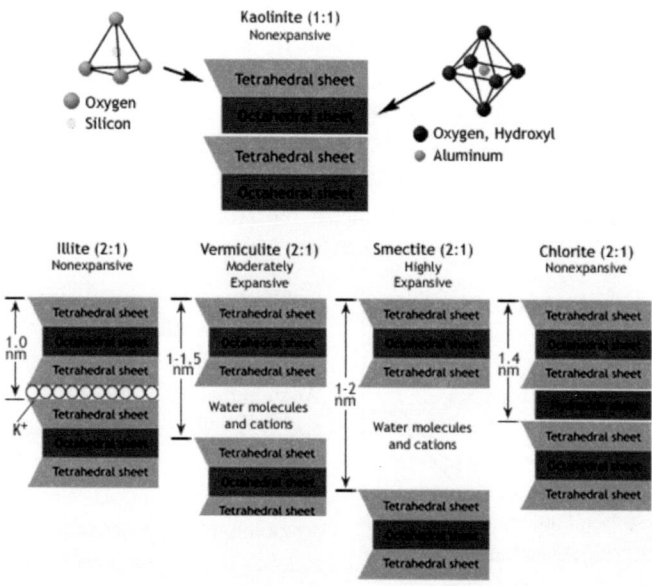

Abbildung 1.1: Aufbau und Klassifizierung von Tonmineralen (Lory 2010)

Einleitung

Durch die Substitution von Aluminium oder Magnesium aus den Oktaederschichten mit anderen drei- oder zweiwertigen Kationen erhalten die Schichtpakete zusätzliche negative Ladungen, welche durch Aufnahme von ein- oder zweiwertigen Kationen zwischen die Schichtpakete ausgeglichen werden (Telle 2007). Dies verdeutlicht die hohe Anzahl möglicher Konfigurationen, in welcher Schichtsilikate allein durch Variation des substituierten Ions auftreten können, was wiederum eine hohe Variabilität der Rohstoffeigenschaften zwischen den einzelnen Tonlagerstätten bedingt. Der isomorphe Ersatz führt dabei zur negativen Schichtladung der Tonminerale. Die Verfügbarkeit eines wässrigen Elektrolyten bedingt die Induktion der elektrischen Doppelschicht (Sposito *et al.* 1999). Ein grundlegendes Unterscheidungsmerkmal für Tonminerale sind auch die Quellfähigkeit und die Kationenaustauschkapazität (KAK), welche bei Kaolinit am geringsten ist und zwischen 0 - 15 mval/100 g beträgt und mit 100 - 150 mval/100 g hohe Werte bei Vermiculit aufweist (Telle 2007). Beim Kationenaustausch können die Kationen der Zwischenschichten in einem Tonschlicker gegen Kationen, welche im Medium in einer größeren Konzentration zur Verfügung stehen, ausgetauscht werden. Dieser Austausch ist im Allgemeinen umso effizienter, je größer die Konzentration, je geringer die Ladung und kleiner der Ionenradius der in die Zwischenschichten einzubringenden Ionen ist. Die effektive KAK ist auch vom pH-Wert abhängig und ist im alkalischen Bereich durch den Beitrag der Kantenladung erhöht. Diese ist im Gegensatz zur strukturell bedingten permanenten Schichtladung direkt vom pH-Wert abhängig. Während bei sauren pH-Werten die Kanten durch den Protonenüberschuss positiv geladen sind, dissoziieren im alkalischen Milieu zunächst die Silanol- später auch die Aluminolgruppen, was neutrale oder negative Kantenladung bedingt (Menger-Krug 2008).

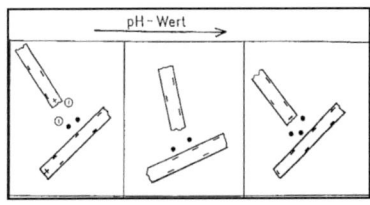

Abbildung 1.2: Einfluss des pH-Wertes auf die Teilchenordnung im Ton (Jasmund & Lagaly 1993)

Kanten- und Flächenladungen bedingen aufgrund der daraus resultierenden Abstoßungs- und Anziehungskräfte die Ausbildung von spezifischen Teilchenanordnungen. Aus Abbildung 1.2 wird deutlich, dass bei saurem pH-Wert starke Anziehungskräfte zwischen Kante und Fläche der Tonminerale vorhanden sind.

1.1 Tone und Tonminerale

Diese Anziehungskräfte können durch Kationen oder Anionen stabilisiert sein. Im neutralen Milieu sind nur sehr schwache Wechselwirkungen in Form von „van der Waals Kräften" zwischen Flächen und Kanten vorhanden. Bei alkalischen pH-Werten sind Kanten und Flächen negativ geladen und über starke Wechselwirkungen durch Kationenbrücken miteinander verbunden.

Die Ausbildung dieser Strukturen, die Art der Kationen sowie weitere Parameter führen zu einem spezifischen rheologischen Verhalten der Tone. So wird industriell häufig das Fließverhalten eines Tones mittels Messung der Viskosität oder der Fließgrenze ermittelt. Die Fließgrenze wird dann erreicht, wenn die Kraft der Ladungen, welche das System stabilisiert, durch die angelegte Scherkraft überwunden wird. Dieser Effekt ist bei Tonen nicht nur im Schlicker, sondern auch in der plastischen Masse als Thixotropie zu beobachten. Unter großer Scherbeanspruchung, welche im einfachsten Fall durch hohen Druck erzeugt werden kann, kommt es dabei zur Verflüssigung der Masse, was besonders in Hinblick auf die Nutzung von Flächen, unter welchen Lagerstätten der „quick-clays" sind, von besonderer Bedeutung ist.

Einleitung

1.2 Tonalteration und Maukprozess

Die ersten Nachweise für gebrannten Ton gehen auf die Zeit um 25000 v.Chr. zurück (Reh 2001). Zu dieser Zeit wurden zunächst Kultgegenstände und später auch Geschirr aus Ton gefertigt. Zur Verwendung von Tonen als Zierkeramik war es notwendig, die Eigenschaften des fertigen Produktes beeinflussen zu können. So war zum Beispiel die Produktion des Eierschalenporzellans (t′o t′ai = körperloses Porzellan), welches eine Wandstärke von 0,4 mm aufweist, nur möglich, indem die Bruchfestigkeit der Keramik durch entsprechende Vorbehandlung der Tone verbessert wurde. Diese Techniken waren in China ab dem 15. Jh. bekannt und werden oft mit dem heute angewandten Maukprozess in Verbindung gebracht. In China wurden zur Vorbehandlung dieser Tone die Massen nach dem Abbau mit Urin, Blut oder Fäkalien vermengt, vergraben und unter Luftabschluss für viele Jahrzehnte gelagert (Beurdeley 1962). Es wurde daher angenommen, dass die Einlagerung von Harnstoff in die Kristallstruktur des Kaolinits dessen plastische Eigenschaften verändert (Weiss 1963).

Die Lagerung von Tonen vor der Formgebung, was als Mauken bezeichnet wird, ist eine Methode, welche auch heute noch genutzt wird, um die Verarbeitung zu erleichtern und vor allem die Produkteigenschaften zu erhöhen. Für diesen Prozess betreiben einige Firmen Sumpfhäuser oder Mauktürme. Die Maukzeiten wurden im Vergleich zu der chinesischen Methode erheblich verkürzt und betragen für die industrielle Produktion nur noch einige Wochen. In Anbetracht der gesteigerten Fördermengen wäre die Lagerung über Jahre nicht mehr realisierbar. So stieg die Produktivität im Westerwald zum Beispiel von 4 t je Arbeiter und Schicht im Jahr 1960 auf 3,5 Mio. t je Arbeiter und Schicht im Jahr 2004, was hauptsächlich auf den Einsatz moderner Maschinen zurückzuführen ist (Telle 2007). Die Maukzeit wird daher zunehmend durch die verfügbaren Lagerkapazitäten bestimmt. Auch die Zugabe von organischem Material ist nicht mehr üblich. Zur Aufarbeitung der Rohstoffe werden diese homogenisiert und mit Prozesswasser befeuchtet. Einige Massen werden direkt nach der Zugabe von Flussmittel, wie Feldspat oder Magerungsmittel, wie Schamotte verarbeitet. Bei Tonen, welche dem Maukprozess zugeführt werden, sollen vor allem die nachfolgend vorgestellten Eigenschaften verbessert werden:

1.2 Tonalteration und Maukprozess

Verbesserung der Plastizität

Eine wichtige Verarbeitungseigenschaft der Tone, die sich im Laufe des Maukprozesses ändert, ist die Plastizität oder Bildsamkeit, welche als Formgebungsparameter verstanden werden kann. Die Plastizität ist nicht hinreichend messbar und wird für die industrielle Anwendung über nahezu korrelierende Messungen, wie zum Beispiel die der rheologischen Eigenschaften ermittelt. Auch die Charakterisierung einer Masse nach Pfefferkorn (1924), bei welcher die Verformung einer Masse durch ein standardisiertes Prüfgewicht bestimmt wird, zählt nach wie vor zu den Methoden, mit welchen die Plastizität abgeschätzt werden kann. Ein Gerät zur Ermittlung der Bildsamkeit wurde von Ebert (2003) beschrieben. Plastische Massen sind dadurch gekennzeichnet, dass sie bei der Verarbeitung nicht spröde, aber trotzdem maschinell bearbeitbar sind. In den Tonrohstoffen sind primär die Tonminerale (Blume *et al.* 2010) sowie das geochemische Milieu (Menger-Krug 2008) für die Plastizität verantwortlich. Durch die ladungsbedingten Wechselwirkungen zwischen Tonmineralen kommt es zur Ausbildung einer dreidimensionalen Struktur, welche wiederum Wassermoleküle durch elektrostatische Anziehungskräfte bindet, so dass eine plastische Masse entsteht (Jasmund & Lagaly 1993). Weiterhin hat die Zugabe von scherkraftvermindernden Stoffen, wie bakteriell gebildete extrazelluläre polymere Substanzen (EPS) (Oberlies & Pohlmann 1958; Ren *et al.* 1992) oder Wasser einen Einfluss auf die Plastizität, wobei dadurch nur geringe Änderungen realisierbar sind (Graham & Sullivan 1939). Neben der Plastizität haben auch die Partikelgröße und die prozentuale Zusammensetzung einer Probe aus Teilchen mit unterschiedlichen Korngrößen einen Einfluss auf die Verarbeitbarkeit von Tonen (Whittaker 1939).

Einen negativen Einfluss auf die Plastizität hat der Gehalt an nicht plastischen Verbindungen in einem Rohstoff. Dabei handelt es sich vor allem um Quarzsande aber auch um Al_2O_3, welchem jedoch durch Mahlen in verdünnter HCl eine geringe Plastizität vermittelt werden kann (Telle 2007). Stoffe, welche sich wenig oder nicht plastisch verhalten, können sehr plastischen Massen als Magerungsmittel beigemengt werden.

Formstabilität während der Verarbeitung

Ziel der Verarbeitung ist es zunächst, formstabile Grünkörper herzustellen. Wurde einer Masse bei der Aufarbeitung zu viel Wasser beigemengt, kann es nicht nur zu einer Verformung infolge des Gravitationseinflusses, sondern auch

Einleitung

zu starken Trocknungsschwindungen kommen. Eine weitere Volumenschrumpfung erfährt der Ton beim Brennen, da bei hohen Temperaturen zunächst organische Masse oxidiert und als CO_2 entweicht und danach ein Sintervorgang einsetzt, bei welchem die Poren zwischen den Körnern schrumpfen und damit eine Verdichtung einsetzt. Bei zu starker Trocken- und Brennschwindung kann es zur Rissbildung kommen. Außerdem sind manche Produkte nur in einer vorgegebenen Größe verwendbar, was bei einer dreidimensionalen Form insofern problematisch ist, dass dünnwandige Areale weniger schrumpfen aber mehr zu einem Verzug neigen als dickwandige Bereiche. Das erfordert eine genaue Kenntnis über die Schwindung eines Rohstoffes beim Brennen oder die Möglichkeit der computergestützten Modellierung. Diesem Problem kann jedoch auch begegnet werden, indem Rohstoffe mit geringer Trocken- und Brennschwindung genutzt oder diese Parameter durch das Mauken der Tone verändert werden.

Verbesserung der Produktqualität

Die Produktqualität ist vor allem durch die mechanische Belastbarkeit charakterisiert. Diese ist umso höher, je weniger Poren in der Keramik vorhanden sind und je homogener die Teilchengröße der verarbeiteten Tonminerale war. Poren und große Körner fungieren als Störstellen im Gitter, von welchen aus die Rissbildung einsetzen kann. Die Porosität lässt sich mit der Wasseraufnahme eines Prüfkörpers ermitteln. Ein zu hoher Anteil organischer Masse im Ton kann durch die, beim Brennen entstehenden CO_2- Inklusionen zu einer hohen Porosität und minderer Produktqualität führen. Allerdings können organische Stoffe beim Brennprozess auch eine Lage zwischen den Körnern bilden, welche sich aufgrund einer vernetzenden Funktion positiv auf die Bruchfestigkeit einer Keramik auswirkt. In diesem Zusammenhang ist es notwendig, den residualen organischen Kohlenstoff (ROC) aus dem Ton verfügbar zu machen und gegebenenfalls aus dem System zu entfernen. Beim ROC (Tabelle 1.1) handelt es sich um matrixassoziierte, langkettige Moleküle, welche durch die autochthonen Mikroorganismen unter den Umgebungsparametern der Lagerstätte nicht verwertet werden können und dadurch im Mittel bei Kaolin 360 Jahre und bei Smectiten 1100 Jahre überdauern können. Dabei besteht ein direkter Zusammenhang zwischen der Verweildauer des ROC und der Schichtladung der Tonminerale (Wattel-Koekkoek & Buurman 2004).

1.2 Tonalteration und Maukprozess

Tabelle 1.1: Vergleich der Eigenschaften von DOC und ROC in Schichtsilikaten (Menger-Krug 2008)

	ROC	DOC
$C_{\text{Gesamt organisch}}$	> 90%	< 10%
Verweildauer	100-1000 Jahre	Stunden bis Jahre
Extrahierbarkeit	Matrixassoziiert, schwer extrahierbar	Leicht extrahierbar
Aufbau	Aliphatische und aromatische Verbindungen	Kurze Ketten
Bioverfügbarkeit	Niedrig	Hoch

Bei der Aufarbeitung und Lagerung der Tone ändern sich einige Umgebungsparameter grundsätzlich. So sind zum Beispiel aerobe Abbauprozesse möglich. Es ist anzunehmen, dass sich einige Mikroorganismen unter den geänderten Bedingungen effektiver vermehren können oder dass, bedingt durch die Lagerungsbedingungen beim Mauken, Bakterien von abgelagerten Massen in frisch aufgeschüttete Tone übertragen werden. Die Produktion von bakteriellen Exonukleasen führt zur Mobilisierung von ROC, welcher dadurch für heterotrophe Organismen verfügbar wird (Gobat et al. 2003). Eine teilweise Blockierung der aktiven Zentren der Enzyme durch Adsorption an die geladenen Tonpartikel führt allerdings zur Hemmung dieses Prozesses. Dabei sinkt die Aktivität eines Enzyms mit steigender spezifischer Oberfläche und zunehmender Ladung eines Tonminerals (Jasmund & Lagaly 1993).

Ein Ziel des Maukprozesses ist es, den ROC zu mobilisieren sowie die Art und Menge an organischem Material auf einen Idealwert einzustellen, welcher allerdings nicht bekannt ist und in jedem Ton einen anderen Wert aufweisen würde. Daran wird deutlich, dass die Manipulation eines industriellen Maukprozesses eine gute Kenntnis der Rohstoffeigenschaften sowie Erfahrungen mit deren Alterationsverhalten voraussetzt.

Einleitung

Einfluss von Mikroorganismen auf den Maukprozess

Die Erwartung einer Verbesserung der plastischen Eigenschaften ist der Hauptgrund Tone zu mauken (Telle 2007). Hinsichtlich der nachweisbaren Veränderungen im Verlauf des Maukprozesses werden diverse Gründe diskutiert. So wurde von Weiss (1963) ein plastizitätsverbessernder Einfluss von Harnstoff beschrieben. Oberlies & Pohlmann (1958) konnten nachweisen, dass bakteriell gebildete EPS in Tonen durch die Anlagerung an Feldspäte scherkrafterniedrigend wirken. Die Beteiligung von Mikroorganismen am Maukprozess ist naheliegend, da sich die Zugabe organischen Materials positiv auswirkt und rein physikalisch- chemische Prozesse eine längere Zeit in Anspruch nehmen würden. Die Untersuchungen von Glick (1936) bestätigten diese Annahme. So wurden aus den Tonen über 19 verschiedene Spezies der Gattungen *Arthrobacter, Bacillus, Thiobacillus* und *Pseudomonas* kultiviert. Ein weiterer Beleg für den Einfluss von Mikroorganismen auf alternde Tone war die Beobachtung der Änderung plastischer Toneigenschaften durch die Anwesenheit von *Aspergillus niger*. Da dieser Pilz gesundheitsschädliche Sporen produziert, war eine industrielle Umsetzung dieser Beobachtungen nicht möglich. Der Einfluss von Bakterien auf diverse Toneigenschaften wurde auch durch Vaiberg *et al.* (1980), Velde (1995) sowie Groudeva & Groudev (1995) belegt. Es konnten jedoch nie die Mikroorganismen identifiziert werden, welche den Maukprozess bedingen.

Gaidzinski *et al.* (2009) konnten keinen Einfluss von Mikroorganismen auf die Verarbeitungs- und Produkteigenschaften von Tonen feststellen. Diese Beobachtungen beruhen allerdings auf Messungen der Enzymaktivität, deren Werte nach 6 Monaten Inkubation ohnehin niedrig zu erwarten sind und auf keramtechnischen Messwerten, von welchen mehrere eine Standardabweichung von mehr als 100% aufweisen. Weiterhin wurde eine Maukfeuchte zwischen 3,53% und 7,14% gewählt, was bei geringen Gehalten an 1:1 Tonmineralen eine so geringe Wasserverfügbarkeit für Mikroorganismen bedingt, dass Bakterien keinesfalls in diesem System überleben oder Stoffwechsel betreiben konnten.

Hinsichtlich kontroverser Meinungen und der nie nachgewiesenen Beteiligung von speziellen Mikroorganismenspezies am Maukprozess bleibt die Frage nach der Existenzberechtigung teurer Maukanlagen, wie Sumpfhäuser und Mauktürme.

1.3 Mikrobiologische Prozesse im Boden

Im Boden finden vielfältige physikochemische Prozesse statt, an welchen, besonders in den oberen Bodenhorizonten, Mikroorganismen beteiligt sind. Deren Abundanz wurde von Dunger (1983) nach einer Untersuchung von Böden in Mittel- und Nordeuropa mit 10^7 bis 10^9 Bakterien und 10^4 bis 10^7 Pilzen je cm^3 Boden angegeben. Hinsichtlich der Abhängigkeit von der Sauerstoffverfügbarkeit werden anaerob, aerob und mikroaerophil lebende Mikroorganismen unterschieden. Übergangsformen, wie zum Beispiel fakultativ anaerob lebende Bakterien sind keine Seltenheit.

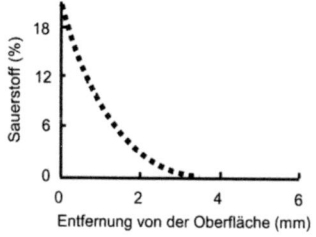

Abbildung 1.3: Sauerstoffgradient in einem Bodenpartikel (Reineke & Schlömann 2007)

Das Habitat wird als anoxisch bezeichnet, wenn kein frei verfügbarer, molekularer Sauerstoff vorhanden ist. Prozesse, welche unter diesen Bedingungen ablaufen, sind zum Beispiel die Denitrifikation und die Sulfatatmung. In Bodenpartikeln bildet sich durch mikrobielle Stoffwechselaktivität ein Sauerstoffgradient aus. So ist in einer Entfernung von der Oberfläche von 4 mm kein molekularer Sauerstoff mehr nachweisbar (Abbildung 1.3).

Die Stoffwechselaktivität von Bakterien und Pilzen setzt vor allem die Verfügbarkeit von Wasser und Kohlenstoff voraus. Die Kreisläufe und die Relevanz der Elemente mit hohen Stoffumsätzen im Ton sollen im Folgenden kurz vorgestellt werden.

Kohlenstoffverfügbarkeit

Der globale Kohlenstoffkreislauf lässt sich in autotrophe und heterotrophe Prozesse gliedern. Autotrophie ist mit CO_2-Bindung unter Nutzung von Lichtenergie oder Energie aus chemischen Verbindungen, Heterotrophie mit CO_2-Produktion verbunden. Bleibt der Kohlenstoff zum Beispiel durch Bildung von organischer Masse im System, steht er für den weiteren Umsatz zur Verfügung. Ein Verlust durch Verflüchtigung von Kohlenstoff aus dem System kann die Folge der Produktion von Kohlendioxid oder Methan sein. In tiefen Bodenhorizonten und vor allem bei sehr feinkörnigen Materialien, wie dem Ton

Einleitung

ist dieser Verlust jedoch sehr gering. CO_2 kann in diesem Fall vor Ort durch Bakterien, zum Beispiel zur Acetogenese, genutzt werden (Abbildung 1.4).

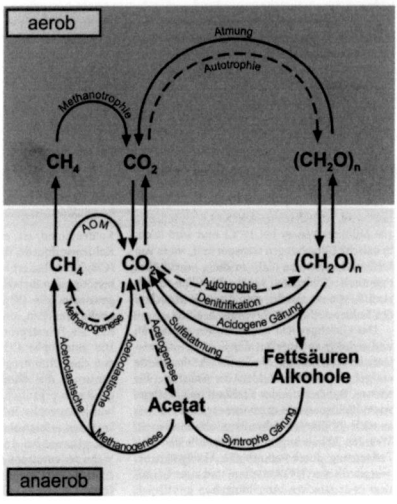

Abbildung 1.4: Kohlenstoffkreislauf;
$(CH_2O)_n$...organisches Material
AOM...anaerobe Oxydation von Methan
(Reineke & Schlömann 2007)

Neben den vielfältigen Möglichkeiten Kohlenstoffverbindungen zu verwerten, weisen einige Mikroorganismen auch Stoffwechselwege auf, welche besondere Anpassungen an das Habitat darstellen und nur bei Bakterien nachgewiesen wurden. So sind einige Spezies in der Lage, Acetat direkt, ohne den verlustbehafteten Umweg über Pyruvat, zu Acetyl CoA umzuwandeln. Um eine vollständige Oxidation von Kohlenstoff zu CO_2 bei der Verwertung von Acetat zu verhindern, wird von einigen Bakterien der Citratzyklus durch die Bildung von Glyoxylat abgekürzt. Dies wird durch die Hemmung der Isocitratdehydrogenase mittels Phosphorylierung realisiert. Infolge dieser Reaktion spaltet die Isocitratlyase das Isocitrat zu Glyoxylat und Succinat (Abbildung 1.5).

1.3 Mikrobiologische Prozesse im Boden

Manche Bakterien können Speicherstoffe, wie zum Beispiel Polyhydroxybutyrat (Lodwig *et al.* 2005) oder Polyhydroxyvalerat (PHV) (Oehmen *et al.* 2006) bilden. Die Synthese von PHV kann entweder unter Energieverbrauch direkt aus Acetyl CoA oder über einen Teil des Citratzyklus durch Bildung von Metaboliten, wie Methylmalonyl CoA erfolgen.

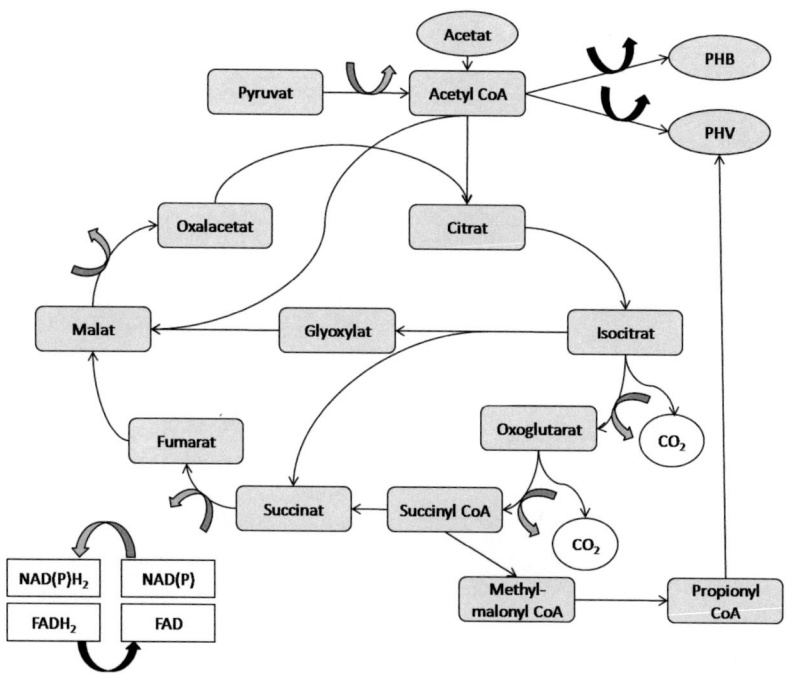

Abbildung 1.5: Bakterielle Stoffwechselwege ausgehend vom Citratzyklus
PHB…Polyhydroxybutyrat; PHV…Polyhydroxyvalerat
NAD(P)…Nicotinsäureamid-Adenin-Dinukleotid-(Phosphat)
FAD…Flavin-Adenin-Dinukleotid

Einige Bakterien bilden am Ende der logarithmischen Wachstumsphase und in der stationären Phase EPS, welche größtenteils aus Kohlenstoffverbindungen, wie zum Beispiel Glykoproteinen und Polysacchariden bestehen. In Biofilmen beträgt der Anteil an EPS 50% bis 95% der Trockenmasse (Varnam & Evans 2000). Die EPS verringern den Einfluss von UV-Strahlung und Wärme, minimieren inhibitorische Effekte oder die Wirkung wechselnder pH-Werte und schützen die Bakterien in der EPS-Matrix vor Phagen (Hicks & Rowbury 1987).

Einleitung
Stickstoffverfügbarkeit

Da Stickstoff unter anderem ein Grundbestandteil der Aminosäuren ist, ist dieses Element essentiell für alle Lebewesen. Es muss dem Organismus entsprechend dem Verhältnis von C:N:P = 106:16:1 zur Verfügung stehen (Redfield *et al.* 1963).

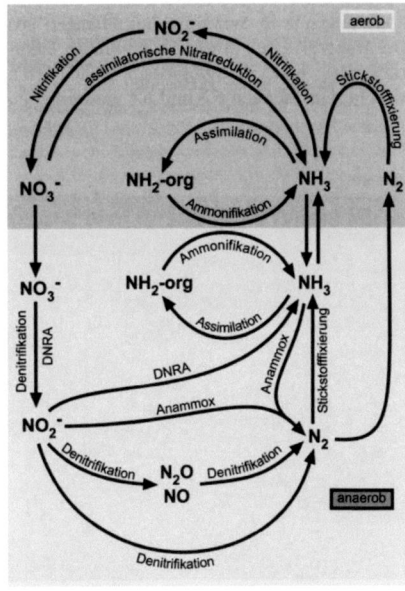

Abbildung 1.6: Stickstoffkreislauf (Reineke & Schlömann 2007)

Für Lebewesen sind unterschiedliche Stickstoffverbindungen nutzbar, wobei von vielen Mikroorganismen nur eine Reaktion zur jeweils nächstgelegenen Oxidationsstufe entsprechend dem Reaktionsschema aus Abbildung 1.6 realisiert werden kann. Auch an diesem Schema wird die Vielfalt mikrobieller Stoffwechselwege deutlich. Viele Bakterien in den tieferen Bodenhorizonten sind in der Lage Nitrat zu reduzieren und sind fakultativ anaerob, wobei die Anwesenheit von Sauerstoff die Bildung der Nitratreduktase hemmt (Zumft 1997). Die Fähigkeit zur Denitrifikation ermöglicht den Abbau organischer Masse ohne Luftsauerstoff mit nahezu vergleichbarem Energiegewinn.

Mittels des Enzyms Nitrogenase können einige Bakterien molekularen Stickstoff zu Ammonium reduzieren und ihn so für Pflanzen verfügbar machen. Diese Spezies stellen im Stickstoffkreislauf ein Bindeglied zwischen anorganischer Materie und einer Biozönose dar. Die Stickstofffixierung findet allerdings nicht nur in den obersten Bodenhorizonten, sondern auch in der Tiefe unter anoxischen Bedingungen statt und wird zum Beispiel von Spezies der Gattung *Desulfovibrio* realisiert.

1.3 Mikrobiologische Prozesse im Boden

Schwefelverfügbarkeit

Auch Schwefel ist ein essentielles Element für Lebewesen, da es unter anderem für den Aufbau der Aminosäuren Cystein und Methionin benötigt wird. Von Mikroorganismen wird Schwefel aufgrund der vielen möglichen Oxidationszustände für eine Vielzahl an chemischen Reaktionen genutzt. Marine Algen produzieren zur Osmoregulation Dimethylsulfoniumpropionat, dessen Abbauprodukt Dimethylsulfid (DMS: $H_3C-S-CH_3$) die häufigste in der Natur vorkommende Schwefelverbindung ist. Bei der photochemischen Oxidation entstehen Methansulfonat, SO_2 und Sulfat (Reineke & Schlömann 2007). Diese Verbindungen gelangen durch Niederschläge in Gewässer und in den Boden. Das wassergelöste Sulfat stellt damit eine Schwefelquelle für den Boden dar. Schwefelverbindungen gelangen außerdem durch Zersetzungsprozesse organischen Materials in den Boden. Als Produkte entstehen bei aerober Zersetzung Sulfat und bei anaerobem Abbau H_2S.

Eine weitere Möglichkeit Schwefel verfügbar zu machen, ist die Freisetzung von geologisch gebundenem Schwefel aus Schwermetall-Sulfiden, wie Pyrit (FeS_2) oder Galenit (PbS) durch chemotrophe Oxidation zu Sulfat nach Formel 1.1.

$$2FeS_2 + 7O_2 + 2H_2O \rightarrow 2Fe(II) + 4SO_4^{2-} + 4H^+$$

Formel 1.1: Pyritoxydation (Stumm-Zollinger 1972)

Es wird deutlich, dass die Metallsulfidoxidation durch die Bildung von Wasserstoffionen zu einer Senkung des pH-Wertes führt. Die Bakterien, welche diese Reaktion durchführen, weisen entsprechende Anpassungen auf. So tolerieren die Spezies der Gattung *Acidithiobacillus* pH-Werte kleiner als 4. Der optimale pH-Wert für das Wachstum von *Acidithiobacillus thiooxidans* wurde zum Beispiel mit pH 0,5 bis 3,0 ermittelt (Kelly & Wood 2000).

$$18CH_2O + 9SO_4^{2-} + 6FeOOH \rightarrow 18HCO_3^- + FeS + 3FeS_2 + 12H_2O$$

Formel 1.2: Pyritbildung im Boden (Van der Veen 2003)

Einleitung

Unter anoxischen Bedingungen findet, initiiert durch die Reaktion der Sulfatreduktion, die in 4 Einzelreaktionen ablaufende Umwandlung und Ausfällung von Pyrit statt. Zur Vereinfachung wurden die Einzelreaktionen in Formel 1.2 zusammengefasst.

Schwefelverbindungen, und damit auch Sulfat, sind in vielen Tonlagerstätten aufgrund der Ablagerungsbedingungen nachweisbar. Aufgrund der Vielzahl an Spezies, welche Sulfatatmung betreiben, ist auch die Anwesenheit von sulfatreduzierenden Bakterien in Tonen zu erwarten. Die Sulfatreduktion kann neben der Bildung von Pyrit auch zur Synthese von H_2S führen. Dieses Gas wird beim Aufstieg am Übergang zwischen aeroben und anoxischen Bereichen bakteriell rückoxidiert oder in der Tiefe zur chemolithotrophen Energiegewinnung genutzt.

Interaktion zwischen Mikroorganismen und Tonmineralen

Während in lockeren Sandfraktionen des Bodens viele Eukaryoten nachgewiesen werden können (Violante *et al.* 2002), ist der Großteil der bakteriellen Diversität in der Schluff- und Tonfraktion zu finden (Fenchel *et al.* 2005). Bedingt durch die Struktur und die unregelmäßige räumliche Verteilung von Molekülen im Ton, kommt es zur Ausbildung von Mikrohabitaten, in welchen sich jeweils eine eigenständige Zusammensetzung an Mikroorganismen entwickeln kann (Kirk *et al.* 2004). In benachbarten Mikrohabitaten können in räumlicher Nähe, je nach geochemischem Milieu gegenläufige Prozesse, wie zum Beispiel Sulfatreduktion und Sulfidoxidation stattfinden (Menger-Krug 2008). Durch die Ausbildung von Mikrohabitaten wird in diesen Systemen von Torsvik *et al.* (1990) eine enorme Speziesanzahl erwartet, deren Anzahl genetisch differenzierter Taxa mit 4000 angenommen wird.

Die Möglichkeit der Änderung von Ladungsverhältnissen an Flächen und Kanten von Tonmineralen führt zu einer besonderen Art der Interaktion zwischen Mikroorganismen und Tonmineralen. So werden durch den Einbau von Tonmineralen in EPS die Kante-Fläche-Wechselwirkungen verändert, in dessen Folge sich die Mineralplättchen in einer Kartenhausstruktur anordnen. Darin siedeln sich Mikroorganismen an und bilden Mikrohabitate. Diese Strukturen, von den Entdeckern auch „clay hutches" genannt, bieten unter anderem einen besseren Schutz vor mechanischen Einflüssen und bieten einen Selektionsvorteil für die autochthonen Spezies (Lunsdorf *et al.* 2000).

1.3 Mikrobiologische Prozesse im Boden

Die Adsorption von Tonmineralen an Bakterien, welche sich enorm zwischen den Spezies und Tonmineralarten unterscheidet, kann eine Förderung oder Verringerung von Stoffwechselleistungen der Mikroorganismen bedingen. So beobachtete Rinder (1979) unter anderem eine gesteigerte Oxidationsgeschwindigkeit von Schwefel durch *Thiobacillus thiooxidans* unter Zugabe von Tonmineralen. Als Rückwirkung des Systems bei zu hohen Tonmineralkonzentrationen wurde eine Wachstumshemmung beschrieben. Analoge Prozesse wurden auch von Weaver & Dugan (1972) hinsichtlich des Einflusses von Tonmineralen auf die bakterielle Methanproduktion beschrieben.

Eine weitere Interaktion zwischen Tonmineralen und Bakterien stellt die Tonmineralumwandlung von Smectit zu Illit durch Bakterien, wie zum Beispiel *Shewanella oneidensis* dar (Abbildung 1.7).

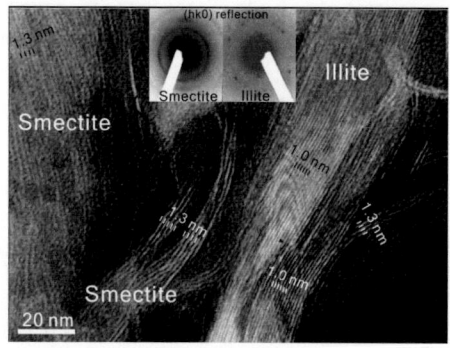

Abbildung 1.7: Smectit–Illit-Umwandlung TEM-Aufnahme (Kim 2004)

Bei der Umwandlung von Smectit zu Illit wird unter anoxischen Bedingungen Fe(III) als terminaler Elektronenakzeptor für den dissimilatorischen Stoffwechsel genutzt, was eine Reduktion des Fe(III) in der Tonmineralstruktur bedingt. Dies geht mit einer Änderung der Schichtladung einher, wodurch die Umwandlung der Tonminerale erfolgt (Kim 2004; Zhang 2007a). Minerale können aber auch komplett aufgelöst werden. Die Mineralreaktivität bei der Zersetzung ist dabei keine Funktion des pH-Wertes, sondern hängt von der Mineralstruktur und Partikelgröße ab. Amorphe Minerale mit Strukturdefekten sind dabei reaktiver als solche mit einer homogenen Gitterstruktur (Bosbach *et al.* 1998).

Einleitung

Interaktionsmöglichkeiten zwischen Mikroorganismen im Ton

Die Symbiosen zwischen den Bodenmikroorganismen können entsprechend der Art der Interaktion in Kommensalismus, Mutualismus oder Antagonismus mit der Unterform des Parasitismus differenziert werden (Das & Varma 2009). Antagonistische Effekte treten im Falle der Nahrungskonkurrenz auf. Eine Form der Anpassung ist in diesem Fall die Bildung von Speicherstoffen, was diesen Spezies einen Vorteil bei Nährstoffmangel verschafft. Eine weitere Möglichkeit des indirekten Antagonismus ist die Senkung des pH-Wertes im Habitat durch die Bildung von organischen Säuren, um damit das Wachstum anderer Spezies zu inhibieren. Beim direkten Antagonismus werden gezielt Antibiotika mit einer Wirksamkeit gegen andere Mikroorganismen aus dem Habitat produziert. Dies ist zum Beispiel bei der Interaktion zwischen *Ruminococcus albus* und *Ruminococcus flavefaciens* zu beobachten (Odenyo *et al.* 1994). Speziell in einer EPS-Matrix führt Antagonismus meist zur Persistenz der unterdrückten Spezies (James *et al.* 1995). Eine häufig vorkommende antagonistische Interaktion im Boden ist auch die, zwischen Pilzen und Bakterien. Einige Bakterien sind in der Lage, Fungizide zu bilden und einige Pilze hemmen durch Senkung des pH-Wertes bakterielles Wachstum (Rosenzweig & Stotzky 1979).

Eine Wachstumsmediation findet jedoch nicht immer als Wachstumshemmung statt, sondern wie im Fall der Interaktion von Peptidoglykanen aus *Bacillus cereus* mit Bakterien der Cytophaga Flavobakterien Gruppe als wachstumsstimulierender Faktor (Peterson *et al.* 2006).

Eine weitere Form der Interaktion ist der Kommensalismus, bei welcher eine Spezies jeweils von der Existenz einer anderen profitiert. Dabei können zum Beispiel durch Sauerstoffverbrauch einer Spezies anoxische Bereiche geschaffen werden, in welchen sich Anaerobier vermehren können. Ein weiteres Beispiel ist die syntrophe Methanogenese, bei welcher der Wasserstoff für die Methanproduktion zunächst durch eine andere Spezies produziert wird. Diese Verwertung von teilmetabolisierten Molekülen oder Stoffwechselprodukten kommensalisch lebender Mikroorganismen ist weit verbreitet, um besonders in nährstoffarmen Habitaten überleben zu können (Haak & Mc Feters 1982). Speziell diese Prozesse haben eine besondere ökologische Relevanz für die Beseitigung von Schadstoffen, welche als schwer abbaubar gelten. Dies sind vor allem hochmolekulare Heterozyklen mit Schwefel-, Stickstoff- oder Sauerstoffatomen (Xu *et al.* 2006)

2 Material und Methoden

2.1 Auswahl der Tonrohstoffe

Für alle Untersuchungen sollten Tone zum Einsatz kommen, welche sich chemisch und mineralogisch ähneln, jedoch unterschiedliche Verarbeitungseigenschaften aufweisen. Für die Auswahl der Tonrohstoffe wurden in Vorversuchen diverse Tone der Firma Sibelco Deutschland mineralogisch und mikrobiologisch untersucht. Auf Basis der erhoben Parameter wurden die Tone W1 und W2 (Abbildung 2.1) ausgewählt, wobei die Abkürzung „W" für die Abbauregion „Westerwald" steht.

Abbildung 2.1: Tone W1 und W2; Körnung ca. 1 cm - 2 cm

Bei W1 handelte es sich um einen Westerwälder Blauton aus dem Gebiet „Siershahner Becken", während W2 ein cremefarbener Moschheimer aus der Grube „Petschmorgen" war. Die Charakterisierung der genutzten Tone wird in Kapitel 3.3 detailliert dargestellt.

2.2 Abbau und Vorbereitung der Tone

Jeweils 10 t der Tone W1 und W2 wurden von der Firma Sibelco abgebaut und getrennt voneinander, witterungsgeschützt für 24 h gelagert. Je Ton wurden 5 t mittels Rotorbrecher und Walze zerkleinert und homogenisiert. Zum Einstellen der idealen Feuchte wurden W1 50 l und W2 250 l Prozesswasser zugegeben um einen Feuchtegehalt von ca. 15% zu erreichen. Um die Massen zu

Material und Methoden

homogenisieren und die Feuchtigkeit ideal zu verteilen wurden die Tone nochmals mit Rotorbrecher und Walze bis auf ca. 2 cm x 2 cm zerkleinert. Die Tone wurden zu je 20 kg in fabrikneue, durch den Herstellungsprozess nahezu sterile Eimer aliquotiert und in dieser Form der Basischarakterisierung und dem Maukprozess zugeführt. Weiterhin wurden Aliquote von W1 und W2 industriell sprühgetrocknet und in Plastikbeuteln luftdicht gelagert.

2.3 Tonsterilisation und DNA-Eliminierung

Um Versuche reproduzierbar zu gestalten, ist es notwendig, gleiche oder zumindest ähnliche Ausgangsbedingungen für die zu vergleichenden Experimente einzustellen. Daher sollte versucht werden, Tone so vorzubehandeln, dass diese zunächst frei von Bakterien und, sofern möglich, auch frei von DNA sind. Für die Sterilisation kommen in der Mikrobiologie unter anderem Methoden, wie die Manipulation des A_W-Wertes, nass- und trockenantiseptische Verfahren, UV-Bestrahlung, γ-Strahlung (Salonius *et al.* 1967) und insbesondere das Autoklavieren zum Einsatz. Da die Tone für diverse Versuche mit Bakterien beimpft werden sollten, schlossen sich alle Methoden der Nasssterilisation aus, weil sich die dazu nutzbaren Desinfektionsmittel nur unter großem Aufwand aus dem System entfernen lassen. Aufgrund der hohen optischen Dichte von Tonmineralen ist die UV-Desinfektion nicht möglich und eine Sterilfiltration kann nur für filtergängige Medien mit Partikelgrößen < 0,2 µm zum Einsatz kommen. Aufgrund des Gefahrpotentials wurde die Nutzung radioaktiver Strahlung nicht in Erwägung gezogen. Da viele Sterilisationsmethoden nicht anwendbar waren, wurden nur die Trocken- und die Dampfsterilisation genauer untersucht.

2.3.1 Autoklavieren

Zum Autoklavieren der Tone wurde ein Dampfautoklav „Varioklav" der Firma Thermo Scientific mit folgendem Programm genutzt: 121°C, 20 min, 2 bar.

Für die Untersuchung der Auswirkungen des Autoklavierens auf die mineralogischen Eigenschaften der Tone wurden jeweils 200 g bergfeuchter und industriell getrockneter Ton in 500 ml Schott-Flaschen autoklaviert.

2.3 Tonsterilisation und DNA-Eliminierung

2.3.2 A_W-Wert Manipulation und Trockensterilisation

Bei der A_W-Wert Manipulation steht den Mikroorganismen nur noch wenig oder kein Wasser zur Verfügung. Der primäre Effekt ist das Absterben aller mikrobiellen Vitalformen bis auf Sporen und Zysten. Bei anhaltendem Wasserentzug sterben aber auch diese Dauerformen ab (Weidenbörner 1998).

Die Effekte der A_W-Wert Manipulation lassen sich verstärken, indem die trockenen Materialien erhitzt werden. Dabei werden Zellen geschädigt und bei entsprechend hohen Temperaturen Kohlenstoffverbindungen wie die DNA zerstört (Jenner et al. 1998). Um die Trockeneffekte auf die Bakterien und die DNA zu untersuchen wurden jeweils 100 g grubenfeuchter Ton mit einem Wassergehalt von ca. 14% bis 16% über die Gewichtskonstanz hinaus für 24 h bei 60°C, 105°C, 120°C, 200°C, 300°C und 400°C getrocknet. Im Anschluss daran wurden die Tone mittels einer nasssterilisierten Achatmühle „Pulverisette" der Firma Fritsch aufgemahlen und mit sterilem VE-Wasser zu einem 50 % Schlicker suspendiert. Da die Tone mit rheologischen Messmethoden untersucht wurden, war es notwendig, bei der Verschlickerung jeweils die gleiche Energie in das System einzubringen. Um den Energieeintrag reproduzierbar zu gestalten, wurden alle Proben für 3 Stunden auf einem Horizontalschüttler „Laboshake LS500" der Firma Gerhardt mit einer Amplitude von 50 mm und einer Frequenz von 140 min^{-1} geschüttelt. Die Nutzung des Horizontalschüttlers bietet gegenüber der Verwendung von Schüttlern mit Rotationsbewegung den Vorteil, dass eine partikelgrößen- und gewichtsabhängige Entmischung verhindert wird.

Material und Methoden

2.4 Rheologische Messmethoden

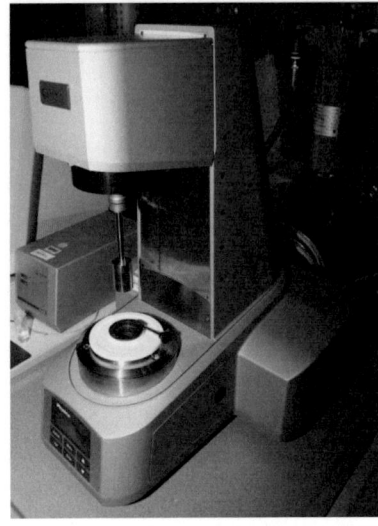

Abbildung 2.2: Genutztes Rheometer Physica MCR 301 mit Becher-Zylinder-Messsystem

Wesentliche Verarbeitungseigenschaften der Tone werden durch die Viskosität und die Fließgrenze beeinflusst. Diese Parameter wurden mittels eines Rotationsrheometers „Physica MCR 301" der Firma Anton Paar bestimmt. Als Versuchskonfiguration wurde das koaxiale Zylinder-Messsystem „CC27-SN11985" (Abbildung 2.2) mit einem Ring-Messspalt von 1 mm genutzt. Bei der Versuchsanordnung handelt es sich um ein Searle-System, bei welchem im Gegensatz zum Couette-System der äußere Hohlzylinder statisch ist und nur durch den inneren Zylinder eine Rotationsbewegung ausgeführt wird. Für die Datenverarbeitung und Auswertung wurde die dem Rheometer zugehörige Software „Rheoplus/32 V3.10" genutzt.

2.4.1 Bestimmung der Fließgrenze

Die Fließgrenze ist im Allgemeinen durch die kleinste Schubspannung gekennzeichnet, durch welche stationäres Fließen bewirkt wird. Die Schubspannung wird dabei schrittweise erhöht, bis die Teilchen der Flüssigkeit zu fließen beginnen.

Die Fließgrenze wurde an den Schlickern, deren Herstellung in Kapitel 2.3.2 beschrieben wurde, bestimmt.

Nach Temperierung des Messsystems auf 20°C wurde ein dreistufiges Messprogramm, bestehend aus Vorscherung, Erholungsphase und Messung der Fließgrenze angewandt. Die Vorscherung erfolgte mit einer Scherrate von $5~s^{-1}$ für 2 mal 30 s. Während der Erholungsphase von 50 s wurden 10 Messwerte mit einer Messpunktdauer von je 5 s aufgenommen. Die Belastungsmessungen und eigentliche Ermittlung der Fließgrenze erfolgte durch schrittweise Erhöhung der Schubspannung von 1 Pa bis 100 Pa. Dabei wurden 100 Messwerte mit einer

2.4 Rheologische Messmethoden

Messzeit von je 1 s aufgenommen. Die Auswertung erfolgte durch die Ermittlung des Punktes der maximalen Steigungsänderung des Deformations-Schubspannungs-Diagrammes mittels der Methode „Yield stress II", mit der Software „Rheoplus/32 V3.10" der Firma Anton Paar.

2.4.2 Bestimmung der Viskosität

Die Bezeichnung „Viskosität" leitet sich von der lateinischen Bezeichnung der Mistel „Viscum" ab, welche früher zur Gewinnung eines zähflüssigen Klebstoffes genutzt wurde. Das Fließverhalten von Fluiden ist maßgeblich durch deren Viskosität gekennzeichnet, wobei hochviskose Flüssigkeiten zähflüssiger als niedrigviskose sind. Die Viskosität ist der Widerstand, den eine Flüssigkeit gegen einen erzwungenen, irreversiblen Ortswechsel ihrer Volumenelemente entgegenbringt (Schramm 2004). Man unterscheidet die dynamische Viskosität η, welche in Pa·s angegeben wird (Formel 2.1) von der kinematischen Viskosität ν, deren Einheit m^2/s ist und sich aus dem Quotienten der dynamischen Viskosität und der Stoffdichte ergibt (Formel 2.2). Wasser weist bei 20°C eine dynamische Viskosität von 1 mPa·s auf, welche bei zunehmender Temperatur abnimmt.

$$\tau = \eta \cdot \gamma$$

τ...Schubspannung
η...dynamische Viskosität
γ...Geschwindigkeitsgefälle dv/dy

Formel 2.1: Zusammenhang zwischen Schubspannung und dynamischer Viskosität

$$\nu = \frac{\eta}{\rho}$$

ν...kinematische Viskosität
η...dynamische Viskosität
ρ...Stoffdichte

Formel 2.2: Zusammenhang zwischen dynamischer und kinematischer Viskosität

Die Vorbereitungen der Tonschlicker für die Viskositätsmessung erfolgte entsprechend der Darstellung in Kapitel 2.3.2. Zur Bestimmung der Viskosität wurden bei einer Scherrate von 50 s^{-1} 20 Messungen für je 5 s durchgeführt. Der Mittelwert aller Messungen wurde mittels der Methode „Mean value in" der Software „Rheoplus/32 V3.10" bestimmt. Zur Untersuchung der Replastifizierung der Tone nach dem Trocknen und Wiederbefeuchten wurden täglich für 6 Tage die Viskosität und die Fließgrenze bestimmt.

Material und Methoden

2.5 Mineralogische Untersuchungsmethoden

Sämtliche mineralogische Untersuchungen, welche in Kapitel 2.5 vorgestellt werden, wurden von Kooperationspartnern des Bioton-Projektes durchgeführt. Daher werden im weiteren Verlauf diese Methoden zum Zweck des Verständnisses der Ergebnisse (Kapitel 3.3 und 3.3.4) zwar vorgestellt, auf die Erklärung der Durchführung wird jedoch verzichtet.

2.5.1 Röntgenfluoreszenzanalyse (RFA)

Mit Hilfe der Röntgenfluoreszenzanalyse ist eine zerstörungsfreie, qualitative und quantitative Ermittlung der elementaren Zusammensetzung einer Probe möglich. Eine elementspezifische Fluoreszenzstrahlung wird dadurch hervorgerufen, dass durch energiereiche Röntgenstrahlung kernnahe Elektronen ausgeschlagen werden und Elektronen mit zuvor höherem Energieniveau auf diese freien Positionen zurückfallen. Jedes Element bedingt eine spezifische Fluoreszenz, wobei eine Detektion ab der Ordnungszahl 9 möglich ist.

Die RFA wurde zur Detektion der Elemente Si, Ti, Al, Fe, Ca, Mg, K, Na und C eingesetzt. Daraus ließ sich die prozentuale Zusammensetzung der Proben bezüglich der Verbindungen SiO_2, TiO_2, Al_2O_3, Fe_2O_3, CaO, MgO, K_2O und Na_2O berechnen. Die Analysen wurden von der Firma Sibelco durchgeführt.

2.5.2 ATR-IR Spektroskopie

Die Attenuated Total Reflexion - Infrarotspektroskopie (ATR-IR) beruht auf dem Prinzip, dass beim Übergang von einem optisch dichten Medium (Kristall) in ein optisch dünneres Medium (Probe) ab einem bestimmten Grenzwinkel Totalreflexion auftritt. Bei Totalreflexion entsteht am Übergang zwischen Probe und Kristall ein evaneszentes Feld mit einer Eindringtiefe des Lichtstrahles in die Probe von ungefähr der genutzten Wellenlänge. Eine Verstärkung des Signals wird durch Mehrfachbrechung im Kristall erreicht. Die Stoffeigenschaften der Probe bedingen eine unterschiedliche Absorbanz bei den Reflexionen im infraroten Wellenlängenbereich. Diese werden detektiert und frequenzabhängig als IR-Spektrum aufgezeichnet. Zur Untersuchungen des Maukverhaltens von Tonen wurde die ATR-IR Spektroskopie zur qualitativen Bestimmung des DOC angewandt. Die Messungen wurden im Rahmen einer Diplomarbeit (Menger-Krug 2008) durchgeführt.

2.5 Mineralogische Untersuchungsmethoden

2.5.3 Röntgenbeugung (XRD)

Bei der Methode der Röntgenbeugung (X-ray diffraction = XRD) wird die Eigenschaft kristalliner Verbindungen genutzt, dass Röntgenstrahlung mit den Elektronenhüllen der Festkörperatome wechselwirkt und die Strahlung reflektiert oder gebeugt wird. Die Beugungsmuster sind für jede Verbindung spezifisch. Die Methode der XRD ist zur Phasenanalyse, zur Texturbestimmung, zur Ermittlung des subkristallinen Gefüges oder Bestimmung makroskopischer Spannungen im Gitter nutzbar.

Mit der XRD wurde der Phasenbestand der Tone für die Basisuntersuchung (Petrick 2009) qualitativ bestimmt und die Phasenanalyse der Proben des Maukversuchs (Petrick 2008) durchgeführt.

2.5.4 Ermittlung der Korngrößenverteilung

Bei der Bestimmung der Korngrößenverteilung wird die Zusammensetzung einer Matrix hinsichtlich der Partikelfraktionen ermittelt. Zur Analyse der Tone W1 und W2 wurden die Fraktionen >63 µm, 63-20 µm, 20-2 µm, 2-0,6 µm und <0,6 µm gewonnen. Dazu wurden die Tone zur Gewinnung der >63 µm Fraktion gesiebt, der Siebdurchgang zu einem 2,5 % Schlicker suspendiert und im Anschluss daran für festgelegte Zeiten sedimentiert. Die Basis für diese Methode bildet das Stoke'sche Gesetz mit der Kernaussage der unterschiedlichen Sedimentationsgeschwindigkeit entsprechend dem Radius der Partikel. Auf den Zusatz von Dispergierhilfen, wie zum Beispiel Natriumpyrophosphat, wurde beim Verschlickern verzichtet, da im Vorversuch belegt wurde, dass diese Stoffe aufgrund der Phosphationen mikrobielles Wachstum fördern (Krolla-Sidenstein 2007).

Die Korngrößenverteilung wurde im Rahmen der Basischarakterisierung der Tone und während des Maukprozesses bestimmt (Petrick 2008).

2.5.5 Simultane Thermische Analyse (STA)

Bei der STA wird eine Probe nach einem programmierbaren Zeit-Temperaturprofil erwärmt und simultan der Masseverlust sowie die kalorischen Effekte im System mittels Dynamischer Differenzkalorimetrie bestimmt (Ulery 2008). Endotherme und exotherme Vorgänge sind so direkt am Verlauf der STA- Kurve erkennbar. Außerdem kann mit Hilfe eines gekoppelten

Material und Methoden

Massenspektrometers die Freisetzung von CO_2 ermittelt werden, was Hinweise darauf gibt, in welchem Maße organische Kohlenstoffverbindungen im Verhältnis zu mineralisch gebundenen Kohlenstoff in der Probe vorhanden sind.

Die Untersuchungen mittels STA wurden an den Tonen für die Basischarakterisierung sowie mit den Proben des Maukversuchs durchgeführt (Petrick 2008).

2.5.6 Bestimmung der Kationenaustauschkapazität (KAK)

Die Kationenaustauschkapazität ist eine wesentliche Materialeigenschaft zur Klassifizierung der Tone (Bailey *et al.* 1971), durch welche angegeben wird, wie viele Kationen in den Zwischenschichten austauschbar sind. Damit hat sie in Kombination mit der Art der Kationen einen Einfluss auf die Kantenladung der Tonminerale. Weiterhin werden die Verarbeitungseigenschaften der Rohstoffe hinsichtlich der Viskosität wesentlich durch die KAK beeinflusst (Wolarowitsch & Tolstoi 1935). Zweischicht- Tonminerale, wie zum Beispiel der Kaolinit, weisen im Gegensatz zu Dreischicht- Tonmineralen, wie dem Smectit, eine geringe KAK auf (Jasmund & Lagaly 1993).

Die Bestimmung der Kationenaustauschkapazität wurde für die Basischarakterisierung der Tone W1 und W2 mittels der Cu(II)- Triethylentetramin- Methode (Meier & Kahr 1999) durchgeführt (Petrick 2008).

2.6 Keramtechnische Methoden

Die keramtechnischen Untersuchungsmethoden haben einen direkten Bezug zu den Verarbeitungseigenschaften der Tonmassen. Die angewandten Methoden stellen somit industrierelevante Charakterisierungstechniken dar oder generieren Daten, die mit Industrie-Prozessparametern verglichen werden können. Die Analysen beziehen sich auf die plastischen Eigenschaften, die Verarbeitbarkeit sowie auf Charakteristika der fertig gebrannten Keramik.

Alle keramtechnischen Untersuchungen, welche in Kapitel 2.6 vorgestellt werden, wurden im Forschungsinstitut für anorganische Werkstoffe Glas und Keramik in Höhr- Grenzhausen (FGK) oder bei der Firma Sibelco durchgeführt.

2.6 Keramtechnische Methoden

2.6.1 Massecharakterisierung mittels Laborstrangpresse

Um das Verarbeitungsverhalten der Tone zu charakterisieren, ist ein möglichst praxisbezogener Prozess notwendig, um aussagekräftige und übertragbare Ergebnisse für die Verarbeitbarkeit der Masse im Prozess zu erhalten. Dazu wurde eine Laborstrangpresse eingesetzt, mit welcher unter Aufzeichnung von im Presskopf auftretendem Radialdruck, Temperatur, Schneckenumdrehungsgeschwindigkeit und Stromaufnahme verschiedene Querschnitte, wie Rundstrang, Flachstrang und Trapezstrang produziert wurden. Über die Datenaufzeichnung beim Extrusionsvorgang kann der Verarbeitungsaufwand einer Masse bewertet werden. Zu dieser Bewertung des Verarbeitungsverhaltens wurden die subjektive Verarbeitbarkeit der Masse sowie die Qualität des extrudierten Produktes, in Hinblick auf das Auftreten von Produktfehlern wie Drachenzähne, Risse sowie die Produktstabilität beschrieben.

Die Strangpressversuche mit Bewertung des Verarbeitungsaufwandes und -verhaltens wurden am FGK durchgeführt.

2.6.2 Plastizität nach Pfefferkorn

Bei der Bestimmung der Plastizität nach Pfefferkorn (1924) staucht ein zylindrischer Masseprüfkörper mit einem konstanten Gewicht und einer definierten Fallhöhe eine plastische Masse. Die Stärke der Stauchung ist von der jeweiligen Plastizität und Feuchte des Prüfkörpers abhängig. Die Stauchhöhe und die Massenfeuchte können somit als Informationen zur Einstellung der für die Verarbeitung optimalen Bildsamkeit verwendet werden.

Die Bestimmung der Plastizität nach Pfefferkorn wurde bei der Firma Sibelco als feuchteabhängige Analyse und beim FGK als Einpunktmessung ohne Feuchtevariation aus dem extrudierten Rundstrang durchgeführt.

2.6.3 Rheologische Charakterisierung von Rund- und Flachstrangproben

Um weitere Aussagen über die plastischen Eigenschaften der Massen zu erhalten, wurden die Rohstoffe als Prüfkörper aus Rund- und Flachstrangproben präpariert und rheologisch mittels Kriechversuch und zum Teil mittels Amplitudensweep charakterisiert. Hiermit kann beispielsweise die Produktstabilität oder Strukturstärke der Proben näher beschrieben werden.

Material und Methoden

Durch Vergleich der Messdaten von Rund- und Flachstrang ist außerdem die Texturbildungsneigung der Masse einschätzbar.

Die rheologische Charakterisierung der Proben des Maukversuchs erfolgte am FGK.

2.6.4 Texturbeurteilung im Frosttest

Beim Einfrieren der extrudierten Tonproben bei Temperaturen von -18°C kommt es durch die Ausdehnung des kristallisierenden Wassers zu einer Aufweitung der Tonmatrix und damit zu einer verbesserten Sichtbarkeit der unter Umständen vorhandenen Texturen der Probenstränge. Mit dem Frosttest kann so qualitativ die Texturbildungsneigung verschiedener Massen bewertet werden.

Der Frosttest wurde an den, mit dem Laborextruder hergestellten Rund- und Flachstrang-Proben am FGK durchgeführt.

2.6.5 Bestimmung der Trockenbiegefestigkeit (TBF)

Die Trockenbiegefestigkeit ist ein Maß für die Belastbarkeit des getrockneten, ungebrannten Grünkörpers. Dieser Parameter ist insbesondere für die Verarbeitungseigenschaften des im Vergleich zum gebrannten Produkt noch sehr empfindlichen Werkstücks interessant, da ein Produkt mit niedriger TBF im weiteren Prozess vor dem Brand schnell beschädigt werden kann. Die TBF wird außerdem oft als indirektes Maß für die plastischen Eigenschaften einer Masse betrachtet, da plastische Massekomponenten die TBF im Allgemeinen positiv beeinflussen.

Die Untersuchung der Trockenbiegefestigkeit wurde an den Proben des Maukversuchs am FGK entsprechend einer optimierten FGK- Arbeitsvorschrift in Anlehnung an die zurückgezogenen Normen DIN 51 030, TGL 18 883 Teil 1 und 2 und der ASTM C 689-93 im 3-Pkt-Biegeversuch durchgeführt.

2.6.6 Untersuchung des Brennverhaltens

Das Brennverhalten von Tonrohstoffen lässt sich unter anderem mittels der Parameter Brennschwindung, welche den Volumenverlust des Tones beim Brennen darstellt und Brennfarbe charakterisieren. In der Praxis wird die

2.6 Keramtechnische Methoden

Brennschwindung im Allgemeinen als lineare Schwindung in % angegeben. Die Brennfarbe wird durch farbgebende Massebestandteile wie zum Beispiel Eisenoxide sowie durch Brenntemperatur und Brennatmosphäre beeinflusst und wird als ästhetisches Beurteilungskriterium von Massen eingesetzt. Der Masse im Rohzustand sieht man ihre Brennfarbe nicht an. So kann zum Beispiel ein grauer Rohstoff rotbrennend sein.

Das Brennverhalten der Proben des Maukversuchs wurde bei der Firma Sibelco untersucht.

2.7 Kultivierungsmethoden

Mikrobiologische Kultivierungsmedien lassen sich einerseits in Flüssig- bzw. Festkulturmedien und andererseits in Selektiv- und unspezifische Anreicherungsmedien unterteilen, wobei auch letztere aufgrund des verfügbaren Nährstoffangebotes bzw. zu hoher oder zu geringer Nährstoffkonzentration eine Selektion bedingen. Die Fertigmischungen für den Ansatz von Sabouraud Agar, R2A Agar und Cetrimid Agar wurden von der Firma Merck bezogen.

2.7.1 Sabouraud Agar

Sabouraud Agar (Abbildung 2.3) ist ein Festkulturmedium, welches in Hinblick auf die Nährstoffverfügbarkeit, vor allem aber durch die hohe Glucosekonzentration für die Anzucht von Schimmelpilzen, Dermatophyten und Hefen geeignet ist. Durch einen pH-Wert von 5,6 wird das Wachstum von Bakterien begrenzt. Eine Steigerung der Selektivität ist durch die Zugabe von Cycloheximid, Streptomycin, Chloramphenicol oder Penicillin möglich.

Verdünnungsstufen von 10^{-2} bis 10^{-8} wurden jeweils doppelt auf Sabouraud Agar ausgespatelt. Als Berechnungsgrundlage für die Verdünnung wurde die Trockenmasse der Tone genutzt, welche gravimetrisch (Kapitel 2.9) bestimmt wurde. Die Inkubationsdauer erfolgte in Abhängigkeit von der Wachstumsgeschwindigkeit der Mikroorganismen für ca. 8 Tage. Die Platten wurden bei 20°C im Dunkeln inkubiert.

Die Auswertung erfolgte mittels Auszählen der Kolonien und durch Abwaschen der Platten mit je 1 ml PBS (Abbildung 2.4) mit Hilfe eines Zellschabers und folgender molekularbiologischer Analytik (Kapitel 2.10).

Material und Methoden

PBS: 4 g NaCl
0,58 g Na$_2$HPO$_4$
0,1 g KCL
0,1 g KH$_2$PO$_4$
500 ml MilliQ
pH 7,4 einstellen

Sabouraud Agar: 10 g Caseinpepton
20 g Glucose
15 g Agar
1 l VE-Wasser

Abbildung 2.4: Zusammensetzung PBS

Abbildung 2.3: Zusammensetzung Sabouraud Agar

2.7.2 R2A(s) und R2A(l)

R2A Agar (Abbildung 2.5) wurde ursprünglich zur schnellen Kultivierung von Fäkalkeimen entwickelt (Reasoner *et al.* 1979). Aufgrund der Vielfalt an Nährstoffen sind allerdings sehr viele heterotrophe Mikroorganismen befähigt, auf diesem Medium zu wachsen. Durch die geringen Nährstoffmengen ist R2A Agar als Mangelmedium einzustufen. Da Tone oligotrophe Habitate darstellen, wurde zum Kultivieren der autochthonen Tonmikroflora unter anderem R2A Agar verwendet.

Das Ausspateln, Inkubieren und Auswerten erfolgte analog dem Vorgehen aus der Beschreibung des Sabouraud- Ansatzes (Kapitel 2.7.1).

R2A: 0,5 g Hefeextrakt
0,5 g Pepton
0,5 g Casaminosäuren
0,5 g Dextrose
0,5 g Stärke
0,3 g Natriumpyruvat
0,3 g Kaliumphosphat
0,05 g Magnesiumsulfat
(15 g Agar) für R2A (s)
1 l VE-Wasser

Abbildung 2.5: Zusammensetzung R2A Agar

2.7 Kultivierungsmethoden

Zusätzlich zu R2A(s) Agar wurde R2A(l) als Flüssigmedium zur Aufnahme der Wachstumskurven von Mischpopulationen der $1:10^5$ verdünnten Tonproben des Maukversuchs genutzt. Bei diesem Versuch wurde die optische Dichte (OD) täglich bestimmt. Die Messung erfolgte mit einem Photometer „Aquamate" der Firma Thermo Spectronic bei $\lambda=600$ nm gegen eine Referenzprobe R2A(l) ohne Bakterien.

2.7.3 Cetrimid Agar

Cetrimid Agar (Abbildung 2.6) ist ein Selektivagar, welcher das Wachstum von Pseudomonaden ermöglicht, während im Idealfall durch die Bestandteile Cetrimid und Nalidixinsäure alle anderen Gattungen am Wachstum gehindert werden (Lowbury & Collins 1955). Für die Basisuntersuchung der Tone wurde Cetrimid Agar genutzt, um Pseudomonaden, sofern diese vorkommen selektiv anzureichern.

Cetrimid Agar:	
	16 g Pepton aus Gelatine
	10 g Caseinhydrolysat
	1,4 g Magnesiumchlorid
	10 g Kaliumsulfat
	10 ml Glycerin
	15 mg Nalidixinsäure
	0,2 g Cetrimid
	14 g Agar
	1 l VE-Wasser

Abbildung 2.6: Zusammensetzung Cetrimid Agar

Die Durchführung der Versuche erfolgte analog der Beschreibung des Ansatzes der Sabouraud-Platten (Kapitel 2.7.1).

2.7.4 Tonagar

Um Mikroorganismen die Nährstoffe zu bieten, welche in ihrem natürlichen Lebensraum vorkommen, kann dem Agar Substrat aus dem ursprünglichen Habitat beigemengt werden. Sollen Organismen angezüchtet werden, deren natürliches Habitat Flüssigkeiten darstellen, können diese Flüssigkeiten

Material und Methoden

unverdünnt mit Agar verfestigt und als Kulturmedium genutzt werden (Kaden 2009). Da dieses Vorgehen bei festen Substraten nicht möglich ist, wurden zur Anfertigung von Tonagar- Platten 50 g Tonpulver mit 15 g Agar und 1 l VE-Wasser vermengt, homogenisiert, autoklaviert und in Petrischalen ausgegossen.

Ausgespatelt wurden jeweils Verdünnungsstufen von 10^{-1} bis 10^{-4} bezogen auf die Frischmasse der Tone.

Die Inkubation erfolgte 8 Tage bei 20°C im Dunkeln. Ein Auszählen der Platten war nur bedingt möglich, da das Medium nicht transluzent ist und die Kulturen einen relativ kleinen Koloniedurchmesser von bis zu 1 mm, in Ausnahmefällen bis 2 mm aufwiesen. Daher erfolgte die Auswertung ausschließlich molekularbiologisch (Kapitel 2.10) nach dem Abwaschen der Bakterienkolonien mit 1 ml PBS je Platte.

2.7.5 Dynamisches Kultivierungssystem DCS

Um die Bedingungen des natürlichen Habitates der Mikroorganismen noch besser als auf Tonagar (Kapitel 2.7.4) zu simulieren, wurde das Dynamische Kultivierungssystem (DCS) entwickelt (Abbildung 2.7).

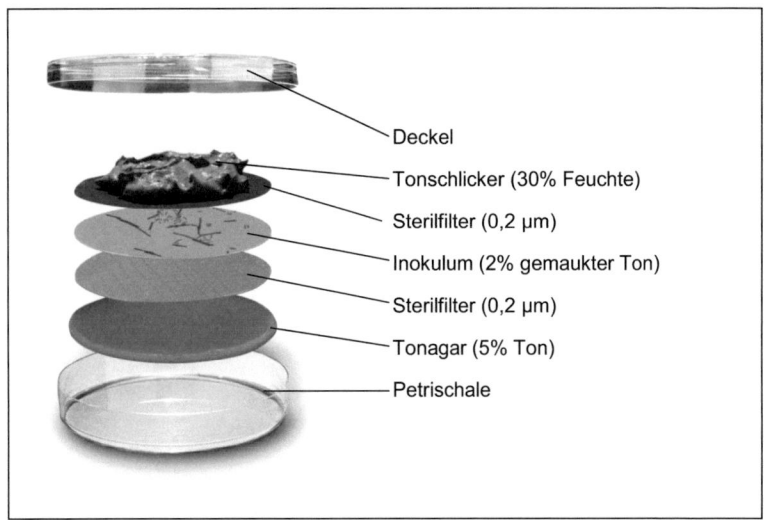

Abbildung 2.7: Aufbau des Dynamischen Kultivierungssystems (DCS)

2.7 Kultivierungsmethoden

Beim DCS handelt es sich um die Weiterentwicklung der „Diffusion Chamber" (Bollmann *et al.* 2007), wobei zum Aufbau des DCS keinerlei Metalle, welche durch Ionenfreigabe Einfluss auf die Mikroorganismen nehmen könnten, eingesetzt wurden. Das Inokulum war ein verdünnter Tonschlicker des jeweiligen Probenahmezeitpunktes mit einem Feststoffanteil von 2%. Dieser befand sich beim DCS zwischen zwei Sterilfiltern mit einer mittleren Porenweite von 0,2 µm (Abbildung 2.7). Das ermöglicht den Nährstoffaustausch mit dem bedeckenden Tonschlicker, welcher 50% Feststoffanteil enthielt und aus dem Ton der entsprechenden Probenahmezeitpunkte hergestellt wurde. Durch den Aufbau des Systems wird die Interaktion zwischen Bakterien innerhalb der Sterilbarriere mit den Mikroorganismen außerhalb ermöglicht. Diese Interaktion kann zum Beispiel Wachstumsmediation (Peterson *et al.* 2006), der gemeinsame Nährstoffabbau (Wolfaardt *et al.* 1994; Christensen *et al.* 2002) oder die Verstoffwechselung von Exsudaten anderer Spezies (Haak & Mc Feters 1982; James *et al.* 1995) sein. Weiterhin werden durch den Aufbau lokale mikroaerobe bzw. anoxische Bedingungen geschaffen, welche auch im Ton vorzufinden sind.

Die DCS-Platten wurden 8 Tage bei 20°C inkubiert. Nach dem vorsichtigen abheben des oberen Sterilfilters wurde dieser verworfen und die Bakterien vom unteren Filter mit 1 ml PBS abgewaschen. Dazu wurden die Mikroorganismen mit einem Zellschaber gelöst und mit dem PBS vermengt. Diese Bakteriensuspension wurde aliquotiert und eingefroren bzw. molekularbiologisch untersucht (Kapitel 2.10). Während des Maukversuchs wurden Sterilkontrollen des Systems an 1, 27, 41 und 83 Tage alten Tonmassen durchgeführt. Dafür wurden anstelle des Inokulums 50 µl sterile, physiologische Kochsalzlösung eingesetzt.

Da ein Auszählen der im DCS kultivierten Mikrokolonien nicht oder nur unter erschwerten Bedingungen mit Hilfe eines Mikroskopes möglich ist, erfolgte keine quantitative Auswertung.

Material und Methoden

2.8 Biochemische Methoden

Die biochemischen Analysemethoden der Mikrobiologie umfassen unter anderem Stoffwechsel- und Enzymtests. Zu diesen Methoden zählen zum Beispiel der Kohlenstoffquellen- Substratumsatztest „Biolog", der Enzymtest „ApiZym" der Firma bioMérieux oder die Api-E und API-NE Tests, welche eine Miniaturisierung der Parameter der „Bunten Reihe" darstellen.

2.8.1 Biolog

Das Prinzip der Biolog Methode ist, dass jede Bakterienspezies entsprechend seiner Enzymausstattung unterschiedliche Kohlenstoffquellen verwerten kann. Als Trockensubstrat sind in Mikrotiterplatten diverse Kohlenstoffverbindungen sowie physiologisch notwendige Nährstoffe, wie zum Beispiel Phosphat und der Indikatorfarbstoff Triphenyltetrazoliumchlorid (TTC) enthalten (Borchner 2005). Aktive Bakterien, welche die jeweilige Kohlenstoffquelle verwerten können, weisen eine Dehydrogenaseaktivität auf, durch welche das farblose TTC zu roten Triphenylformazan reduziert wird (Abbildung 2.8).

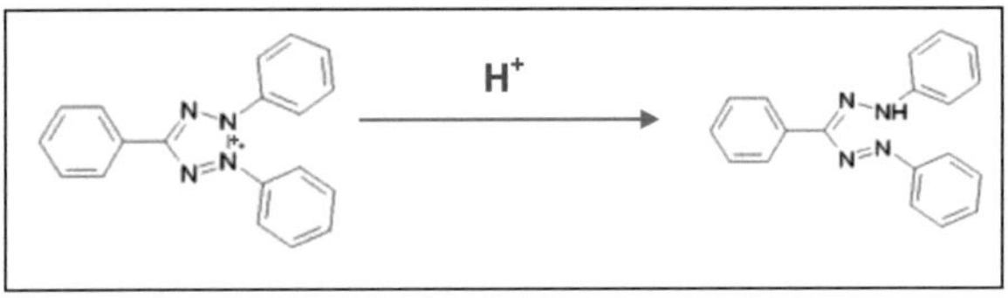

Abbildung 2.8: Reaktion des Tetrazolium-Kations zu Formazan (Kaden 2009)

Somit ist der spezifische Stoffumsatz durch den Farbumschlag erkennbar. Eine genauere Auswertung als bei dieser semiquantitativen Methode ist durch den Einsatz eines Mikrotiterplattenscanners möglich. Dabei wird die optische Dichte bei einer Wellenlänge von 590 nm bestimmt.

Die Biolog Mikrotiterplatten sind in verschiedenen Ausführungen erhältlich. Die GN2 MicroPlate^{TM} (Abbildung 2.9) enthält 95 unterschiedliche Kohlenstoffquellen und eine Negativkontrolle. Die EcoPlates^{TM} (Abbildung 2.10) enthalten dagegen in 3 Parallelmodifikationen je 31 Substrate und 3 Negativkontrollen. Damit ist auf Kosten der Substratvielfalt eine statistisch sicherere Auswertung möglich (Insam 1997).

2.8 Biochemische Methoden

	1	2	3	4	5	6	7	8	9	10	11	12
A	Water	α-Cyclodextrin	Dextrin	Glycogen	Tween 40	Tween 80	N-Acetyl-D-Galactosamine	N-Acetyl-D-Glucosamine	Adonitol	L-Arabinose	D-Arabitol	D-Cellobiose
B	i-Erythritol	D-Fructose	L-Fucose	D-Galactose	Gentiobiose	α-D-Glucose	m-Inositol	α-D-Lactose	Lactulose	Maltose	D-Mannitol	D-Mannose
C	D-Melibiose	β-Methyl-D-Glucoside	D-Psicose	D-Raffinose	L-Rhamnose	D-Sorbitol	Sucrose	D-Trehalose	Turanose	Xylitol	Pyruvic Acid Methyl Ester	Succinic Acid Mono-Methyl-Ester
D	Acetic Acid	Cis-Aconitic Acid	Citric Acid	Formic Acid	D-Galactonic Acid Lactone	D-Galacturonic Acid	D-Gluconic Acid	D-Glucosaminic Acid	D-Glucuronic Acid	α-Hydroxybutyric Acid	β-Hydroxybutyric Acid	γ-Hydroxybutyric Acid
E	p-Hydroxy Phenylacetic Acid	Itaconic Acid	α-Keto Butyric Acid	α-Keto Glutaric Acid	α-Keto Valeric Acid	D,L-Lactic Acid	Malonic Acid	Propionic Acid	Quinic Acid	D-Saccharic Acid	Sebacic Acid	Succinic Acid
F	Bromosuccinic Acid	Succinamic Acid	Glucuronamide	L-Alaninamide	D-Alanine	L-Alanine	L-Alanyl-glycine	L-Asparagine	L-Aspartic Acid	L-Glutamic Acid	Glycyl-L-Aspartic Acid	Glycyl-L-Glutamic Acid
G	L-Histidine	Hydroxy-L-Proline	L-Leucine	L-Ornithine	L-Phenylalanine	L-Proline	L-Pyroglutamic Acid	D-Serine	L-Serine	L-Threonine	D,L-Carnitine	γ-Amino Butyric Acid
H	Urocanic Acid	Inosine	Uridine	Thymidine	Phenylethyl-amine	Putrescine	2-Aminoethanol	2,3-Butanediol	Glycerol	D,L-α-Glycerol Phosphate	α-D-Glucose-1-Phosphate	D-Glucose-6-Phosphate

Abbildung 2.9: Zuordnung der Kohlenstoffverbindungen in der Biolog GN2 MicroPlate™ (Biolog 2001a)

Material und Methoden

	A1	A2	A3	A4
	Water	β-Methyl-D-Glucoside	D-Galactonic Acid γ-Lactone	L-Arginine
B	B1 Pyruvic Acid Methyl Ester	B2 D-Xylose	B3 D-Galacturonic Acid	B4 L-Asparagine
C	C1 Tween 40	C2 i-Erythritol	C3 2-Hydroxy Benzoic Acid	C4 L-Phenylalanine
D	D1 Tween 80	D2 D-Mannitol	D3 4-Hydroxy Benzoic Acid	D4 L-Serine
E	E1 α-Cyclodextrin	E2 N-Acetyl-D-Glucosamine	E3 γ-Hydroxybutyric Acid	E4 L-Threonine
F	F1 Glycogen	F2 D-Glucosaminic Acid	F3 Itaconic Acid	F4 Glycyl-L-Glutamic Acid
G	G1 D-Cellobiose	G2 Glucose-1-Phosphate	G3 α-Ketobutyric Acid	G4 Phenylethylamine
H	H1 α-D-Lactose	H2 D,L-α-Glycerol Phosphate	H3 D-Malic Acid	H4 Putrescine

	A1	A2	A3	A4
	Water	β-Methyl-D-Glucoside	D-Galactonic Acid γ-Lactone	L-Arginine
B	B1 Pyruvic Acid Methyl Ester	B2 D-Xylose	B3 D-Galacturonic Acid	B4 L-Asparagine
C	C1 Tween 40	C2 i-Erythritol	C3 2-Hydroxy Benzoic Acid	C4 L-Phenylalanine
D	D1 Tween 80	D2 D-Mannitol	D3 4-Hydroxy Benzoic Acid	D4 L-Serine
E	E1 α-Cyclodextrin	E2 N-Acetyl-D-Glucosamine	E3 γ-Hydroxybutyric Acid	E4 L-Threonine
F	F1 Glycogen	F2 D-Glucosaminic Acid	F3 Itaconic Acid	F4 Glycyl-L-Glutamic Acid
G	G1 D-Cellobiose	G2 Glucose-1-Phosphate	G3 α-Ketobutyric Acid	G4 Phenylethylamine
H	H1 α-D-Lactose	H2 D,L-α-Glycerol Phosphate	H3 D-Malic Acid	H4 Putrescine

	A1	A2	A3	A4
	Water	β-Methyl-D-Glucoside	D-Galactonic Acid γ-Lactone	L-Arginine
B	B1 Pyruvic Acid Methyl Ester	B2 D-Xylose	B3 D-Galacturonic Acid	B4 L-Asparagine
C	C1 Tween 40	C2 i-Erythritol	C3 2-Hydroxy Benzoic Acid	C4 L-Phenylalanine
D	D1 Tween 80	D2 D-Mannitol	D3 4-Hydroxy Benzoic Acid	D4 L-Serine
E	E1 α-Cyclodextrin	E2 N-Acetyl-D-Glucosamine	E3 γ-Hydroxybutyric Acid	E4 L-Threonine
F	F1 Glycogen	F2 D-Glucosaminic Acid	F3 Itaconic Acid	F4 Glycyl-L-Glutamic Acid
G	G1 D-Cellobiose	G2 Glucose-1-Phosphate	G3 α-Ketobutyric Acid	G4 Phenylethylamine
H	H1 α-D-Lactose	H2 D,L-α-Glycerol Phosphate	H3 D-Malic Acid	H4 Putrescine

Abbildung 2.10: Zuordnung der Kohlenstoffverbindungen in der Biolog EcoPlate™ (Insam 1997; Biolog 2001b)

2.8 Biochemische Methoden

Für die Anwendung des Biolog- Systems zur Untersuchung der Stoffwechselleistungen von aus dem Ton isolierten autochthonen Bakterienkulturen ohne Tonmatrix wurde jeweils eine Suspension von 150 µl mit einer Bakterienkonzentration von 10^7 ml^{-1} bis 10^8 ml^{-1} eingesetzt, was einem McFarland Standard (McFarland 1907) von ca. 0,5 (Tabelle 2.1) entspricht. Die Inkubation wurde für 24 Stunden bei 20°C durchgeführt.

Tabelle 2.1: Übersicht der McFarland Standards und Zuordnung der KbE, der theoretischen optischen Dichte einer *Escherichia coli* Suspension und der Konzentration BaSO$_4$, welche die Trübung bedingt

McFarland Standard	0,5	1	2	3	4	5
KbE/ml	$1,5 \cdot 10^8$	$3,0 \cdot 10^8$	$6,0 \cdot 10^8$	$9,0 \cdot 10^8$	$1,2 \cdot 10^9$	$1,5 \cdot 10^9$
OD 550	1,125	0,25	0,5	0,75	1,0	1,25
c $_{BaSO4\ [mol/l]}$	$2,4 \cdot 10^{-5}$	$4,8 \cdot 10^{-5}$	$9,6 \cdot 10^{-5}$	$1,44 \cdot 10^{-4}$	$1,92 \cdot 10^{-4}$	$2,4 \cdot 10^{-4}$

Tonschlicker wurden zu jeweils 150 µl je Vertiefung in Verdünnungen von 1:100 und 1:1000 eingesetzt. Die Untersuchungen mittels Biolog erfolgten bei der Basischarakterisierung der Tone sowie beim Maukversuch.

Die Dokumentation aller Ergebnisse der Biolog Ansätze erfolgte durch scannen der Platten mit einem Flachbrettscanner „Epson Perfection 3170 Photo". Für die Auswertung wurde das Schema entsprechend Abbildung 2.11 genutzt.

Die Bewertung der mit Tonsuspensionen angeimpften Platten erfolgte danach zusätzlich von oben mit dem gleichen Auswerteschema, da aufgrund der optisch dichten Masse der Tonschlicker in einigen Fällen eine punktuelle Verfärbung nur auf der Ober- oder Unterseite zu erkennen war.

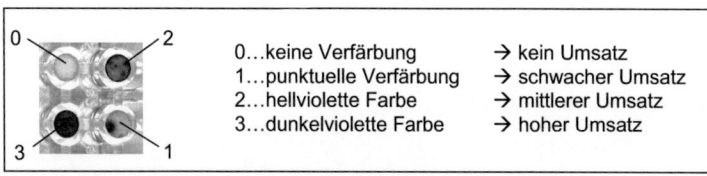

Abbildung 2.11: Bewertung der Stoffumsätze im Biolog

Material und Methoden

Da Mikroorganismen existieren, welche fähig sind, eine Vielzahl unterschiedlicher Substanzen zu verstoffwechseln oder weil bestimmte Konsortien aus Organismen extrem spezifische Umsätze aufweisen können, war es sinnvoll, einen Parameter einzuführen, welcher ein Maß dafür ist, wie viele und in welchem Umfang die angebotenen Substrate verwertet werden können. Um den mittleren Stoffumsatz über die ganze Platte zu charakterisieren wurde daher der Wert des „average well color development" (AWCD) ermittelt (Garland 1996). Dabei handelt es sich in diesem Fall vereinfacht um den Mittelwert aller Einzelgewichtungen innerhalb einer Platte.

2.8.2 ApiZym

Die Testmethode „ApiZym" von der Firma bioMérieux funktioniert nach dem Prinzip, dass sich in 19 Kavitäten einer Plastikform bestimmte Trockensubstrate befinden, welche nur mittels entsprechender Enzyme biochemisch umgesetzt werden können. Eine Kavität enthält keine Substrate und dient als Negativkontrolle. Die Substrate, welche sich in den Kavitäten als Testsubstanz befanden sowie die Enzyme, mit welchen diese umgesetzt werden können, sind in Tabelle 2.2 dargestellt.

Für die Untersuchung der Proben aus der Basischarakterisierung sowie denen des Maukversuchs wurden je Ansatz 2 ml Schlicker mit einer Verdünnung 1:100 bezogen auf die Frischmasse mit steriler physiologischer Kochsalzlösung angesetzt. Davon wurden in jede Vertiefung des Testsystems 100 µl pipettiert und für 24 h bei 20°C inkubiert. Tonmatrixfreie Bakterien wurden in einer Konzentration entsprechend dem McFarland Standard von 5 (Tabelle 2.1) eingesetzt und bei gleichen Inkubationsbedingungen wie die Tonsuspensionen kultiviert.

Zur Auswertung wurde je ein Tropfen der Reaktionslösungen „ZymA" und „ZymB" in jede Kavität gegeben, der Ansatz 5 min bei Raumtemperatur inkubiert und 10 min mit einem 650 W Halogenstrahler „FCW" der Firma GE Lighting bestrahlt. Die Farbentwicklung in den Kavitäten wurde mit der zugehörigen Auswerteskala verglichen und die Umsatzwerte, welche mit der Farbintensität korrelieren, erfasst.

2.8 Biochemische Methoden

Tabelle 2.2: Übersicht der Substrate und der zugehörigen Enzyme im Testsystem ApiZym

Enzymnachweis	Substrat	Enzymnachweis	Substrat
Kontrolle	Substratfrei	Saure Phosphatase	2-Naphtylphosphat
Alkalische Phosphatase	2-Naphtylphosphat	Naphtol-AS-BI-Phosphohydrolase	Naphtol-AS-BI-Phosphat
Esterase (C4)	2-Naphtylbutyrat	α-Galactosidase	6-Br-naphtyl-αD-Galactopyranosid
Esterase Lipase (C8)	2-Naphtylcaprylat	β-Galactosidase	2-Naphtyl-βD-Galactopyranosid
Lipase (C14)	2-Naphtylmyristat	β-Glucuronidase	Naphtol-AS-BI-βD-Glucuronid
Leucin Arylamidase	L-leucyl-2-naphtylamid	α-Glucosidase	2-Naphtyl-αD-Glucopyranosid
Valin Arylamidase	L-valyl-2-naphtylamid	β-Glucosidase	6-Br-2-naphtyl-βD-Glucopyranosid
Cystin Arylamidase	L-cystyl-2-naphtylamid	N-acetyl-β-Glucosaminidase	1-Naphtyl-N-acetyl-βD-Glucosaminid
Trypsin	N-benzoyl-DL-arginin-2-naphtylamid	α-Mannosidase	6-Br-2-naphtyl-αD-mannopyranosid
α-Chymotrypsin	N-glutaryl-phenylalanin-2-naphtylamid	α-Frucosidase	2-naphtyl-αL-fucopyranosid

2.8.3 Quantitative Bestimmung der Esteraseaktivität

Esterasen sind hinsichtlich der durch sie abgebauten Substanzen relativ unspezifische Enzyme, weshalb die Esteraseaktivität als ein Summenparameter der heterotrophen Aktivität betrachtet werden kann. Esterasen sind in der Lage,

Material und Methoden

polymere Substanzen, wie zum Beispiel Proteine und Lipide als auch synthetische Substrate, wie zum Beispiel Fluoresceindiacetat (FDA) umsetzen. FDA ist ein chromogenes und fluorogenes Molekül. Die Fluoreszenz, welche bei Abspaltung der Farbstoffgruppe entsteht, kann im Fluorimeter detektiert und quantifiziert werden.

Die quantitative Bestimmung der Esteraseaktivität wurde von Mitarbeitern des KIT/IFG an den Proben des Maukversuchs durchgeführt.

2.9 Physikalische und chemische Basisparameter

Die physikalischen und chemischen Basisparameter wurden größtenteils von den Projektpartnern Sibelco und FGK ermittelt. Die Grundlagen der Methoden werden vorgestellt, relevante DIN oder EN sind erwähnt. Auf eine Erklärung der Versuchsdurchführung wird jedoch verzichtet.

Gravimetrische Trockenmassebestimmung

Zur gravimetrischen Bestimmung des Trockengewichts wurde die Masse der Proben vor und nach dem Trocknen bei 105°C im Trockenschrank der Firma Heraeus Instruments bis zur Gewichtskonstanz, welche sich bei den untersuchten Proben nach 24 h eingestellt hatte, mittels einer Feinwaage von Sartorius ermittelt (Din-Iso11465 1996). Neben der Bestimmung der Trockenmasse am KIT wurde dieser Parameter bei allen am Maukversuch beteiligten Instituten erhoben.

Bestimmung der Leitfähigkeit und des pH-Wertes

100 ml eines Schlickers mit einem Feststoffanteil von 40% wurden homogenisiert. Die Eliminierung von Grobpartikeln erfolgte durch Sedimentation für 10 min. Die Leitfähigkeit im Ansatz wurde mit dem Gerät „LF 340", produziert von der Firma WTW gemessen.

Zur Vorbereitung der Bestimmung des pH-Wertes wurde der Suspension 100 µl Kaliumchlorid (3 mol/l) zugegeben. Die Bestimmung des pH-Wertes erfolgte mit einem Messgerät „pH 323" (WTW) nach einer Anpassungszeit von 3 min.

2.9 Physikalische und chemische Basisparameter

Alternativ wurden zur Ermittlung des pH-Wertes auch Schnellteststreifen von der Firma Merck angewandt. Dazu wurde der Überstand der Proben nach der Sedimentation der groben Fraktionen analysiert.

Charakterisierung der löslichen Salze

Die Gehalte an Ca-, K-, Mg- und Na- Ionen wurden nach DIN EN ISO 10304 mittels Ionenchromatographie mit Suppressortechnik bestimmt. Zur Vorbereitung der Proben wurden diese nach DIN 38414, Teil 4 suspendiert. Nach dem vollständigen Verschlickern der Tone wurden die Suspensionen filtriert. Zur Separation wurde der Ionenchromatograph DX 120 mit ASRS UC Ultra 4 mm Suppressor (Dionex) mit einer Vorsäule Ionpac AG 14 A-7 µM, 4 mm und einer Trennsäule Ionpac AS 14 A-7 µM, 4 mm genutzt. Die Ionen im Eluat wurden durch Atomemissionsspektrometrie mit induktiv gekoppeltem Plasma (ICP-OES) nach DIN EN ISO 11885 mit dem ICAP 61E Trace Analyzer der Firma Thermo Jarrell Ash/Nicolet bestimmt.

Die Analysen der Proben der Basischarakterisierung der Tone sowie denen des Maukversuchs wurden vom FGK durchgeführt.

Bestimmung des Kohlenstoff-, Schwefel- und Stickstoffgehaltes

Der Gesamtkohlstoff- und der carbonatfreie Kohlenstoffgehalt wurden nach DIN ISO 10694 (1996) und der Schwefelgehalt nach DIN 51085-B (2006) mittels ELTRA-Infrarotanalysator C/S 800 bestimmt.

Das Probenmaterial wurde bei 105°C bis zur Gewichtskonstanz getrocknet und anschließend homogenisiert. Nach dem Vermahlen und Verbrennen des Probematerials erfolgte zur Bestimmung des Schwefel- und des Gesamtkohlenstoffgehaltes die Analyse der Verbrennungsgase mittels Infrarotabsorption. Der organische Kohlenstoffgehalt wurde nach dem Herauslösen des Carbonates vor der Messung mit Hilfe von Salzsäure nach DIN ISO 10694 (1996) ermittelt.

Die Bestimmung des Gesamtstickstoffgehaltes erfolgte mittels eines Sauerstoff- und Stickstoffanalysators TC 600 der Firma LECO durch Analyse des Stickstoffgehaltes im Verbrennungsgas.

Die Bestimmung des Kohlenstoff-, Schwefel- und Stickstoffgehaltes wurde am FGK durchgeführt.

Material und Methoden

2.10 Nukleinsäureanalytik

Mittels der Nukleinsäureanalytik ist es theoretisch möglich, den Genbestand einer Probe vollständig zu analysieren. Dem sind jedoch durch methodische Einschränkungen, wie zum Beispiel der Primerspezifität, Grenzen gesetzt (Kaden 2009). Das größte Problem bei der molekularen Analytik der Tonrohstoffe ist jedoch die Tatsache, dass die DNA bei der Nukleinsäureextraktion direkt nach der Freisetzung über mehrwertige Kationenbrücken oder organische Verbindungen an die Tonpartikel gebunden wird und somit für Analysen nicht mehr verfügbar ist (Abbildung 2.12).

Inhibierend auf diverse Methoden, wie zum Beispiel auf die Polymerase Kettenreaktion (PCR), wirken sich auch organische Substanzen, vor allem Huminstoffe (Tebbe & Vahjen 1993) aus, welche in großen Mengen in Tonen vorkommen.

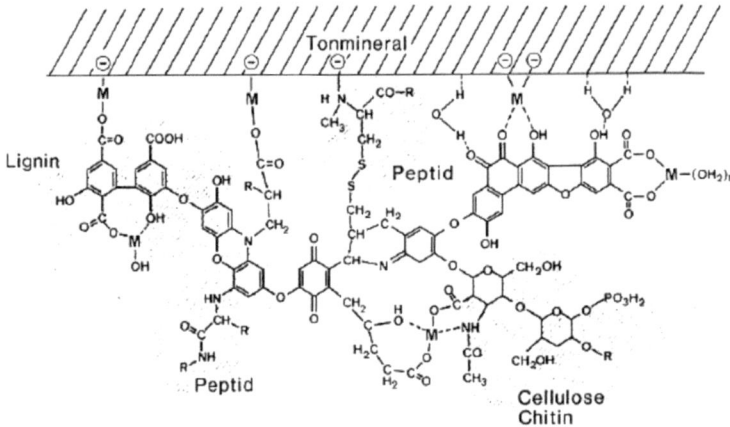

Abbildung 2.12: Schema der Bindung der DNA durch Kationenbrücken und organische Moleküle an Tonminerale (Blume et al. 2002)

In Abbildung 2.13 ist der Ablauf der Nukleinsäureanalytik für Tonrohstoffe dargestellt, nach welchem alle molekularanalytischen Untersuchungen der Basischarakterisierung der Tonrohstoffe sowie des Maukversuchs durchgeführt wurden. Ein wesentliches Ergebnis der Vorarbeiten war, dass der dargestellte Ablauf in allen Fällen für die Tone W1 und W2 reproduzierbar war.

2.10 Nukleinsäureanalytik

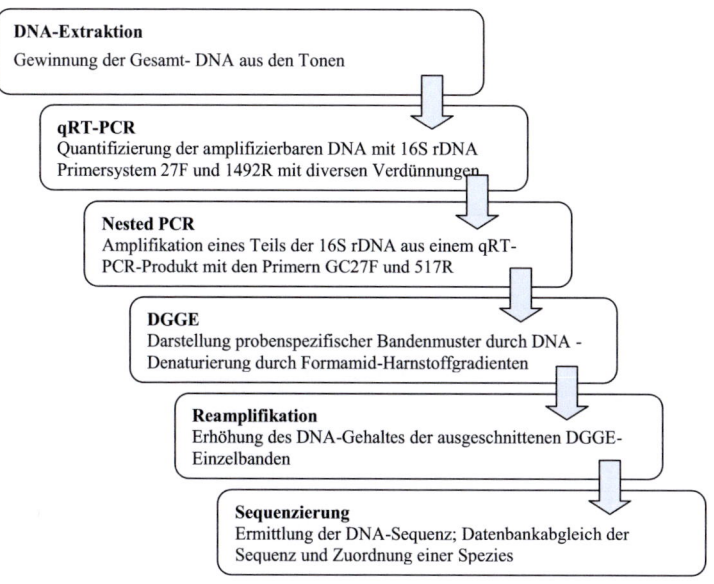

Abbildung 2.13: Fließschema zur DNA-Analytik der Tone

2.10.1 DNA-Extraktion

Bei der kultivierungsunabhängigen Analytik der Tone sollte möglichst die gesamte DNA aus den Proben extrahiert werden. Da dies aufgrund der negativen Ladung der DNA und der Kantenladung der Tonpartikel in Kombination mit mehrwertigen Kationen nur sehr schwer zu realisieren ist, wurden zunächst diverse Methoden miteinander verglichen sowie Verfahren optimiert. Um die Vergleichbarkeit der Proben zu gewährleisten wurde Probematerial von W2 mit einem Wassergehalt von 50% homogenisiert, aliquotiert und die Aliquote eingefroren. Für die Untersuchung jeder DNA-Extraktionsmethode wurde ein neues Aliquot genutzt, so dass mehrfaches Auftauen und Einfrieren vermieden wurde. Die Durchführung und Modifikation der 8 verglichenen Methoden werden im Folgenden dargestellt.

Material und Methoden

Phenol-Chloroform-Extraktion

Zur Extraktion der DNA wurden 1 g Ton, 50 µl Lysozym mit einer Konzentration von 100 mg/ml, 100 µl Proteinase K mit einer Konzentration von 20 mg/ml zu 2 ml Extraktionspuffer (Abbildung 2.14) in ein Reaktionsgefäß mit einem Gesamtvolumen von 15 ml gegeben. Als Variation der Methode wurde milchpulverhaltiger Extraktionspuffer genutzt. Das Milchpulver sollte in diesem Fall der Absättigung der Kantenladungen der Tonpartikel dienen. Zur Kontrolle der Reinheit des Milchpulvers wurde an einer Probe ohne Zusatz von Ton eine Nukleinsäureextraktion durchgeführt.

Extraktionspuffer:	7,9 g TrisHCl
	18,6 g EDTA
	43,83 g NaCl
	7,8 g NaH_2PO_4
	500 ml VE-Wasser
Variation:	1,6 g Milchpulver in 40 ml Extraktionspuffer lösen

Abbildung 2.14: Zusammensetzung des Puffers für die Phenol-Chloroform-Extraktion

Die Inkubation zur Zelllyse erfolgte für 60 min und 37°C in einem Überkopfschüttler „Enviro genie" (Scientific industries). Danach wurden die Proben für 5 min bei 2500 rpm in einer Zentrifuge „5810R" von der Firma Eppendorf zentrifugiert. Der Überstand wurde im Verhältnis 1:1 zu Phenol-Chloroform-Isoamylalkohol (25:24:1) gegeben und 3 min per Hand geschüttelt. Die Probe wurde danach 3 min bei 3000 rpm zentrifugiert. Der wässrige Überstand wurde abgenommen und im Verhältnis 1:1 mit Chloroform-Isoamylalkohol (24:1) per Hand für 3 min geschüttelt. Nach dem Zentrifugieren für 3 min bei 3000 rpm wurde die wässrige Phase in ein neues Reaktionsgefäß überführt und mit dem 0,6-fachen Volumen Isopropanol und dem 0,1-fachen Volumen Natriumacetat (3 M; pH 5,2) vermengt.

Zum Fällen der DNA wurde der Ansatz über Nacht bei 4°C inkubiert und danach 1 h bei 11000 rpm bei 4°C zentrifugiert. Dazu wurde eine Eppendorf-Zentrifuge „5403" genutzt. Der Überstand wurde abgenommen und verworfen.

2.10 Nukleinsäureanalytik

Das DNA-Pellet wurde zur Reinigung mit 1 ml 70% Ethanol, welches auf -20°C temperiert wurde, überschichtet. Der Ansatz wurde 25 min bei 11000 rpm bei 4°C zentrifugiert. Nach dem Abnehmen des Überstandes wurde das DNA-Pellet 30 min im Hybridisierungsofen bei 70°C getrocknet. Das Eluieren der DNA erfolgte mit 50 µl nukleasefreiem Wasser von VWR.

MP Biomedicals "Fast DNA spin kit for soil"

Die DNA-Extraktion erfolgte entsprechend der Herstellerangaben. Als Variation wurde untersucht, welchen Einfluss das Waschen der am Filter gebundenen DNA (siehe Herstellerprotokoll) mit 100% Ethanol auf die DNA-Ausbeute und den Gehalt an coextrahierten Verunreinigungen hat.

Analytik Jena "Innu speed soil DNA kit"

Die Nukleinsäureextraktion erfolgte ausschließlich nach Herstellerangaben. Das Grundprinzip der Methode beruht auf dem Aufschluss der Zellen, gefolgt von der Bindung der DNA an Säulchen, an welchen die Nukleinsäuren mit Waschpuffer gereinigt werden und der folgenden Elution der DNA.

PeQLab "Precellys soil DNA kit"

Die DNA-Extraktion wurde entsprechend dem Protokoll des Herstellers durchgeführt. Auch bei dieser Methode wird analog der zuvor vorgestellten, die DNA an Säulchen gebunden und dort aufgereinigt.

Qiagen "QIAamp DNA mini kit"

Im Protokoll des Herstellers wurde darauf hingewiesen, dass Zelltrümmer und Fremdstoffe vor der DNA-Extraktion abzentrifugiert werden müssen. Eine Probe wurde entsprechend dieser Anweisung behandelt. Die Feststoffe einer weiteren Probe wurden zunächst abzentrifugiert, ein Teil des Sediments jedoch der weiteren Extraktion zugeführt. Hintergrund dieser Variation ist der Aspekt, dass viele Mikroorganismen mit Bodenpartikeln assoziiert und daher im Überstand nach dem Zentrifugieren nicht mehr vorhanden sind. Diese Spezies werden demzufolge in Populationsanalysen nicht oder nur unterrepräsentiert erfasst.

Material und Methoden

Qiagen "QIAamp DNA stool kit"

In Hinblick auf die Elimination von Huminstoffen, welche inhibitorisch in der PCR wirken können, wurde versucht, eine bessere Reinheit der Proben durch Nutzung eines Kits zur DNA-Extraktion aus Stuhlproben zu erreichen. Qiagen bietet dazu auf der Firmen- Homepage eine Extraktionsvorschrift für das „QIAamp DNA stool kit" an, welche speziell für die Extraktion von DNA aus Bodenproben modifiziert wurde (Qiagen 2002).

Zymo Research "Soil microbe DNA kit"

Die Nukleinsäureextraktion erfolgte ausschließlich nach Herstellerangaben. Auch diese Methode folgte dem Grundprinzip der Bindung der freigesetzten DNA an ein Säulchen und der folgenden Aufreinigung der gebundenen DNA. Im Gegensatz zu allen anderen Methoden erfolgte jedoch ein weiterer Aufreinigungsschritt der eluierten DNA entsprechend der Herstellerangaben.

EURx "Gene MATRIX soil DNA purification kit"

Neben der DNA-Extraktion entsprechend des Protokolls des Herstellers wurde versucht, die durch Tonpartikel verursachten Ladungen vor der Zelllyse mit Oligonukleotiden abzusättigen, welche in der weiteren Nukleinsäureanalytik nicht relevant sind. Dazu wurden zu 3 Proben vor Beginn der Extraktion 20 µl, 40 µl bzw. 60 µl Poly A mit einer Konzentration von 100 pmol/µl zugegeben. Dabei handelt es sich um ein Nukleotid mit einer Basenabfolge von 16 miteinander verbundenen Adeninmolekülen. Die Synthese des Nukleotides erfolgte bei der Firma Sigma Genosys.

Bestimmung der Konzentration und Reinheit der DNA

Die Menge und Reinheit der extrahierten DNA wurde für alle Methoden mittels Nanodrop ND1000 Software Version 3.3.0 von peQLab bestimmt. Zur Messung wurden jeweils 2 µl DNA eingesetzt.

2.10 Nukleinsäureanalytik

Zuordnung der Methoden zu den Hauptversuchen

Die DNA der Proben der Basischarakterisierung sowie die des Maukversuchs wurden mittels des „Fast Spin Kit for soil" der Firma MP Biomedicals entsprechend der Angaben des Herstellers extrahiert.

Zur DNA-Extraktion aus tonmatrixfreien Kulturen wurde das „QIAamp DNA Mini Kit" von der Firma Qiagen entsprechend dem Protokoll des Herstellers genutzt.

2.10.2 Polymerase Kettenreaktion (PCR)

Die PCR wurde 1984 von Kary Mullis entwickelt (Löffler 2003) und dient der Amplifikation bestimmter Genregionen, welche durch die Primer festgelegt werden. Die meisten Untersuchungen erfolgten auf Basis der Amplifikation der rDNA. Dabei handelt es sich im Falle der 16S rDNA um eine, für Bakterien spezifische Region mit konservierten und variablen Bereichen.

Tabelle 2.3: Primer mit zugehöriger Sequenz; Angabe der Bindungsstelle analog *E. coli*

Primer	Sequenz 5´ - 3´	T_m	Referenz
27f*	AGA GTT TGA TCM TGG CTC AG	53,2°C	(Schuppler *et al.* 1995)
517f	CAG CMG CCG CGG TAA TWC	58,1°C	(Funke *et al.* 2004)
907f	AAA CTY AAA KGA ATT GAC GG	48,6°C	(Funke *et al.* 2004)
1492R	GGY TAC CTT GTT ACG ACT T	50,6°C	(Cho & Giovannoni 2003)
907R	CCG TCA ATT CMT TTR AGT TT	48,6°C	(Funke *et al.* 2004)
517R	ATT ACC GCG GCT GCT GG	58,7°C	(Gotz *et al.* 2002)
NS7	GAG GCA ATA ACA GGT CTG TGA TGC	58,0°C	(White *et al.* 1990)
NS8	TCC GCA GGT TCA CCT ACG GA	60,6°C	(White *et al.* 1990)
SRB	CGG CGT CGC TGC GTC AGG	64,8°C	(Amann *et al.* 1990)

NS...nuclear small (Pilze); SRB...Sulfatreduzierende Bakterien
*Die PCR für die DGGE wurde mit dem Primer GC27f mit GC- Klammer am 5´- Ende durchgeführt (CGC CCG CCG CGC CCCGCG CCC GCT CCG CCGCCC CCC CCG CCC C)
M...A oder C; W...A oder T; Y...C oder T; R...A oder G; K...G oder T

Material und Methoden

In Tabelle 2.3 sind die genutzten Primer mit Angabe der Sequenz, der Schmelztemperatur (T_m) und der Referenz dargestellt. Die Berechnung der Schmelztemperaturen erfolgte mit Hilfe der Software Oligo Analyzer online auf der Internetseite der Firma Integrated DNA Technologies (Idt 2010).

Gradienten- und Standard-PCR

Das Ansatzschema für einen PCR-Ansatz mit einem Reaktionsvolumen von 25 µl ist in Abbildung 2.15 dargestellt.

```
5 µl Green Reaktionspuffer inkl. MgCl₂ 7,5 mM (Promega)
0,5 µl dNTPs (GE Healthcare)
0,5 µl Vorwärts- Primer 10 pmol/µl (Sigma Genosys)
0,5 µl Rückwärts- Primer 10 pmol/µl (Sigma Genosys)
0,12 µl Hot Taq DNA Polymerase 5u/µl (peQLab)
15,88 µl nukleasefreies Wasser (VWR)
2,5 µl DNA
```

Abbildung 2.15: Pipettierschema für einen 25 µl PCR-Ansatz

Zur Ermittlung der idealen T_m und $MgCl_2$-Konzentration für die Primerkombination 27f-517R wurde mit dem Ziel, möglichst wenige Nebenbanden in der DGGE zu bedingen, eine Gradienten-PCR mit einfacher und doppelter $MgCl_2$-Konzentration in einem iCycler 3.032 (Bio-Rad) nach dem Programm entsprechend Tabelle 2.4 durchgeführt.

Tabelle 2.4: Programm für Gradienten-PCR

94°C	94°C	49...61°C	72°C	72°C	4°C
10 min	30 s	30 s	45 s	7 min	∞
		25x			

Die Schmelztemperaturen T_m wurden in der Gradienten-PCR von 49°C bis 61°C in 8 Schritten variiert.

2.10 Nukleinsäureanalytik

Sämtliche PCRs wurden mit einem Thermocycler „Gene Amp PCR System 9700" (Applied Biosystems) entsprechend der Ergebnisse der Gradienten-PCR durchgeführt. Die PCR-Programme sind in Tabelle 2.5 und Tabelle 2.6 dargestellt.

Tabelle 2.5: Programm für PCR mit Primerkombination 27f-1492R

94°C	94°C	58°C	72°C	72°C	4°C
10 min	1 min	1 min	1,5 min	10 min	∞
	32x				

Tabelle 2.6: PCR-Programm für sämtliche andere genutzten Primerkombinationen

94°C	94°C	58°C	72°C	72°C	4°C
10 min	30 s	30 s	45 s	7 min	∞
	27x				

Der genutzte "Green" Reaktionspuffer (Promega) fungiert gleichzeitig als Ladepuffer für die Gelelektrophorese. Zur Elektrophorese wurden je 5 µl PCR-Produkt auf ein mit Ethidiumbromid (Sigma) versetztes Agarosegel (MP Biomedicals) der Konzentration von 1% aufgetragen. Für 10 ml Gel wurden 10 µl Ethidiumbromid genutzt. Der Gellauf wurde bei 140 V und 0,16 A mit einem Netzteil „Power Pack 200" (Bio-Rad) durchgeführt. Die Visualisierung der Gelbanden erfolgte an einem Lumi Imager F1 (Roche Diagnostics) und der Auswertesoftware Lumi Analyst 3.1 mit einer Belichtungszeit von 0,5 s bis 2 s, in Abhängigkeit von der Fluoreszenzintensität.

Quantitative Real Time PCR (qRT-PCR)

Mit Hilfe der quantitativen Real Time PCR ist es möglich, mittels der Intensität eines Fluoreszenzsignals, welches bei der Interkalation von Sybr Green an doppelsträngige DNA entsteht, die Menge der synthetisierten PCR-Produkte zu quantifizieren. Als Ergebnis wird ein Ct-Wert ermittelt, der einer Fluoreszenz

Material und Methoden

entspricht, welche genau dann ausgesandt wird, wenn ein festgelegter Schwellenwert erreicht wird. Die Anzahl der benötigten Zyklen bis zum Erreichen des Ct-Wertes hängt davon ab, wie viel DNA sich im Testansatz befindet und welche Reinheit die Nukleinsäure aufweist. Damit ist die qRT-PCR nicht dazu geeignet, die absolute, sondern vielmehr die amplifizierbare Menge DNA im Ansatz zu ermitteln. Weitere Einschränkungen sind auch durch die Primerspezifität bedingt.

Für die Durchführung der qRT-PCR wurde ein Mastermix aus 10 µl „Power Sybr Green" (Applied Biosystems), 0,25 µl je Primer (Tabelle 2.3) und 12 µl nukleasefreiem Wasser (VWR) je Reaktion angefertigt. Entsprechend der Anzahl der Proben wurde der Mastermix zu je 22,5 µl in die Vertiefungen der Mikrotiterplatte „Api Prism" (Applied Biosystems) pipettiert. Danach wurde in jede Vertiefung 2,5 µl DNA gegeben und die Platte mittels selbstklebender transluzenter Folie „Micro Amp" (Applied Biosystems) verschlossen. Für die Durchführung der qRT-PCR wurde ein Cycler „Abi Prism 7000" (Applied Biosystems) eingesetzt. Das Temperatur- Zeit- Profil für die qRT-PCR ist in Tabelle 2.7 dargestellt.

Tabelle 2.7: Programm für die qRT-PCR mit den Primern 27f und 1494R

94°C	94°C	58°C	72°C	72°C
10 min	1 min	1 min	1,5 min	10 min
		40x		

Bei Verwendung der Primer NS7 – NS8 für den Nachweis von Pilzen und 27f – SRB für sulfatreduzierende Bakterien wurden alle Zeiten innerhalb der Zyklen um 30 s verkürzt.

Die Auswertung der Rohdaten erfolgte ausschließlich automatisch mittels der Software „SDS 1.2.3" (Applied Biosystems).

2.10.3 Denaturierende Gradienten Gelelektrophorese (DGGE)

Das Prinzip der DGGE beruht darauf, dass bei gleicher Länge der Fragmente jedes DNA-Molekül entsprechend seiner Basenabfolge bei einer definierten Formamid/Harnstoffkonzentration denaturiert. Dadurch ist eine Auftrennung gemischter DNA-Moleküle mit gleicher Länge aber unterschiedlichen Sequenzen in einem Gel mit Harnstoffgradienten möglich. Im Idealfall repräsentiert dabei eine Bande im DGGE-Gel eine Spezies. Variationen im Genom oder PCR-Produkte mit unterschiedlicher Länge können auch multiple Bandenbildung ausgehend von einer Spezies verursachen. Die für die DGGE genutzten PCR-Produkte dürfen daher nicht schon auf dem Agarosegel Doppelbanden aufweisen. Der Vorteil der Nutzung der DGGE gegenüber der Klonierung zur Sequenzseparation besteht darin, dass unterschiedliche Sequenzen sofort erkannt werden können. Damit wird die kosten- und zeitintensive mehrfache Sequenzierung von DNA gleicher Organismen nahezu verhindert.

Vorbereitung des DGGE-Gels

Die Glasplatten wurden mit den Spacern und der Halteapparatur in den Gießstand eingespannt. Je 20 ml Polyacrylamidlösung mit Formamid-/Harnstoffkonzentrationen von 70% bzw. 60% und 40% wurden nach Zugabe von 180 µl Ammoniumpersulfat (APS; Sigma) mit einer Konzentration von 10% und 18 µl Tetramethylendiamin (Temed; Amresco) langsam mittels Gradientenformer „DCode System" (Bio-Rad) gegossen. Bei diesem Prozess wirkt APS als Radikalstarter und Temed als Polymerisationskatalysator. Nach dem Auspolymerisieren des Trenngels wurde dieses mit einer Lösung bestehend aus 5 ml Polyacrylamid mit 0% Formamid/Harnstoff sowie 45 µl APS mit einer Konzentration von 10% und 4,5 µl Temed zur Bildung des Sammelgels überschichtet und der Kamm zur Bildung der Probentaschen aufgesetzt. Das Gel wurde noch 3 Stunden bis zur Verwendung gelagert um eine vollständige Polymerisierung zu gewährleisten. Eine Übersicht über die Zusammensetzung der Polyacrylamid-Lösungen ist in Tabelle 2.8 dargestellt.

Material und Methoden

Tabelle 2.8: Zusammensetzung der Polyacrylamid-Lösungen

	0%	40%	60%	70%
Acrylamid/Bis (40% w/v, Serva)	18,8 ml	18,8 ml	18,8 ml	18,8 ml
TAE Puffer pH 8,5	2 ml	2 ml	2 ml	2 ml
Formamid (AppliChem)	-	16 ml	24 ml	28 ml
Harnstoff (Sigma)	-	16,8 g	25,2 g	29,4 g
VE-Wasser	Auffüllen auf 100 ml	Auffüllen auf 100 ml	Auffüllen auf 100 ml	Auffüllen auf 100 ml

Vorbereitung der Proben

Die Produkte der qRT-PCR wiesen aufgrund der Kombination der Primer 27f-1492R eine Länge von ca. 1500 bp auf. Da dies zu lang für die effektive Trennung in der DGGE ist, wurde eine Semi-nested-PCR mit den Primern GC27f und 517R (Tabelle 2.3) durchgeführt. Die GC- Klammer bedingt dabei eine bessere Diskriminierung der speziesspezifischen 16S rDNA im Gel, da die Doppelstränge nicht vollständig denaturieren können (Green et al. 2009).

Gellauf und Auswertung

Nach dem Beladen des Gels mit 15 µl PCR-Produkt wurden die Proben elektrophoretisch in 1xTAE pH 8,5 aufgetrennt. In 1 l 1xTAE befanden sich neben H_2O 4,84 g TRIS, 1,14 ml Essigsäure und 2 ml 0,5 M EDTA. Zur Energieversorgung der Elektrophorese wurde ein Netzteil „Power Pack 200" (Bio-Rad) genutzt. Das Produkt aus Zeit und Spannung lag jeweils bei ca. 1000 Vh. Die Gele wurden danach in einer Lösung aus 300 ml 1xTAE Puffer pH 8,0 und 30 µl SybrGold (Invitrogen) für 10 min gefärbt. Die Visualisierung der Banden erfolgte mittels Lumi Imager F1.

Um die Ähnlichkeit von zwei Proben darzustellen wurde für einige Gelspuren der Sørensen-Index entsprechend der Formel 2.1 (Sørensen 1948) ermittelt.

$$QS = \frac{2C}{A+B}$$

Formel 2.1: Berechnung des Sørensen-Index QS
A und B... Gesamtanzahl der Banden in den Proben
C... Anzahl gemeinsamer Banden beider Proben

Sind in zwei Gelspuren keine gleichen Banden zu finden, ergibt sich dabei ein Wert von 0. Gleichen sich zwei Proben in allen Banden, so entspricht das einem Sørensen-Index von 1.

Zur weiteren Analytik wurden distinkte Banden mit einem Skalpell auf einem UV- Tisch „TFX20M" (Vilber Lourmat) ausgeschnitten und in ein 0,5 ml Eppendorf Reaktionsgefäß überführt. Die Gewinnung der DNA aus den Banden wurde durch Zugabe von 25 µl nukleasefreiem Wasser und anschließender Lagerung im Kühlschrank über Nacht realisiert. Da die aus dem Gel herausdiffundierte Menge DNA zur Sequenzierung zu gering war, wurde das Eluat mit dem Primerset 27f - 517R reamplifiziert.

2.10.4 Sequenzierung und Datenbankrecherche

Mittels der Sequenzierung ist es möglich, die Basenabfolge der DNA zu ermitteln. Voraussetzung für diese Methode nach Sanger (Sanger *et al.* 1977) ist eine spezielle Sequenzier-PCR, bei welcher fluoreszenzmarkierte ddNTPs zum Kettenabbruch des PCR-Produktes führen. Da der Einbau der ddNTPs zufällig erfolgt, werden unterschiedlich lange PCR-Fragmente gebildet. Bei der Sequenzierung wird dieses Fragmentgemisch elektrophoretisch aufgetrennt, so dass die Basenabfolge anhand der Fluoreszenzsignale der ddNTPs mit einem Laser und Detektionseinheit ermittelt werden kann. Voraussetzung für ein verwertbares Ergebnis ist, dass die DNA nur von einer Spezies stammt. Die Separation von Misch-DNA wurde für alle Arbeiten mittels DGGE realisiert.

<u>Aufreinigung der PCR-Produkte</u>

Da in der Sequenzier-PCR nur ein Primer eingesetzt wird, in den PCR-Produkten jedoch Reste von zwei Primern vorhanden sind, mussten diese

Material und Methoden

Oligonukleotide entfernt werden. Dies wurde durch den Einsatz von Exo-Sap (USB), einem Gemisch aus Exonuklease 1 und Shrimp Alkaline Phosphatase realisiert. Exonuklease 1 baut bei 37°C einzelsträngige DNA ab während Shrimp Alkaline Phosphatase die verbleibenden dNTPs hydrolysiert. Der Reaktionsansatz bestand aus 2 µl Exo-Sap und 5 µl PCR-Produkt. Die Proben wurden für 15 min bei 37°C und danach für 15 min bei 85°C inkubiert. Die Reaktion wurde in einem Thermocycler durchgeführt.

Sequenzier-PCR

Für den Mastermix wurden je Probe 2 µl Premix „BigDye® Terminator" (Applied Biosystems) 4,5 µl nukleasefreies Wasser und 0,5 µl Primer eingesetzt. Für die Analysen der Basischarakterisierung der Tone und für die Untersuchung der Proben des Maukversuchs wurde der Primer 27f genutzt. Zu 7 µl Mastermix wurden in Abhängigkeit von der Konzentration des zu sequenzierenden PCR-Produktes 0,5 µl bis 2 µl Probe zugegeben. Das Temperaturprofil der Sequenzier-PCR ist in Tabelle 2.9 dargestellt.

Tabelle 2.9: Programm für die Sequenzier-PCR

96°C	96°C	58°C	60°C	4°C
5 min	10 s	5 s	1 min	∞
		24x		

Aufreinigung der Proben der Sequenzier-PCR

Die letzte Aufreinigung der Produkte vor der Sequenzierung wurde mit einer DNA-Ethanolfällung realisiert. Dazu wurden zunächst 10 µl Sequenzierprobe, 10 µl PCR-H_2O, 2 µl 3 M Natriumacetat (pH 4,6) und 50 µl Ethanol (96%) vermengt und 15 min bei Raumtemperatur inkubiert. Danach wurden die Proben bei 13.000 rpm und 20°C für 20 min mit einer „Pico 17" (Heraeus) zentrifugiert. Nachdem der Überstand abgenommen und verworfen wurde, erfolgte die Zugabe von 250 µl Ethanol (70%). Die Ansätze wurden danach bei 13.000 rpm für 5 min zentrifugiert. Nach dem Abnehmen des Überstandes wurde das DNA-Pellet bei Raumtemperatur getrocknet, bis sich kein Ethanol mehr im Reaktionsgefäß befand. Das Pellet wurde abschließend in 10 µl nukleasefreiem Wasser eluiert.

2.10 Nukleinsäureanalytik

Kapillarelektrophorese und Sequenzanalyse

Zur Sequenzierung wurden 3 µl aufgereinigtes PCR-Produkt mit 12 µl HiDi^{TM} Formamid (Applied Biosystems) vermengt und im Kapillarsequenzer Abi Prism 300 Genetic Analyzer; Software Version 3.0.0 (Applied Biosystems) analysiert.

Alternativ zum beschriebenen Ablauf wurden Großaufträge mit jeweils ca. 100 Proben als Auftragsarbeit bei der Firma GATC (Konstanz) durchgeführt. Das betraf die Proben der Basischarakterisierung und die des Maukversuchs. In diesem Fall wurden je Probe 20 µl PCR-Produkt zugesandt.

Datenbankrecherche

Für die Zuordnung der Sequenzen zu existierenden Datenbankeinträgen wurde die Datenbank des National Center for Biotechnology Information (NCBI) genutzt (Altschul et al. 1990). Es wurden jeweils der erste Datenbankeintrag und die erste beschriebene Spezies mit 16S rDNA Übereinstimmungswahrscheinlichkeit, e-value und score in die entsprechenden Tabellen dieser Arbeit übernommen. Da Sequenzen beim Übertragen zu NCBI nicht validiert werden, sind die angegebenen Zuordnungen nie absolut, sondern nur mit hoher Wahrscheinlichkeit anzunehmen.

2.10.5 Sequenzassembling und taxonomische Analysen

Die Begutachtung, und falls notwendig, die Korrektur von Sequenzen erfolgte im Programm „Chromas lite" Version 2.01 von der Firma Technelysium Pty Ltd.

Das Sequenzassembling wurde mit der Software „SeqManPro" des Softwarepaketes „DNA Star® Lasergene" Version 8.0.2 realisiert.

Aus dem gleichen Softwarepaket wurde das Programm „MegAlign" genutzt, um die Sequenzen zu alignen und phylogenetische Verwandtschaftsverhältnisse darzustellen. Dazu wurde die „Clustal W" Methode (Higgins & Sharp 1988) genutzt und jeweils ein boostrap mit 100 Nukleotidaustauschen und 1000 Berechnungen durchgeführt.

Zum Übermitteln von Sequenzen zur Datenbank von NCBI wurde das Programm SeqIn Version 9.00 genutzt.

Material und Methoden

2.11 Versuche

In den Kapiteln 2.11.1 bis 2.11.3 wird der zeitliche und methodische Ablauf der Hauptversuche dargestellt. Die dazu genutzten Methoden wurden bereits in den vorherigen Kapiteln vorgestellt. Eine vereinfachte, schematische Darstellung der Versuchsabläufe ist in Abbildung 2.16 am Ende des Kapitels „Versuche" dargestellt.

2.11.1 Optimierung der Gesamt-DNA-Extraktion aus Tonen

Das Ziel dieses Versuchsteils war es, einen molekularanalytischen Arbeitsablauf zu etablieren, mit dessen Hilfe es möglich ist, eine hohe Anzahl autochthoner bakterieller Spezies in Tonen nachzuweisen. Bereits erläuterte Probleme sind die Kantenladung der Tone und die organischen, coextrahierten Begleitstoffe. Bereits an dieser Stelle ist die Wahl des geeigneten DNA-Extraktionskits entscheidend. Eine hohe DNA-Ausbeute sowie eine geringe Menge an PCR-Hemmstoffen in der Probe führen meist zu guten PCR-Produkten. Als Kriterien dafür gelten allgemein, dass Proben mit hoher Reinheit ein Verhältnis der Extinktionen bei 260 nm/280 nm von ca. 1,8 bis 2 bzw. einen Quotienten größer 2 der Wellenlängen 260 nm/230 nm aufweisen sollten (Thermo scientific 2008). Diese Werte ergeben sich aus den spezifischen Extinktionsmaxima für die möglichen Verunreinigungen für DNA-Extrakte. DNA hat ein Extinktionsmaximum bei 260 nm, Proteine bei 280 nm und Huminstoffe sowie andere organische Moleküle (Zeller 2000) und einige Salze (Muck 2007) bei 230 nm. Es ist jedoch zu beachten, dass mit dieser Methode nicht alle Hemmstoffe detektiert werden können.

Die DNA wurde aus homogenen, aliquotierten Schlickern des Tones W2 mit einem Feststoffanteil von 50% mit folgenden bereits vorgestellten Methoden extrahiert:

- Phenol-Chloroform-Extraktion (PhChl-Extraktion)
- Fast DNA spin kit for soil (MP Biomedicals)
- Innu speed soil DNA kit (Analytik Jena)
- Precellys soil DNA kit (PeQLab)
- QIAamp DNA mini kit (Qiagen)
- QIAamp DNA stool kit (Qiagen)
- Gene MATRIX soil DNA purification kit (EURx)

2.11 Versuche

Die Bestimmung des DNA-Gehaltes sowie der Reinheit erfolgte mittels Messung der Extinktion mit dem Nanodrop. Zur quantitativen Bestimmung der amplifizierbaren Menge an DNA wurden die Proben in der qRT-PCR mit dem Primerset 27f-1492R analysiert. Im Anschluss daran wurden die PCR-Produkte der qRT-PCR mit dem Primern GC27f-517R reamplifiziert. Die 16S rDNA dieser Proben wurde mittels DGGE aufgetrennt. Nach dem Ausschneiden der distinkten Banden wurde die DNA mit den Primern 27f-517R reamplifiziert und im Auftrag bei der Firma GATC sequenziert.

Um wirtschaftliche Aspekte in die Betrachtung einfließen zu lassen, wurde der aktuelle Listenpreis (Stand Dezember 2009) für je eine Reaktion ermittelt. Dazu wurde jeweils die Packungsgröße berücksichtigt, bei welcher sich der geringste Preis für eine Reaktion ergab.

Da nicht nur die DNA-Extraktion, sondern auch die PCR-Bedingungen sowie der PCR-Mastermix einen Einfluss auf die Anzahl der detektierbaren Banden haben, wurde die Abhängigkeit der Bandenanzahl von der $MgCl_2$-Konzentration und der Schmelztemperatur in einer Gradienten-PCR mit anschließender DGGE und Sequenzierung der DNA aus den Banden untersucht. Für diesen Versuch wurde reine DNA von *Pseudomonas aeruginosa* genutzt.

2.11.2 Durchführung der Basischarakterisierung

Um die Rohstoffe W1 und W2 umfassend zu charakterisieren, wurden ohne Berücksichtigung der Lagerungsdauer bergfeuchte Proben von W1 und W2 ausgewählt. Zur Untersuchung der Tone wurden folgende bereits vorgestellte Untersuchungsmethoden angewandt:

Mineralogische Methoden

- Röntgenfluoreszenzanalyse (RFA)
- Röntgen- Beugung (XRD)
- Ermittlung der Korngrößenverteilung
- Simultane Thermische Analyse (STA)
- Bestimmung der Kationenaustauschkapazität (KAK)

Material und Methoden
Keramtechnische Methoden

- Ermittlung der Trockenschwindung
- Untersuchung des Brennverhaltens hinsichtlich Brennfarbe
- Analyse der Porosität durch Wasseraufnahme nach Gradientenbrand
- CNS Analytik und Gesamtbestimmung der löslichen Salze
- Ermittlung von Leitfähigkeit und pH-Wert
- Pfefferkorn Analyse
- Trockenbiegefestigkeit

Mikro- und Molekularbiologische Methoden

- Ermittlung der KbE auf R2A nach einer Inkubation von 8 d bei 20°C
- Kultivierung auf R2A, Sabouraud Agar, Tonplatten, DCS und Cetrimid Agar
- Abwaschen der Kulturen, PCR, DGGE und Sequenzierung
- Gesamt DNA-Extraktion, PCR, DGGE und Sequenzierung
- Ermittlung der aktiven Enzyme mittels ApiZym im 1:100 verdünnten Tonschlicker (Auswertung 24 h und 120 h nach Ansatz)
- Untersuchung der zu verstoffwechselnden Kohlenstoffquellen mittels Biolog in der Verdünnung 1:100 und einer Inkubationszeit von 8 d

2.11.3 Durchführung des Maukversuchs

Für den Maukversuch wurden 10 t der Proben W1 und W2 aufgearbeitet und mit Leitungswasser auf 15% Feuchte eingestellt (Kapitel 2.2). Die Nutzung von Leitungswasser wurde gewählt, um den Prozess industrienah zu gestalten. Zu Beginn der Analysen wurde das Prozesswasser untersucht. Nach dem Aliquotieren der Proben zu je 20 kg in fabrikneue Eimer wurden diese in einer Klimakammer bei 21°C und 58% relativer Luftfeuchte gelagert. Die Eimer hatten dabei zwei kleine Löcher mit einem Durchmesser von je 2 mm im Deckel um den Gasaustausch mit der Umgebung zu ermöglichen. Damit sollte verhindert werden, dass für den Fall hoher heterotropher Aktivität der Prozess aufgrund von Sauerstoffmangel zum Erliegen kommt.

Die Probenahmen erfolgten zum Zeitpunkt t1, t3, t6, t9, t13, t16, t20, t27, t41 und t83, wobei die Zahl die Tage der Lagerung repräsentiert. Eine Probe t0 konnte nicht untersucht werden, da der zeitliche Abstand zwischen Aufarbeitung der Tone im Westerwald und dem potentiellen Beginn der Analysen im KIT

2.11 Versuche

mehr als 12 Stunden betrug. Da der Maukprozess ein zeitlich fortschreitender Vorgang ist, war es wichtig, die Proben am Tag der Probenahme oder im Falle der keramtechnischen Analytik, für welche die Tone versandt werden mussten, nach einer definierten Zeit zu bearbeiten. In letzterem Falle erfolgten die Analysen jeweils zum Zeitpunkt t_x+1. Die zu analysierenden Proben wurden aus den Eimern unter sterilen Bedingungen nach dem Verwerfen der Deckschicht aus einer Tiefe von ca. 15 cm entnommen.

Die Proben des Maukversuchs wurden mit den in Tabelle 2.10 dargestellten Methoden untersucht, wobei zwischen Standardanalytik für jede Beprobung und erweiterter Probenahme an den Probenahmetagen t1, t6, t13, t27, t41 und t83 unterschieden wurde.

Tabelle 2.10: Zusammenfassung der Methoden des Maukversuchs mit Zuordnung der Analysen zu den beteiligten Projektpartnern

		KIT-Mikrobiologie	KIT-Nanomineralogie	Sibelco	FGK
Parameter zu jeder Probenahme t1, t3, t6, t9, t13, t16, t20, t27, t41 und t83		KbE auf R2A	Wassergehalt		
		Populationsanalyse R2A	pH-Wert		
		Populationsanalyse Tonagar	Phasenbestand (XRD)		
		Populationsanalyse DCS	STA		
		Wachstumskurve R2A (l)	Chemismus (RFA)		
		Biolog EcoPlate	KAK		
		Gesamt-DNA-Analyse			
		Enzymaktivität qualitativ (ApiZym)			
		Esteraseaktivität			
		ATR-IR Spektroskopie			
		Datenerfassung Klimakammer			
zusätzliche Parameter zu erweiterter Probenahme t1, t6, t13, t27, t41 und t83		Biolog GN2	Korngrößenfraktion.	Korngrößen	Strangpressanalytik
			RFA der Fraktionen	Wassergehalt	Wassergehalt
			XRD der Fraktionen	Pfefferkorn Analyse	Pfefferkorn Analyse
				CNS Analyse	CNS Analyse
				lösliche Salze gesamt	lösliche Salze gesamt
				Chemismus (RFA)	Frosttest
				Trockenbiegefestigkeit	Trockenbiegefestigkeit
				Brennfarbe	SO_4
				Trockenschwindung	NO_3
				Brennschwindung	Ca, K, Mg, Na
				Wasseraufnahme	
				pH-Wert	
				Leitfähigkeit	

Material und Methoden

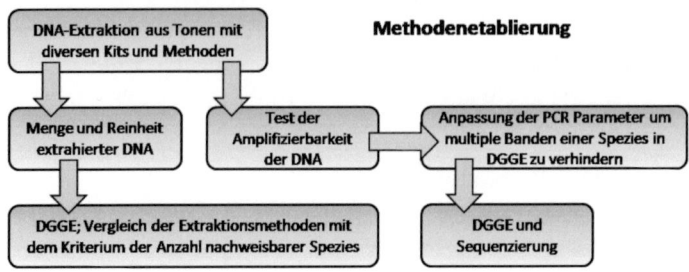

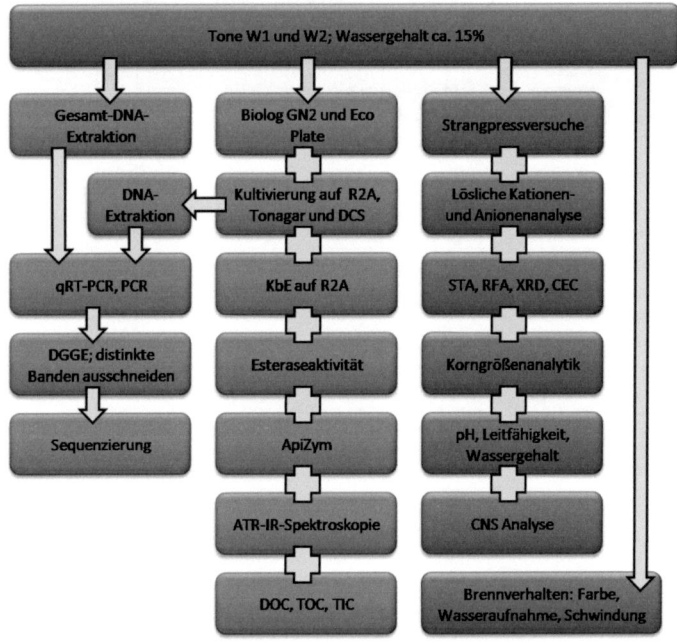

Abbildung 2.16: Oben: Fließschema zur Methodenetablierung
Unten: Übersicht zur Basischarakterisierung und Maukversuch

3 Ergebnisse und Diskussion

3.1 Optimierung molekularanalytischer Methoden

Optimierung der Gesamt-DNA-Extraktion aus Tonen

Die Ergebnisse der Extraktion der Gesamt-DNA aus W2 sind für alle untersuchten Methoden in Diagramm 3.1 dargestellt. Die Ausbeute stellt mathematisch das Produkt der eingesetzten Menge Ton, dem Messwert der OD und dem methodenspezifischen Elutionsvolumen dar. Im Tabellenanhang 1 sind alle Ergebnisse inklusive der Konzentration des Eluates ausführlich zusammengestellt.

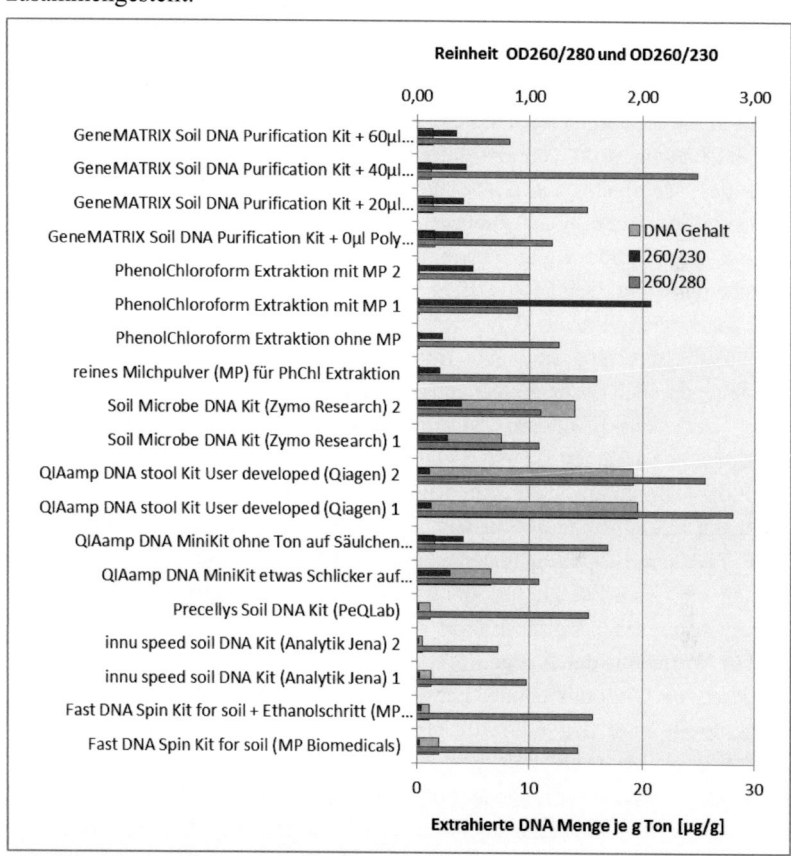

Diagramm 3.1: Vergleich aller Extraktionskits hinsichtlich Gesamt-DNA-Ausbeute und Reinheit mittels Quotienten der $OD_{260/280}$ und $OD_{260/230}$

Ergebnisse und Diskussion

Vergleicht man die absoluten Ausbeuten der DNA je g Probe, variierten diese zwischen Werten von 100 ng/g (Phenol-Chloroform-Extraktion) und 19600 ng/g („QiaAmp Stool kit"). Wird jedoch die Konzentration der DNA im Eluat betrachtet, was für den Einsatz in der PCR relevant ist, lagen die Werte dieser beiden Extraktionsmethoden zwischen 1 ng/µl und 24,5 ng/µl (Tabellenanhang 1). Die hohe Gesamtausbeute bei Nutzung des „QiaAmp Stool kit" ist darauf zurückzuführen, dass 0,25 g Ton eingesetzt wurden, was den Faktor 4 bedingt, um den Wert für 1 g Probe zu ermitteln und dass zur Elution der DNA 200 µl Wasser eingesetzt wurden, was zu einem Faktor 200 für die Menge an DNA im Gesamtansatz führt.

Parallelen einer Methode variierten teilweise um ca. den Faktor 2 („innu speed soil DNA kit" und „Soil Microbe DNA kit"), während Methoden mit modifiziertem Ablauf relativ konstante Werte aufwiesen („Gene MATRIX Soil purification kit"). Bei letztgenanntem Kit wurde versucht, durch Zugabe von Poly A die Ladungen im Ton abzusättigen, bevor die Bakterien lysiert wurden. Anhand der Messwerte ist davon auszugehen, dass dies in der genutzten Versuchskonfiguration nicht möglich war oder die Methode bei DNA-Extraktion aus Tonen nicht anwendbar ist. Betrachtet man die absolute Oberfläche der Tone, welche zwischen 5 m^2/g und 500 m^2/g (Blume *et al.* 2010) beträgt, ist die Möglichkeit der Absättigung aller Partikel einer solch großen Fläche theoretisch möglich. Die Berechnung ist jedoch nur sehr schwer realisierbar, da sich zum Einen unterschiedlich große Partikel im System befinden und zum Anderen ist nicht bekannt, wie hoch die Anzahl abzusättigender Ladungen ist. Als Beispielrechnung soll zunächst angenommen werden, dass in einem Ton mit einer Fläche von 25 m^2 je g und einer einheitlichen Korngrößenfraktion von 2 µm jedes Partikel 100 Ladungen trägt und die Teilchen lückenlos nebeneinanderliegen. Die Fläche wird demnach durch $6{,}25 \cdot 10^{12}$ Tonminerale besetzt. Im Versuch wurden 0 µl, 20 µl, 40 µl und 60 µl Poly A mit einer Konzentration von 100 pmol/µl eingesetzt. Multipliziert man diese Werte mit der Avogadro-Konstante erhält man die absolute Anzahl der eingesetzten Oligonukleotide. Diese sind 0, $1{,}2 \cdot 10^{14}$, $2{,}4 \cdot 10^{14}$ und $3{,}6 \cdot 10^{14}$ Teilchen. Stellt man den $6{,}25 \cdot 10^{12}$ Tonmineralen mit je 100 Ladungen die $1{,}2 \cdot 10^{14}$ Poly A Moleküle entgegen, wird deutlich, dass die Werte um den Faktor 10 differieren, die Menge an Poly A also nicht ausreichte. Es handelt sich hierbei jedoch nur um eine hypothetische Betrachtung. Die Grenzen der Berechnungsmöglichkeiten sind durch die Variabilität der Systemparameter bedingt. Eine deutlichere Abstufung der Ergebnisse hätte bei diesem Versuch

3.1 Optimierung molekularanalytischer Methoden

erzielt werden können, wenn die zugegebene Menge an Poly A in Zehnerpotenzen variiert worden wäre. In Hinblick auf die coextrahierten Substanzen bedingte die Extraktion mit dem „Gene MATRIX Soil purification kit", unabhängig von der eingesetzten Menge Poly A, im Verhältnis zu den anderen Methoden recht gute Verhältnisse der $OD_{260/280}$ und $OD_{260/230}$.

Die extrahierte DNA-Menge war bei Nutzung der klassischen Phenol-Chloroform-Methode mit einem Wert von 100 ng/g verhältnismäßig gering. Die Zugabe von Milchpulver erhöhte diesen Wert auf 130 ng/g bzw. 170 ng/g. Die Extraktion von DNA aus reinem Milchpulver ohne Ton, was als Negativkontrolle mitgeführt wurde, bedingte allerdings mit 140 ng/g einen ähnlichen Wert. Es ist davon auszugehen, dass bei Zugabe von Milchpulver die extrahierte DNA größtenteils aus dem Milchpulver stammte.

Bei Verwendung des „Soil Microbe DNA Kit" war eine Menge von extrahierter DNA mit Werten von 7,52 µg/g und 13,96 µg/g im Vergleich zu den anderen Methoden recht hoch. Das Verhältnis zwischen DNA und coextrahierten Proteinen betrug jedoch annähernd 1:1, was zwar niedrig, aber für die Anwendung in einem so komplexen System wie Tonen akzeptabel ist.

Die größte Menge DNA mit Werten von 19,6 µg/g und 19,2 µg/g konnte mittels des „QIAamp DNA Stool kit" und des modifizierten Protokolls (Qiagen 2002) extrahiert werden. Eine ähnliche Reproduzierbarkeit wie bei den Mengen der DNA war auch in Hinblick auf die Reinheiten bei $OD_{260/280}$ und $OD_{260/230}$ gewährleistet. Diese waren im Vergleich aller Methoden für $OD_{260/280}$ mit Werten von 2,81 und 2,56 sehr gut und für den Quotienten $OD_{260/230}$ mit 0,11 und 0,12 gut. Der Quotient $OD_{260/230}$ wurde höher erwartet, da das Extraktionskit für Stuhlproben entwickelt wurde, in welchen, wie in den untersuchten Proben hohe Anteile organischen Materials vorkommen.

Bei Nutzung des „QIAamp DNA mini kit" und unvollständiger Abzentrifugation der Feststoffe vor der Lyse der Zellen, wurde eine vierfache DNA-Ausbeute, jedoch auch eine höhere Coextraktion von Proteinen und anderen organischen Substanzen beobachtet (Diagramm 3.1).

Mit dem „Pecellys Soil DNA kit" und dem „Innu speed soil DNA kit" ließen sich im Vergleich zu den anderen kommerziell erwerblichen Kits DNA-Konzentrationen zwischen 448 ng/g und 1184 ng/g extrahieren, welche eine Reinheit aufwiesen, die mit der DNA, welche mit den Konkurrenzprodukte

Ergebnisse und Diskussion

extrahiert wurde, vergleichbar war. Die Menge coextrahierter Huminstoffe war hingegen im Vergleich zu der mit anderen Methoden extrahierter DNA hoch.

Die Modifikation des „Fast DNA Spin kit for soil" durch Einführung eines zusätzlichen Reinigungsschrittes mit Ethanol erwies sich in Hinblick auf Ausbeute und Reinheit als sinnvoll, da dadurch die Menge an DNA sowie der Quotient $OD_{260/230}$ verdoppelt wurden und die Reinheit bei $OD_{260/280}$ gesteigert werden konnte.

Die extrahierte DNA aller Proben wurde mittels qRT-PCR auf die Menge amplifizierbarer 16S rDNA untersucht. Die Ergebnisse der Untersuchungen sind in Diagramm 3.2 dargestellt. Dabei wurde automatisch eine Zyklusschwelle, der Threshold, festgelegt, bei welcher die meisten Produkte eine detektierbare Menge erreicht haben und deren Signale über dem Hintergrundrauschen liegen. Da der Threshold für alle Proben einer PCR gleich ist, lässt sich die Menge des gebildeten PCR-Produktes quantifizieren. Die zum Erreichen des Threshold notwendigen PCR-Zyklen werden als „Cycle Threshold" (Ct) bezeichnet. Die Ct-Werte, welche als Basis für die Erstellung von Diagramm 3.2 dienten, sind im Tabellenanhang 1 aufgeführt. Es war auffällig, dass der Ct-Wert bei allen Proben sehr hoch lag. So waren zum Erreichen des kleinsten Ct-Wertes der gesamten Untersuchungsreihe („Fast DNA Spin kit for Soil" mit zusätzlicher Aufreinigung) 34 Zyklen notwendig.

In einer Standard-PCR werden meist Zyklenzahlen von 25 bis 30 genutzt. Mit dieser Anzahl an Zyklen wäre noch kein Produkt nachweisbar gewesen.

Auffällig war, dass in vielen Fällen erst eine Verdünnung der Proben zur Bildung des Produktes geführt hat, was ein Hinweis auf Verunreinigungen ist (Roux 1995). Dies war zum Beispiel bei den Proben der Fall, welche mit dem „Gene MATRIX Soil purification kit" extrahiert wurden. Die Hälfte dieser Proben war nicht amplifizierbar. Dies traf auch auf 3 von 4 Proben der Qiagen-Extraktionskits zu. So wurde bei Verwendung des „QIAamp DNA Stool kit", welches die höchste DNA-Ausbeute aufwies eine Ct-Wert von 38,7 beobachtet, während die Parallelprobe gar nicht detektiert werden konnte.

Die erhöhte Amplifikationseffizienz bei Verdünnung der Proben weist auf einen hohen Gehalt an PCR-Hemmstoffen hin (Ernst *et al.* 1996). Von den 19 Einzelproben waren nur 5 unverdünnt amplifizierbar, während bei einer Verdünnung von 1:10 der gleichen Proben 10 Produkte nachgewiesen werden konnten.

3.1 Optimierung molekularanalytischer Methoden

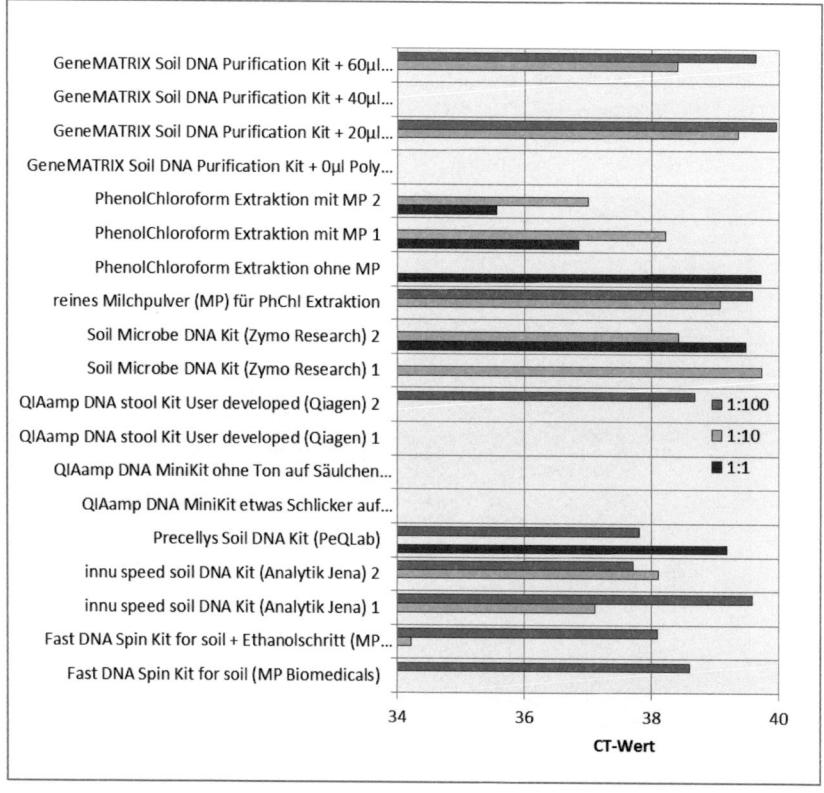

Diagramm 3.2: Cycle Treshold-Werte der Amplifikation der 16S rDNA (Position 27-1492 analog *E. coli*); Verdünnungen 1:1; 1:10 und 1:100

Einige Proben erreichten trotz geringer DNA-Konzentrationen und starker Verunreinigungen gute Ct-Werte. So war dieser beim „Innu speed Soil DNA kit" mit einer 1:100 Verdünnung 37,7 obwohl die extrahierte DNA-Menge 448 ng/g, das Verhältnis $OD_{260/280}$ 0,72 und das der $OD_{260/230}$ 0,01 betrug. Bei dieser Probe wird der Hemmstoffeinfluss auch dadurch deutlich, dass die Probe unverdünnt nicht amplifizierbar war, was sich mit zunehmender Verdünnung änderte.

Ergebnisse und Diskussion

Von jeder Methode wurde die Probe mit dem geringsten Ct-Wert reamplifiziert und in der DGGE elektrophoretisch nach unterschiedlichen Sequenzen aufgetrennt. Für Populationsanalysen ist es sinnvoll, die Methode zur Extraktion von Nukleinsäuren zu nutzen, welche die höchste Artenzahl im System abbilden kann. Das Dokumentationsbild der DGGE ist in Abbildung 3.1 dargestellt.

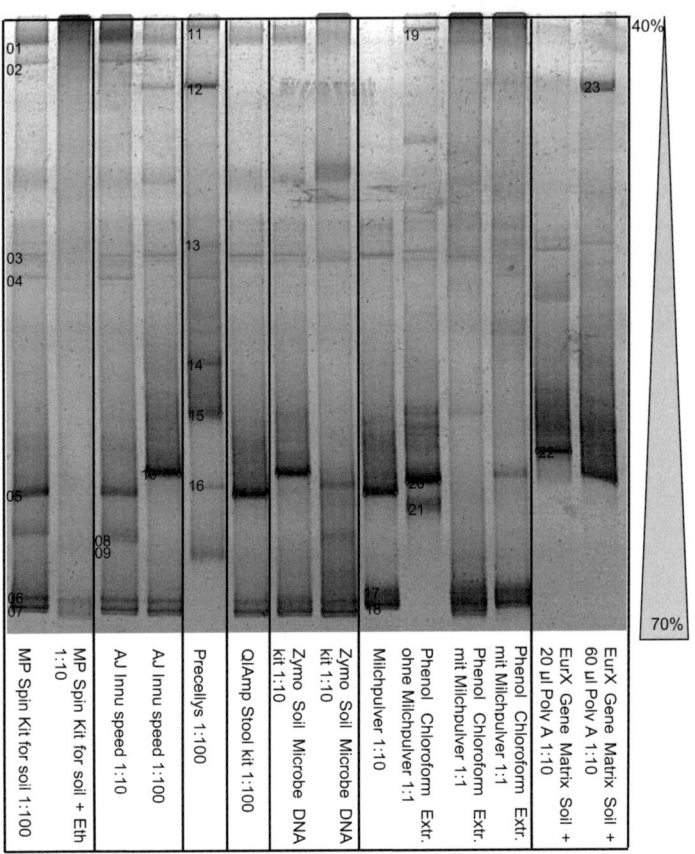

Abbildung 3.1: DGGE der Proben der DNA- Extraktionsmethoden und Variationen; Gradient 40%-70%; unterschiedliche Banden sind nummeriert

3.1 Optimierung molekularanalytischer Methoden

Die meisten Banden sind in den Gelspuren der Proben des „Innu speed soil DNA kit" (8 und 9 Banden) und des „Fast DNA Spin kit for Soil" (8 Banden) vorhanden. Bei der letzteren Methode bewirkt der zusätzliche Reinigungsschritt mit Ethanol eine Verringerung der Bandenanzahl auf zwei. Nur drei Banden wurden bei Verwendung der Proben des „Gene MATRIX Soil purification kit" abgebildet. Bei den Produkten der Phenol-Chloroform-Extraktion waren 4 bis 5 unterschiedliche Sequenzen je Spur nachweisbar, wobei die Banden 17 und 18 (Abbildung 3.1) durch das Milchpulver verursacht wurden. Da Banden auf gleicher Höhe potenziell gleiche Spezies repräsentieren, wurde von diesen jeweils eine ausgewählt und weiter analysiert. Die nummerierten Banden in der DGGE entsprechen den Produkten, welche nach dem Ausschneiden aus dem Gel und dem Reamplifizieren sequenziert wurden. Die per Datenbankanalyse des NCBI (Altschul et al. 1998) ermittelten Organismen sind mit Angabe der Wahrscheinlichkeit der Bestimmung in Tabelle 3.1 zusammengefasst. Es wurde jeweils der erste Eintrag einer beschrieben Spezies ausgewählt. Eine ausführliche Auflistung aller Ergebnisse unter Berücksichtigung der statistischen Parameter score und e-value sowie die Angabe des ersten bei NCBI gelisteten Treffers für jede Sequenz sind im Tabellenanhang 2 dargestellt.

Tabelle 3.1: Zuordnung der DGGE Banden zu Organismen mit Angabe der Übereinstimmungswahrscheinlichkeit (NCBI)

Nr.	Name	Übereinstimmung
2	*Sphingomonas melonis*	81%
3	*Mitsuria chitosanitabida* bzw. *Pelomonas puraquae*	71%
4	*Sphingomonas melonis*	88%
5	*Pseudomonas saccharophila*	99%
6	*Propionibacterium acnes**	99%
7	*Propionibacterium acnes*	100%
8	*Caulobacter leidyi*	98%
9	*Caulobacter leidyi*	96%
10	*Pelomonas aquatica*	100%
11	*Streptococcus pneumoniae* bzw. *Str. mitis*	89%
12	*Streptococcus pneumoniae* bzw. *Str. mitis*	95%
13	*Bradyrhizobium elkanii*	88%
14	*Staphylococcus epidermidis*	67%
15	*Streptococcus mitis*	99%
16	*Aquabacterium cummune*	91%
17	*Thermus thermophilus*	100%
18	*Thermus thermophilus*	100%
20	*Aquabacterium cummune*	96%
21	*Propionibacterium acnes**	99%
22	*Comamonas denitrificans*	99%
23	*Clostridium thiosulfatireducens*	80%

*Zuordnung unter ersten 10.000 Treffer nur unter Ausschluss von "Umweltproben" möglich

Ergebnisse und Diskussion

Hinsichtlich der nachgewiesenen Arten ergab sich die Besonderheit, dass die DNA von *Thermus thermophilus* aus Milchpulver extrahiert wurde. Dies ist wahrscheinlich auf den Produktionsprozess zurückzuführen. Das Ergebnis konnte auch in weiteren Untersuchungen bestätigt werden. Das Ausspateln von gelöstem Milchpulver auf R2A bestätigte die Vermutung, dass sogar kultivierbare Organismen darin vorhanden waren. Dies ist ungewöhnlich, da Milchpulver einen A_w-Wert von 0,2 hat, ab $A_w = 0,5$ aber keine Vermehrung von Mikroorganismen mehr stattfindet und die DNA vieler Bakterienarten irreversibel geschädigt wird (Weidenbörner 1998). *Thermus thermophilus* ist auch nicht zur Sporulation befähigt. Aufgrund der Beobachtungen ist zu empfehlen, auf die Anwendung von Milchpulver in der DNA-Analytik zu verzichten oder diesen möglichen Fehler bei der Auswertung zu berücksichtigen.

Bei der Analyse der Banden aus den DGGE-Spuren (Abbildung 3.1) sind mehrere Spezies durch Sequenzierung doppelt bis dreifach bestimmt worden. Demnach wurde die ermittelte Anzahl an nachgewiesenen Arten für diese Methoden korrigiert. Die Ergebnisse dieser Anpassung sind in Tabelle 3.2 dargestellt.

Für eine repräsentative Populationsanalyse im untersuchten System sind nur die Extraktionskits „Fast DNA Spin Kit for soil" unmodifiziert (MP Biomedicals), „innu speed soil DNA Kit" (Analytik Jena) und „Precellys Soil DNA Kit" (PeQLab) relevant, wobei sich die nachgewiesenen Spezies der letztgenannten Kits so stark unterschieden, dass es für ein exaktes Ergebnis sogar sinnvoll wäre, beide Kits parallel einzusetzen und die Extrakte zu vermengen.

Um abschließend die wirtschaftlichen Aspekte abzuwägen, wurden die Preise je Reaktion, basierend auf dem aktuellen Listenpreis und der größten angebotenen Packungseinheit ermittelt und in Tabelle 3.3 erfasst. Individuell mögliche Rabatte wurden nicht berücksichtigt. Für den Gesamtüberblick in Tabelle 3.3 wurden alle untersuchten Kits berücksichtigt, auch diese, von welchen die Amplifikation der 16S rDNA nicht möglich war.

3.1 Optimierung molekularanalytischer Methoden

Tabelle 3.2: Zuordnung der nachgewiesenen Arten zu den DNA-Extraktionskits

	Fast DNA Spin Kit for soil (MP Biomedicals)	Fast DNA Spin Kit for soil + Ethanolschritt (MP Biomedicals)	innu speed soil DNA Kit (Analytik Jena) 1	innu speed soil DNA Kit (Analytik Jena) 2	Precellys Soil DNA Kit (PeQLab)	QIAamp DNA stool Kit User developed (Qiagen) 2	Soil Microbe DNA Kit (Zymo Research) 1	Soil Microbe DNA Kit (Zymo Research) 2	reines Milchpulver (MP) für PhChl Extraktion	PhenolChloroform Extraktion ohne MP	PhenolChloroform Extraktion mit MP 1	PhenolChloroform Extraktion mit MP 2	GeneMATRIX Soil DNA Purification Kit + 20µl Poly A (EURx)	GeneMATRIX Soil DNA Purification Kit + 60µl Poly A (EURx)
Sphingomonas melonis	X	X	X	X	X									
Mitsuria chitosanitabida bzw. Pelomonas puraquae	X		X	X		X	X	X		X		X	X	
Pseudomonas saccharophila	X		X			X			X					
Propionibacterium acnes	X	X	X	X		X	X	X		X				
Caulobacter leidyi	X		X					X						
Pelomonas aquatica			X				X							
Streptococcus pneumoniae bzw. Str. mitis				X	X									
Bradyrhizobium elkanii					X									
Staphylococcus epidermidis					X									
Streptococcus mitis					X									
Aquabacterium cummune					X		X							
Thermus thermophilus										X	X	X		
Aquabacterium cummune											X	X		
Comamonas denitrificans													X	
Clostridium thiosulfatireducens														X
Nachweisbare Spezies	5	2	6	4	6	3	4	3	2	3	1*	2*	2	1

*korrigiert durch Abzug der Bande von *Thermus thermophilus* (durch Milchpulver bedingt)

Ergebnisse und Diskussion

Tabelle 3.3: Anzahl der unterschiedlichen DGGE-Banden nach Abzug multipel abgebildeter Spezies; Preis je Reaktion (Stand Dezember 2009)

Methode	Anzahl nachweisbarer Spezies*	Preis je Reaktion
Fast DNA Spin Kit for soil (MP Biomedicals)	5	6,60 €
Fast DNA Spin Kit for soil + Ethanolschritt (MP Biomedicals)	2	
innu speed soil DNA Kit (Analytik Jena) 1	6	2,94 €
innu speed soil DNA Kit (Analytik Jena) 2	4	
Precellys Soil DNA Kit (PeQLab)	6	6,33 €
QIAamp DNA MiniKit etwas Schlicker auf Säulchen (Qiagen)	-	2,38 €
QIAamp DNA MiniKit ohne Ton auf Säulchen (Qiagen)	-	
QIAamp DNA stool Kit User developed (Qiagen) 1	-	3,50 €
QIAamp DNA stool Kit User developed (Qiagen) 2	3	
Soil Microbe DNA Kit (Zymo Research) 1	4	2,92 €
Soil Microbe DNA Kit (Zymo Research) 2	3	
reines Milchpulver (MP) für PhChl Extraktion	2	
Phenol-Chloroform-Extraktion ohne MP	3	1,00 €
Phenol-Chloroform-Extraktion mit MP 1	1	
Phenol-Chloroform-Extraktion mit MP 2	2	
GeneMATRIX Soil DNA Purification Kit + 0µl Poly A (EURx)	-	
GeneMATRIX Soil DNA Purification Kit + 20µl Poly A (EURx)	2	1,85 €
GeneMATRIX Soil DNA Purification Kit + 40µl Poly A (EURx)	-	
GeneMATRIX Soil DNA Purification Kit + 60µl Poly A (EURx)	1	

*korrigiert durch Abzug von Organismen, welche multiple Banden bedingen

Zusammenfassung zur Optimierung der DNA-Extraktion

Extraktionskits werden teilweise mit hohen Ausbeuten bei der Effizienz der DNA-Extraktion aus Tonen beworben. Der Tongehalt der für diese Herstellerangaben untersuchten Proben lag bei allen getesteten Produkten weit unter der Ton- Konzentration von W1 und W2. Die Ergebnisse waren daher nicht auf die hier vorgestellten Arbeiten übertragbar. Weiterhin ist für Populationsanalysen nicht die absolute DNA-Ausbeute, sondern die Amplifizierbarkeit der extrahierten DNA sowie die nachweisbare Artenanzahl relevant. Von den 14 Methoden mit 8 getesteten DNA-Extraktionskits konnten nur drei diese Anforderung erfüllen. Zwei Kits wiesen ein sehr ungünstiges Preis- Leistungs- Verhältnis auf (Tabelle 3.3). Mit dem „Precellys Soil DNA

3.1 Optimierung molekularanalytischer Methoden

Kit" von PeQLab und dem „innu speed soil DNA Kit" von der Firma Analytik Jena war es möglich, die meisten unterschiedlichen Spezies nachzuweisen. Aufgrund der guten Repräsentation des Artenspektrums und dem geringen Zeitaufwand zur Durchführung der Methode wurden alle weiteren Untersuchungen mit dem „Fast DNA spin kit for soil" von der Firma MP Biomedicals durchgeführt. Eine Zusammenfassung der erhobenen Parameter dieses Kapitels ist im Tabellenanhang 1 dargestellt.

Optimierung der PCR-Bedingungen für Primerset 27f-517R

Da trotz der Vorauswahl der Extraktionsmethode die Konzentration der extrahierten DNA gering und die Amplifizierbarkeit nicht ideal war, sollte die Annealingtemperatur angepasst sowie die PCR hinsichtlich der im Puffer einzusetzenden Menge an $MgCl_2$ optimiert werden. Für die Untersuchungen wurde 16S rDNA von *Pseudomonas aeruginosa* genutzt.

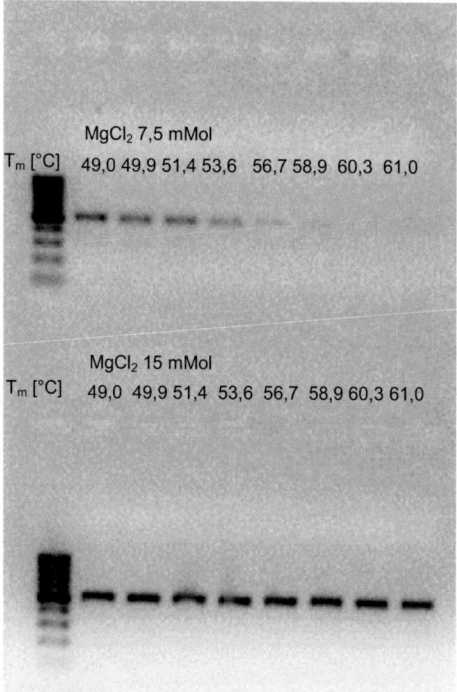

Abbildung 3.2: 16S rDNA einer Gradienten-PCR von *Pseudomonas aeruginosa;* Primer 27f/517R

Ergebnisse und Diskussion

Ist die Annealingtemperatur zu hoch, bindet der Primer nicht an die DNA und es kann kein neuer Strang synthetisiert werden. Ist die Temperatur zu niedrig, binden die Primer unspezifisch, so dass unterschiedlich lange Fragmente oder unspezifische Produkte entstehen können (Hecker & Roux 1996). Dass eine höhere $MgCl_2$-Konzentration im PCR-Puffer die Amplifikatmenge erhöht, ist bekannt (Roux 1995). Der Einfluss unterschiedlicher Annealingtemperaturen von 49°C bis 61°C in 8 Schritten sowie der Einfluss einer doppelten $MgCl_2$-Konzentration ist in Abbildung 3.2 dargestellt.

Es ist deutlich zu erkennen, dass die Produktmenge bei einer konstanten $MgCl_2$-Konzentration von 7,5 mMol und zunehmender Annealingtemperatur abnahm. Bei Temperaturen über 59°C war kein PCR-Produkt nachweisbar. Bei einer Verdopplung der $MgCl_2$-Konzentration war dieser Trend nicht mehr erkennbar. Die Untersuchungen erfolgten in Hinblick auf das Ziel, methodisch bedingte, unspezifische Mehrfachbanden in der DGGE zu vermeiden. Daher wurden die PCR-Produkte auf ein DGGE-Gel aufgetragen und elektrophoretisch aufgetrennt (Abbildung 3.3). Es ist zu erkennen, dass Annealingtemperaturen unter 56,7°C sowie eine Erhöhung der $MgCl_2$-Konzentration multiple Banden bedingen. Da sich nur DNA einer nachzuweisenden Spezies im System befand, wurden die Banden ausgeschnitten und analysiert. Mittels der Sequenzierung konnte bestätigt werden, dass sich ausschließlich DNA von *Pseudomonas aeruginosa* in den Proben befand.

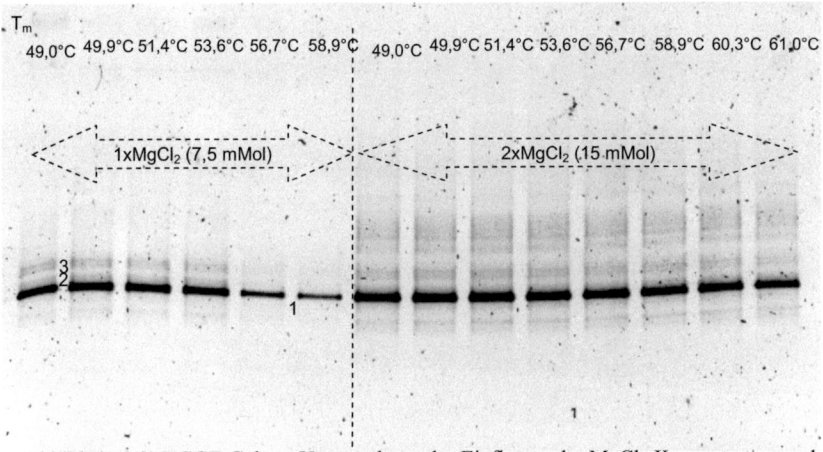

Abbildung 3.3: DGGE-Gel zur Untersuchung des Einflusses der $MgCl_2$-Konzentration und der Annealingtemperatur auf die Bandenpräsenz der DNA von *Pseudomonas aeruginosa*; Banden 1 bis 3 sequenziert; Bande 1: 99% Übereinstimmung; Banden 2 und 3 100%

3.1 Optimierung molekularanalytischer Methoden

Aufgrund der vorliegenden Ergebnisse wurde auf die Zugabe von zusätzlichem $MgCl_2$ für sämtliche Analysen verzichtet. Die Annealingtemperatur wurde auf 58°C festgelegt. Da bei dieser Temperatur nur wenig PCR-Produkt entstand, wurde die Zyklenzahl für alle weiteren PCR mit der Primerkombination 27f-517R von 25 auf 27 erhöht.

Zusammenfassend ergab sich für die Nukleinsäureanalytik aus Tonrohstoffen folgendes Arbeitsschema:

1. DNA-Extraktion mittels „Fast DNA Spin Kit for Soil" (MP Biomedicals)
2. qRT-PCR: Primer 27f-1492R; T_m=58°C; 40 Zyklen
3. Semi-nested-PCR: GC27f-517R; T_m=58°C; 27 Zyklen

Die so produzierten 16S rDNA Fragmente repräsentierten die Artenvielfalt im Ton in einem guten, jedoch nicht idealen Umfang. Die Grenzen der Methoden liegen zum Einen darin, dass zum Beispiel Mycobakterien, welche im Boden zu erwarten sind, aufgrund der komplexen und extrem widerstandsfähigen Mycolsäurezellwand bereits bei der Extraktion nicht mit erfasst werden (Kaden 2009) und zum Anderen jeder Primer nur eine Bindungsspezifität aufweist, die ausschließt, dass die DNA von allen im System vorkommenden Bakterien amplifiziert werden kann. Eine Übersicht über die Spezifität der „16S Universalprimer" 27f, 517R und 1492R ist in Tabelle 3.4 dargestellt.

Tabelle 3.4: Bindungsspezifität der 16S „Universalprimer" 27f, 517R und 1492R (Rdp 2009); Bedingung: keine Fehlpaarung; Stand der Recherche Dezember 2009

Primer	Nachzuweisende Spezies absolut	Anzahl Spezies mit Primerbindungsstelle	Prozentuale Spezifität
27f	1.024.448	155.752	15,2%
517R	1.024.448	685.967	67,0%
1492R	1.024.448	101.535	9,9%

Anhand dieser Daten wird deutlich, dass der Fehler, welcher bei der Ermittlung der Artenanzahl in einem System mittels universeller 16S-PCR auftritt bis zu 100% betragen kann. Dieser Aspekt ist auch in Hinblick auf die Interpretation von DGGE- Fingerprintanalysen entscheidend.

Ergebnisse und Diskussion

3.2 Sterilisieren und Nukleinsäureelimination

Mit dem Ziel, für den Maukversuch Referenzproben zu erhalten, welche frei von Bakterien und DNA sind, wurde versucht, mittels Autoklavieren und A_W-Wert Manipulation diese Eigenschaften herbeizuführen. Die Trocknung bei Raumtemperatur und bei 60°C erfolgte in dem Bewusstsein, dass es nicht möglich ist, die DNA bei diesen Temperaturen aus dem System zu entfernen. Die mineralogischen Toneigenschaften werden jedoch bei diesen Temperaturen überhaupt nicht verändert (Telle 2007).

Tabelle 3.5: Veränderung der Massenanteile chemischer Verbindungen in Abhängigkeit von der Behandlungsmethode (Jenneman *et al.* 1986)

	SiO_2	Al_2O_3	CaO	K_2O
Unbehandelt	88,7% ± 2,1%	8,7% ± 1,4%	1,0	2,3% ± 0,3%
150°C trocken	84,9% ± 0,2%	8,9% ± 0,4%	0,3	2,2% ± 0,2%
Autoklaviert	72,8% ± 10,9%	3,6% ± 1,6%	0	0,25% ± 0,4%

Die Ergebnisse von Jenneman *et al.* 1986 (Tabelle 3.5) verdeutlichen den Effekt von trockener Hitze oder dem Autoklavieren auf die chemischen Verbindungen. Besonders für die Masse an Al_2O_3 ist ein deutlicher Rückgang während des Autoklavierprozesses zu verzeichnen. SiO_2 und Al_2O_3 sind auch die massenmäßig häufigsten Verbindungen in den Tonen W1 und W2 (Tabelle 3.7). Daher wurde primär versucht, durch trockene Hitze die Bakterien und DNA aus den Proben zu entfernen.

Die nach dem Trocknen wieder verschlickerten Proben wurden in definierten Verdünnungen auf R2A Agar ausgespatelt. Bei Ton W1 waren die Proben ab einer Trocknungstemperatur von 105°C bakterienfrei. Bei Ton W2 war dies erst ab einer Temperatur von 200°C zu beobachten. Die bei 120°C getrocknete Probe W2 wies noch eine KbE von mehr als 10^5 auf (Diagramm 3.3), was mit hoher Wahrscheinlichkeit darauf zurückzuführen ist, dass Sporen im System überdauern konnten. Die komplette Ausheizung der Probe war durch die Versuchsdauer von 24 h sichergestellt. Die Anwendung von trockener Hitze ist weniger effektiv als das Autoklavieren (Block 2001), verändert aber die Toneigenschaften bei vergleichbarer Temperatur nicht so stark. Die in Tabelle

3.2 Sterilisieren und Nukleinsäureelimination

3.5 dargestellten Werte wurden an Sandsteinmaterial ermittelt, sind jedoch in Hinblick auf die ähnlichen chemischen Verbindungen in beiden Systemen geeignet, die Folgen der Trocknung und des Autoklavierens für Tone abzuschätzen.

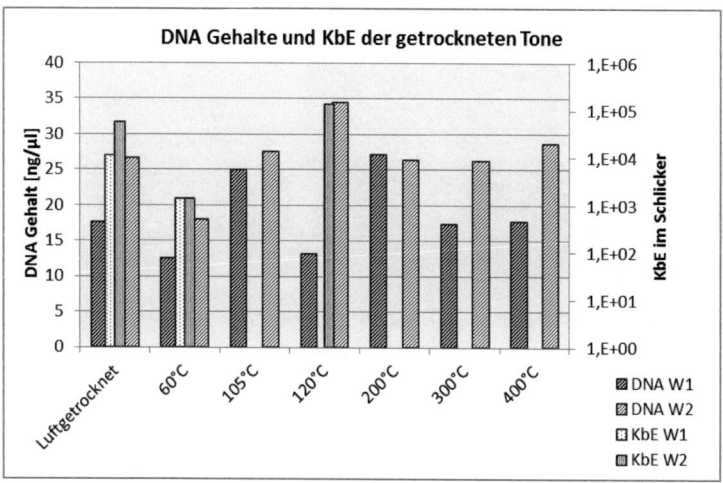

Diagramm 3.3: KbE im Schlicker und DNA-Gehalt der Tonpulver in Abhängigkeit von der Trocknungstemperatur

Im Vergleich der zwei Tone war auffällig, dass die Bakterien in W2 besser überdauern konnten. DNA war in allen Proben nachweisbar (Diagramm 3.3). Dieser Parameter kann als sehr zuverlässig angesehen werden, da die Extraktion der DNA direkt nach dem Trocknen der Tone erfolgte und die Kontaminationsgefahr dadurch verringert wurde. Die Ergebnisse wurden im Wiederholungsexperiment bestätigt. Eine Übersicht über DNA-Gehalte und die KbE in Abhängigkeit von der Trocknungstemperatur befindet sich im Tabellenanhang 3. Da DNA-Fragmente im System, welche nicht mit den im Maukversuch angewandten Methoden nachweisbar sind, toleriert werden könnten, wurden die DNA-Extrakte auf ihre Amplifizierbarkeit mit den Primern 27f und 517R getestet. Als Referenz wurde DNA aus dem ungetrockneten Tonen extrahiert und die 16S rDNA amplifiziert. Das Ergebnis dieser Untersuchung ist in Abbildung 3.4 dargestellt.

Ergebnisse und Diskussion

Es wurde gezeigt, dass die DNA bis 400°C amplifizierbar im System vorlag. Das ist mit hoher Wahrscheinlichkeit auf die ladungsbedingten Wechselwirkungen mit den Tonpartikeln zurückzuführen. So konnte Pietramellara (2004) zeigen, dass unabhängig von der Sequenz, glatten oder kohäsiven Enden DNA-Moleküle an Tonpartikel binden. Diese Bindung ist umso stärker je länger das Nukleinsäuremolekül ist. Die gebundene DNA war in diesem Fall beständig gegen DNAse.

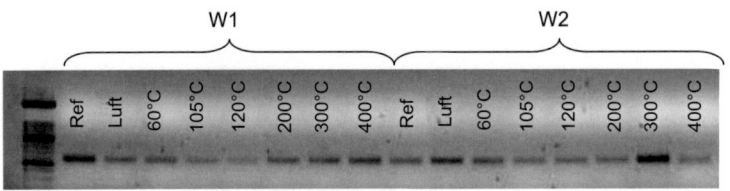

Abbildung 3.4: PCR-Produkte der DNA-Extrakte aus den getrockneten Tonen
Primer 27f-517R; Ref...ungetrockneter Ton, Luft...Lufgetrockneter Ton

Der Einfluss einer unzureichenden Durchheizung der Proben kann aufgrund der Inkubationsdauer von 24 h ausgeschlossen werden. Es ist möglich, dass durch die Oberflächenladungen der Tonminerale, den Ladungen der Kationenbrücken und denen der DNA-Moleküle Strukturen entstanden, in welche die DNA interkalieren kann und so geschützt ist. Die Bildung von ladungsbedingten Strukturen in Tonen ist bekannt. Lunsdorf *et al.* (2000) beschreiben zum Beispiel die Bildung von „clay hutches" als Folge der Ladungen an Tonmineralen.

Dass aus den Tonen W1 und W2 Kohlendioxid bis zu Temperaturen von über 500°C entwich, ist aus den STA-Diagrammen (Abbildung 3.6) der Basischarakterisierung (Kapitel 3.3.2) ersichtlich. Es ist aber davon auszugehen, dass im oberen Temperaturbereich bei 500°C anorganischer Kohlenstoff oxidiert. Die Schädigung der an die Tonminerale gebundenen DNA müsste demnach bei Temperaturen zwischen 400°C und 500°C stattfinden.

Der wichtigste Aspekt dieser Untersuchungen war jedoch, dass sich die rheologischen und mineralogischen Eigenschaften der Tone durch die Behandlung nicht verändern durften. Es ist bekannt, dass insbesondere quellfähige Tone nach dem Trocknen und Wiederbefeuchten nicht sofort wieder die gleiche Viskosität aufweisen (Young & Smith 2000). Deshalb wurde für die

3.2 Sterilisieren und Nukleinsäureelimination

getrockneten Tone für jede Trocknungstemperatur die zeitliche Abhängigkeit der Replastifizierungseigenschaften am Beispiel der Viskosität bestimmt (Diagramm 3.4, Diagramm 3.5; Ursprungsdaten Tabellenanhang 4).

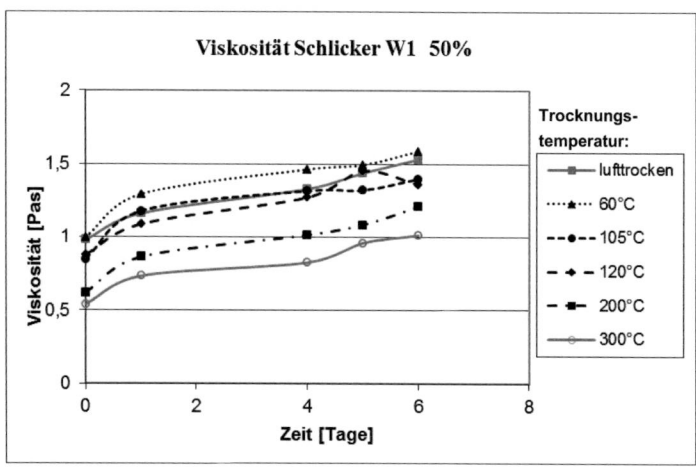

Diagramm 3.4: Ton W1; Änderung der Viskosität nach dem Befeuchten getrockneter Tone

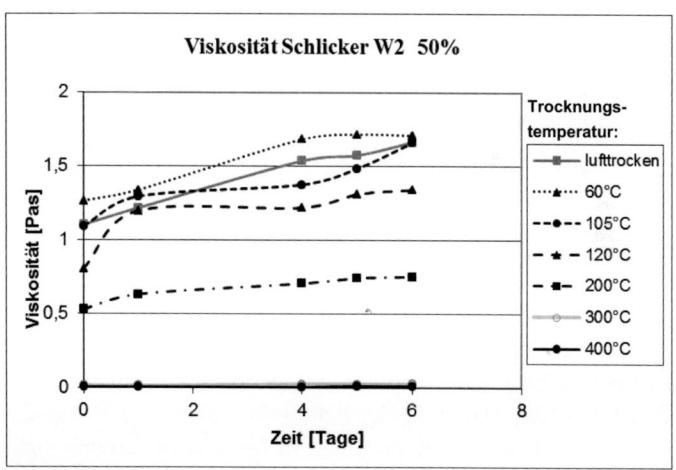

Diagramm 3.5: Ton W2; Änderung der Viskosität nach dem Befeuchten getrockneter Tone

Ergebnisse und Diskussion

Es ist bei beiden Tonen der Trend zu erkennen, dass die Viskosität nach dem Wiederbefeuchten mit steigender Trocknungstemperatur abnimmt. Es liegt die Vermutung nahe, dass dieser Effekt auf Restfeuchte zurückzuführen ist. Nach der Trocknung aller Proben für 24 h bis zur Gewichtskonstanz, wurde deshalb die Restfeuchte der einzelnen Proben durch Ausheizen bei 105°C entsprechend DIN ISO 11465 (1996) bestimmt (Tabellenanhang 3). Bei allen Trocknungstemperaturen über 60°C war der Masseverlust jedoch vergleichbar, was die These der unterschiedlichen Restfeuchteverfügbarkeit hinsichtlich des adsorbierten und freien Wassers widerlegt. Es ist wahrscheinlich, dass der beobachtete Effekt auf physikochemische Eigenschaften zurückzuführen ist, welche das Tonmineralgefüge nachhaltig verändern. So wird bei zunehmender Trocknungstemperatur organische Masse, welche viskositätserhöhend wirkt oxidiert (Blume *et al.* 2010). Die Hydrathüllen der Zwischenschichtkationen werden bei hohen Temperaturen ebenfalls geschädigt. Dieser Effekt ist jedoch so lange reversibel, bis die Dehydratation vollständig abgeschlossen ist. Bei höheren Temperaturen kommt es zur Dehydroxylierung der Schichtsilikate wodurch die Zwischenschichten irreversibel kollabieren und eine erneute Quellung der Tonminerale nicht mehr möglich ist. Die für diese zwei Modifikationen notwendige Temperatur variiert zwischen den Tonrohstoffen unter anderem in Abhängigkeit von der Menge und Art der Tonminerale und den vorhandenen Zwischenschichtkationen. Dieser entscheidende Unterschied zwischen W1 und W2 war bei der Befeuchtung der bei 300°C getrockneten Proben zu beobachten. Ein Verschlickern der Probe von W1 war möglich (Diagramm 3.4), während das Tonpulver von W2 sofort sedimentierte und sich nicht suspendieren ließ (Diagramm 3.5). Diese irreversible Schädigung wies Ton W1 erst nach einer Trocknung bei 400°C auf.

Die Diagramme zur Bestimmung der Fließgrenzen weisen einen analogen Verlauf zu denen der Untersuchungen der Viskosität auf. Deshalb wird auf eine Darstellung dieser Daten verzichtet. Die Daten dazu sind in Tabellenanhang 4 aufgeführt.

Beim Versuch die Proben zu autoklavieren waren die Änderungen der viskosen Eigenschaften ohne Messgeräte nachweisbar. Chemische und strukturelle Änderungen von Böden durch autoklavieren wurden bereits beschrieben (Koch 1917). Besonders die Dampfdruckverhältnisse während des Autoklavierens bedingen diese Effekte. Auch aus den autoklavierten Proben ließen sich Bakterien kultivieren. Dabei handelt es sich mit hoher Wahrscheinlichkeit um Organismen, welche zur Sporenbildung befähigt sind. Weiterhin besteht die

Möglichkeit, dass trotz der geringen Probemasse von 200 g aufgrund des niedrigeren Wärmeleitkoeffizienten von Tonen gegenüber Wasser, die Proben nicht zureichend durchheizt wurden. Dem wäre mit einer Erhöhung der Autoklavierzeit zu begegnen gewesen, wovon aber aufgrund der dadurch zu erwartenden irreversiblen Schädigung der Tonmineralstrukturen abgesehen wurde.

Zusammenfassung und Schlussfolgerung

Es war nicht möglich, die Tone durch Trocknung oder Autoklavieren komplett von Nukleinsäuren zu befreien. Um Bakterien aus dem System zu entfernen waren Temperaturen von 200°C notwendig, was einen entscheidenden Einfluss auf die viskosen Eigenschaften der Tone nach der Wiederbefeuchtung hatte. Da der Prozess der Replastifizierung länger als 6 Tage andauerte, war die Methode, die Tone zu trocknen und wieder zu befeuchten, um eine Referenzprobe für den Maukversuch zu erhalten nicht einsetzbar. Da für einen Maukversuch alle Proben gleichzeitig abgebaut werden müssen um die Homogenität sicherzustellen, würden während der Produktion der Referenzprobe die ungetrockneten Proben bereits dem Maukprozess unterliegen.

3.3 Basischarakterisierung der Tone

Um die, für die Tonrohstoffe entwickelten oder modifizierten Methoden vor dem Maukversuch zu testen und um die mit diesen Methoden möglichen Charakteristika der Tone W1 und W2 zu erfassen, wurde eine Rohstoff-Basischarakterisierung an Tonen mit natürlicher Bergfeuchte durchgeführt.

3.3.1 Physikochemische Parameter

W1 ist ein Blauton mit blaugrauem Aussehen, welcher schwer dispergierbar ist. Die Leitfähigkeit von W1 betrug 105 µS/cm. Der pH-Wert wurde mit 4,5 bestimmt und die Bergfeuchte variierte zwischen 10% und 12%. Im Verarbeitungsprozess verhält sich W1 extrem plastisch.

W2 hat eine gelbe bis hellorange Farbe und ist sehr gut dispergierbar. Die Bergfeuchte betrug ungefähr 9% bis 10% und es wurde ein pH-Wert von 4,5 sowie eine Leitfähigkeit von 10 µS/cm bestimmt, was $^1/_{10}$ der Leitfähigkeit von W1 entspricht. Ton W2 verhält sich bei der Verarbeitung so unplastisch, dass zur Realisierung einer hohen Produktqualität Ton W1 beigemengt werden muss.

3.3.2 Mineralogische Basischarakterisierung der Tone

Um die Vorgänge im Ton besser verstehen zu können ist es auch notwendig, die abiotischen Strukturen zu untersuchen und damit das Habitat der Mikroorganismen zu charakterisieren. Da der Schwerpunkt dieser Arbeiten auf der mikrobiologischen Analytik liegt, werden die mineralogischen Ergebnisse nur in kurzer Form vorgestellt.

Hinsichtlich der Korngrößenfraktionen unterscheiden sich W1 und W2 nur in geringem Maße (Abbildung 3.5). Als Bodenart ist W1 als ein schwach schluffiger Ton (Tu2) zu charakterisieren, während W2 ein mittel toniger Lehm (Lt3) ist.

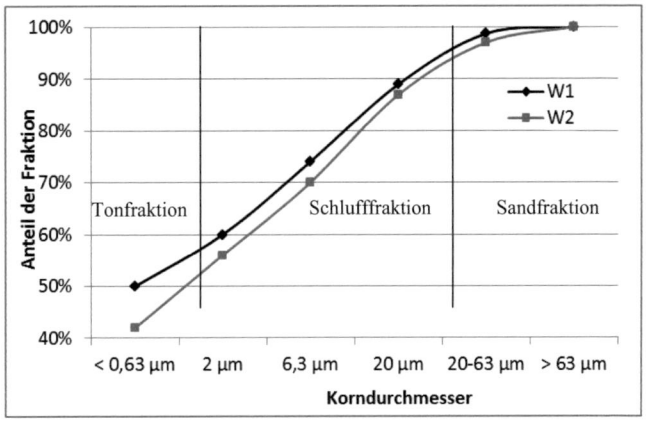

Abbildung 3.5: Kumulative Korngrößenverteilung W1 und W2

Die mittlere Abweichung der Werte der Tonfraktionen betrug 6% und die der Schlufffraktionen 4%, wobei W1 jeweils die größeren Werte aufwies. Der Sandgehalt war mit 3% in W2 mehr als doppelt so hoch wie in W1, was aufgrund der üblichen Darstellung der Körnungskurve als kumulative Funktion und der kleinen Messwerte nicht deutlich ersichtlich ist (Messwerte im Tabellenanhang 5). Der etwas höhere Sandanteil in W2 wirkt sich jedoch, wenn auch nur geringfügig, auf die Verarbeitungseigenschaften aus (Whittaker 1939).

3.3 Basischarakterisierung der Tone

Da W1 mehr Feinpartikel enthielt, wies dieser Ton auch eine größere Dichte auf, was zu Folge hat, dass zum Beispiel das Wasserhaltevermögen besser als bei W2 ist (Kuntze *et al.* 1994), was wiederum einen positiven Einfluss auf Bodenorganismen hat. In Hinblick auf die Lebensbedingungen für Mikroorganismen ist es allerdings notwendig, dass das Gefüge nicht zu viel Ton aufweist, da bereits der Korndurchmesser von Grobton mit bis zu 2 µm vergleichbar mit der Größe von Bakterien ist. Das Substrat wäre ohne Grobpartikel bei optimaler Packung theoretisch so dicht, dass Leben darin nicht möglich ist.

Für die KAK wurde mit der Cu-Trien Methode für W1 0,08 meq/g und für W2 0,04 meq/g ermittelt. Beides sind, betrachtet man die potentiellen Maxima von ca. 2,1 meq/g bei Vermiculit (Jasmund & Lagaly 1993), relativ geringe Werte. Dennoch ist Ton W1 in der Lage doppelt so viele Kationen auszutauschen wie W2. Dies war in Anbetracht der unterschiedlichen Smectitgehalte zu erwarten.

Diese Smectitgehalte, welche unter anderem in Tabelle 3.6 dargestellt sind, können jedoch zwischen zwei Proben des gleichen Rohstoffes um den Wert variieren, um den sie sich zwischen W1 und W2 unterscheiden. Dieser Fehler, welcher durch die natürliche Variabilität der Rohstoffe bedingt wird, ist nicht auszuschließen.

Tabelle 3.6: W1 und W2; Mineralogische Charakterisierung mittels XRD (Petrick 2008)

Mineral	W1	W2
Quartz	42%	37%
Kaolinit	20%	27%
Smectit	18%	11%
Muscovit/Illit	17%	20%
Feldspat	2%	3%
Rutil/Anatas	1%	2%

In Tabelle 3.6 ist die mineralogische Zusammensetzung der Tone dargestellt. Betrachtet man die möglichen Fehler bei der Bestimmung dieser Parameter, ist festzustellen, dass sich die zwei Rohstoffe extrem ähneln.

In Abbildung 3.6 ist für W1 und in Abbildung 3.7 für W2 der Verlauf des Gewichtsverlustes und der Kalorimetrie der STA dargestellt.

Ergebnisse und Diskussion

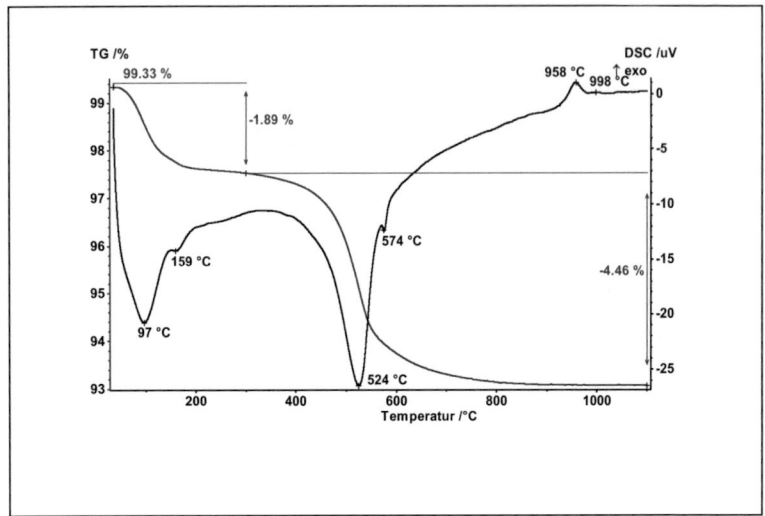

Abbildung 3.6: W1; STA; Gewichtsverlust und Kalorimetrie in Abhängigkeit der Temperatur (Petrick 2008)

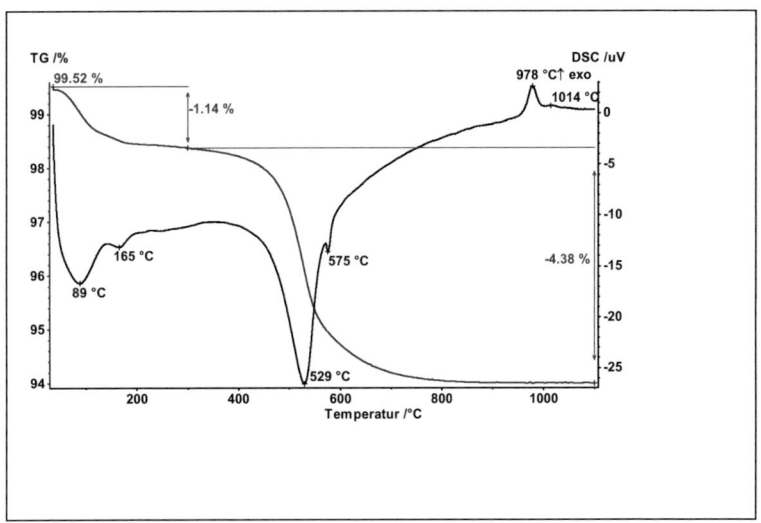

Abbildung 3.7: W2; STA; Gewichtsverlust und Kalorimetrie in Abhängigkeit der Temperatur (Petrick 2008)

3.3 Basischarakterisierung der Tone

Die ersten beiden, sehr deutlich ausgeprägten Minima der Kalorimetriekurve stellen jeweils die Dehydratationen der Zwei- und Dreischichttonminerale dar (Karathanasis & Hajek 1982). Die endothermen Reaktionen im Bereich um 520°C repräsentieren Dehydroxylierungen (Karathanasis & Hajek 1982). Die exotherme Reaktion im Bereich über 950°C ist auf Rekristallisierungen zurückzuführen (Mackenzie 1970).

Die Unterschiede zwischen den Proben W1 und W2 sind so gering, dass auch für die STA zusammenfassend festgestellt werden kann, dass beide Tone nahezu identisch sind. Dies war auch durch die Messwerte der mineralogischen Untersuchungen (Tabelle 3.6) zu erwarten.

Die im Vergleich zu W1 um 4% höhere Wasserverfügbarkeit in W2 von 14% könnte das mikrobiologische System maßgeblich begünstigen. Dieser These steht entgegen, dass der Kohlenstoffgehalt in W1 mehr als doppelt so hoch wie in W2 war. Die chemische Charakterisierung der Tone ist in Tabelle 3.7 dargestellt. Außer im Kohlenstoffgehalt unterscheiden sich die Tone in ihrer chemischen Struktur nur geringfügig.

Tabelle 3.7: Chemische Charakterisierung [% w/w] der Tone W1 und W2 mittels RFA

Ton	SiO_2	TiO_2	Al_2O_3	Fe_2O_3	CaO	MgO	K_2O	Na_2O	GV*	C	R**
W1	74,77	1,42	19,32	1,42	0,27	0,42	2,20	0,18	5,47	0,087	0,7
W2	69,46	1,42	23,90	1,34	0,24	0,51	2,92	0,21	6,20	0,042	1,8

*...Glühverlust; **...Rückstand

Als austauschbare Kationen der Zwischenschichten wurden für beide Tone mittels der Cu-Trien Methode und anschließender ICP-OES Analytik hauptsächlich Ca^{2+} Ionen ermittelt.

Der Gehalt an löslichen Salzen wurde mit 85,6 mg/100 g für W1 und 18,0 mg/100 g für W2 bestimmt (Abbildung 3.8). Der Sulfatgehalt war bei W1 mit 43,2 mg/100 g mehr als 10 mal so hoch wie bei W2 mit 3,6 mg/ 100g. Hohe Sulfatwerte wurden allerdings erwartet, da die Abbauregion für W1 nach Angaben der Grubenbetreiber (Sibelco) pyritreich (FeS_2) ist und in dem Habitat anoxische Bedingungen vorherrschen, unter welchen sich gelöstes Sulfat bei geringer Aktivität oder vollständiger Abwesenheit von sulfatreduzierenden Bakterien anreichern kann.

Ergebnisse und Diskussion

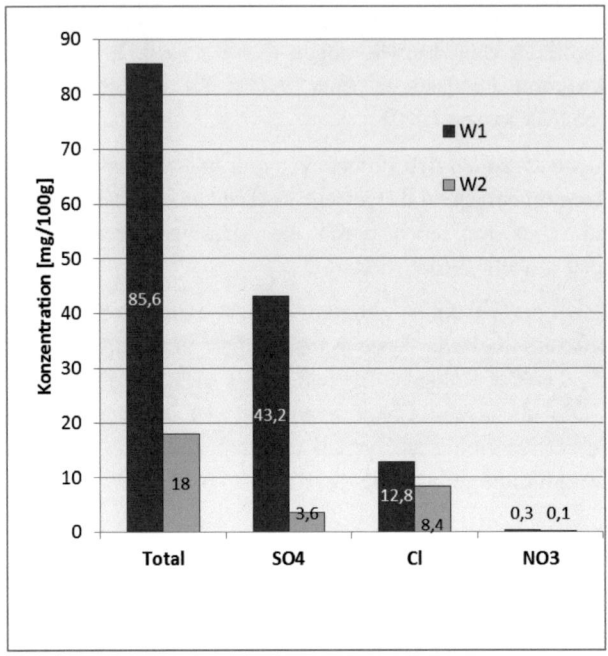

Abbildung 3.8: Übersicht über die Konzentration an löslichen Salzen in W1 und W2 im Rahmen der Basischarakterisierung

Zusammenfassung:

Mit Ausnahme des Gehaltes an löslichen Salzen ähnelten sich die Tone W1 und W2 in den mineralogischen und chemischen Parametern stark. Die Tonfraktion sowie Feinfraktionen von Schluff waren in W1 und die Sandfraktion war in W2 stärker vertreten. Die aus industriellen Anwendungen bekannten Plastizitäts- und Verarbeitungsunterschiede der zwei Rohstoffe in Kombination mit der großen Ähnlichkeit sind eine gute Voraussetzung für den Einsatz und Vergleich dieser Tone im Maukversuch. Eine Zusammenfassung aller hier nicht oder nur graphisch dargestellten Messwerte befindet sich im Tabellenanhang 5.

3.3.3 Keramtechnische Basischarakterisierung der Tone

Da das Mauken die Verarbeitungs- und Produkteigenschaften von Tonrohstoffen verbessern soll, war es wichtig, diese keramtechnischen Eigenschaften vor dem Maukversuch für einen abgelagerten Ton zu definieren.

Die Trockenschwindung betrug für Ton W1 7,6% und für Ton W2 6,6%. Diese Abweichung wurde durch den höheren Anteil an Feinpartikeln und das damit höhere Wasserhaltevermögen in W1 bedingt.

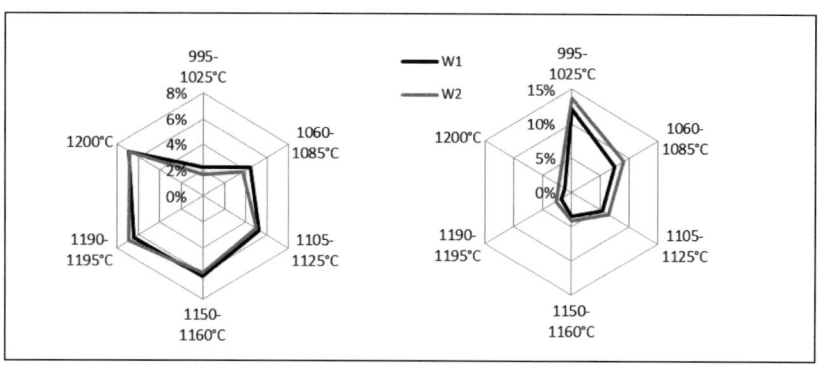

Abbildung 3.9: Brennschwindung (links) und Wasseraufnahme (rechts) nach Gradientenbrand

Die Trocken- und Brennschwindung (Abbildung 3.9) sollten möglichst gering sein, da die Rohform bzw. die Form des Grünkörpers im Idealfall der des fertigen Produktes entsprechen soll. Dieser Zustand ist jedoch nicht realisierbar, da das entweichende Wasser und das Ausgasen von CO_2 dazu führen, dass immer ein Masseverlust entsteht, welcher mit einer Volumenschrumpfung einhergeht (Telle 2007). Die Trocken- wie auch die Brennschwindung können nach wie vor nur mit großem Aufwand computertechnisch modelliert werden (Riedel 2008), worauf viele Firmen, deren Produkte keine komplizierte Form aufweisen oder größere Toleranzen akzeptabel sind, verzichten. Aus Abbildung 3.9 ist ersichtlich, dass die Brennschwindung ein kontinuierlicher temperaturabhängiger Prozess ist. Im Gradientenbrand unterschieden sich W1 und W2 nur bei Temperaturen bis 1195°C. Bei einer Brenntemperatur von 1200°C verhielten sich die Tone identisch, was darauf zurückzuführen ist, dass sich die Rohstoffe mineralogisch sehr ähnlich sind.

Ergebnisse und Diskussion

Die Wasseraufnahme (Abbildung 3.9 rechts) ist ein Maß für die Porosität des Produktes. Da eine hohe Produktstabilität durch eine geringe Porosität gewährleistet werden kann, sollen möglichst kleine Werte für die Wasseraufnahme erreicht werden. Diesbezüglich verhält sich W1 bei allen Brenntemperaturen besser als W2. Die geringste Wasseraufnahme und die damit einhergehende geringe Porosität konnte erwartungsgemäß bei der höchsten Brenntemperatur beobachtet werden. Dabei unterschieden sich W1 und W2 um 1%. Die Messwerte für die Brennschwindung und die Wasseraufnahme befinden sich im Tabellenanhang 5.

Die Brennfarbe ist als ästhetisches Kriterium der Keramtechnik einzustufen und ist kein primäres Qualitätsmerkmal. Die Produkte des Gradientenbrandes sind sortiert nach aufsteigender Brenntemperatur in Abbildung 3.10 dargestellt.

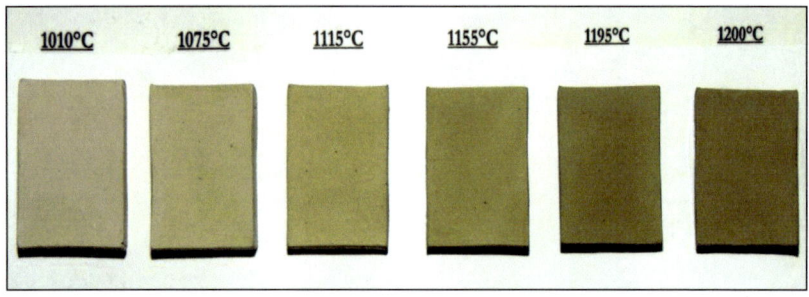

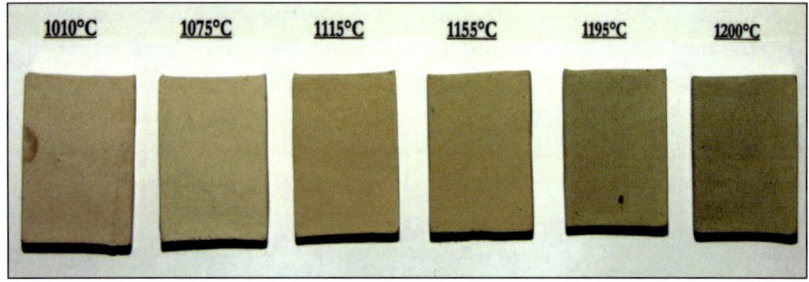

Abbildung 3.10: Gradientenbrand W1 (oben) und W2 (unten); Brennfarbe

Nach dem Brennen bei 1200°C verhielten sich auch bei diesem Parameter beide Tone identisch. Die Gelb-rötliche Brennfarbe von W2 bei geringeren Temperaturen lässt einen höheren Eisenanteil vermuten.

3.3.4 Mikrobiologische Basischarakterisierung der Tone

Um die Rohstoffe W1 und W2 mikrobiologisch zu charakterisieren, wurden zunächst die Basisparameter KbE auf Sabouraud Agar und R2A nach aerober und anaerober Inkubation für 8 d bei 20°C ermittelt (Tabelle 3.8). Statistische Abweichungen um den Faktur 10 wurden beobachtet.

Tabelle 3.8: KbE auf R2A Agar aerob/anaerob und Sabouraud Agar aerob

	W1	W2
Bakterien je g FM aerob (R2A 8d)	$5 \cdot 10^5$	$3 \cdot 10^6$
Bakterien je g FM anaerob (R2A 8d)	$8 \cdot 10^5$	$3 \cdot 10^5$
Pilze je g FM (Sabouraud 8d)	$2 \cdot 10^3$	0

Aufgrund der statischen Abweichungen kann davon ausgegangen werden, dass die Anzahl der auf R2A kultivierbaren Bakterien für beide Tone unabhängig von der Sauerstoffverfügbarkeit 10^5 bis 10^6 Zellen je g Frischmasse betrug. Die Anzahl kultivierbarer Mikroorganismen lag etwas unter dem erwartenden Bereich. Bei der Untersuchung von Tonen aus Iowa wurden in Rohstoffen aus 3 m Tiefe auf R2A 10^7 Bakterien je g Trockenmasse mittels Kultivierung nachgewiesen (Taylor et al. 2002). Bei einer Untersuchung diverser Böden in Tschechien und Frankreich wurden von Sagova-Mareckova et al. (2008) sogar eine Bakteriendichte von $2 \cdot 10^9$ $1/g_{TM}$ bis $5 \cdot 10^9$ $1/g_{TM}$ in tonigen Erden ermittelt. Allerdings wurde dieser Wert mittels direkter Zählung erhoben und berücksichtigt auch nicht kultivierbare Organismen. Unter Auswertung der Ergebnisse von Taylor et al. (2002) kann bezüglich der Abweichung zwischen kultivierbaren und direkt zählbaren Organismen in Tonrohstoffen jedoch grob ein Faktor von 100 angenommen werden. Dies kommt auch den Arbeiten von Torsvik et al. (1990) nahe, in welchen für die kultivierbaren Mikroorganismen im Verhältnis zur Gesamtzellzahl in Böden ein Wert von 0,3% angegeben wurde.

Ergebnisse und Diskussion

Aus den verdünnten Proben von W1 konnten auf Sabouraud Agar Mikroorganismen in einer Zellkonzentration von $2 \cdot 10^3$ je g Frischmasse kultiviert werden. Es ist allerdings zu beachten, dass dem Sabouraud Agar keine antibakteriellen Substanzen zugesetzt wurden und die Begünstigung des Pilzwachstums gegenüber den Bakterien durch den niedrigen pH-Wert und die hohe Glukosekonzentration erreicht werden sollte. Es war daher zu erwarten, dass auch säuretolerante Bakterien auf Sabouraud Agar kultiviert werden können. Deshalb wurde in der molekularbiologischen Analytik versucht, die DNA aus den Organismen, welche auf Sabouraud Agar wachsen konnten, mit einem 16S rDNA-spezifischen Primerpaar zu amplifizieren.

Aus den Proben von Ton W2 konnte kein Wachstum von Mikroorganismen auf Sabouraud Agar nachgewiesen werden. Taylor *et al.* (2002) konnten ebenfalls kein Pilzwachstum in den Tonen aus Iowa ab einer Tiefe von 3 m beobachten. Bei diesen Untersuchungen wurden in den oberen Bodenschichten bis 30 cm Tiefe Pilz-KbE von 10^4 festgestellt.

Die im Verhältnis zu den Tonpartikeln großen Pilzsporen können mit dem Sickerwasser nicht in die Tiefe transportiert werden. Weiterhin ist das Tiefenwachstum der Hyphen physiologisch begrenzt sowie, aufgrund der höheren Nährstoffverfügbarkeit in den oberen Bodenschichten, nährstoffmoduliert.

Hinsichtlich der Aktivität der getesteten aktiven Enzyme unterschieden sich die Tone W1 und W2 deutlich (Abbildung 3.11 und Tabellenanhang 6).

Während bei W1 die Enzyme α-Glucosidase, α-Galactosidase und Esterase Lipase (C8) hohe Aktivitäten aufwiesen, waren es bei W2 die Glucosaminidase und β-Glucosidase. Letztere Enzyme realisieren den Abbau von Chitin und Cellulose mittels Hydrolyse der Cellobiose. Die Trennung von Phosphatgruppen von Aromaten durch die Naphthol-AS-BI-Phosphohydrolase konnte in beiden Tonen nachgewiesen werden.

3.3 Basischarakterisierung der Tone

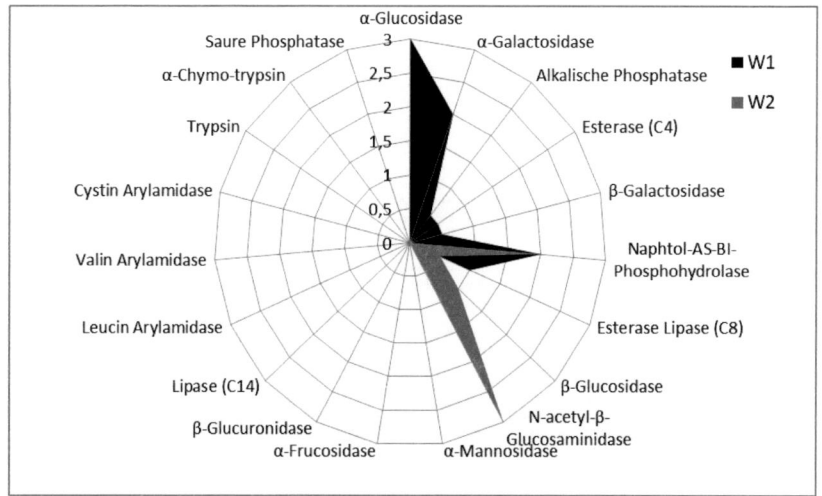

Abbildung 3.11: Aktivität von Enzymen W1 und W2 (ApiZym); Verbindungen der einzelnen Enzyme stellen keine Kontinuität dar und dienen der besseren Visualisierung

Die beobachteten Umsatzraten von diversen Kohlenstoffquellen mittels Biolog GN2 Platten sind in Abbildung 3.12 dargestellt. Die Einzelwerte sind außerdem in Tabellenanhang 7 zusammengefasst. W1 und W2 unterschieden sich enorm in der gemittelten Abbauleistung (AWCD), welche für W1 54% und für W2 13% betrug. Auffällig war, dass physiologische Metabolite der Glykolyse gar nicht umgesetzt wurden. Fructose konnte von den Mikroorganismen aus W2 gar nicht und von denen aus W1 nur gering verwertet werden.

Da die Organismen ihren natürlichen Lebensraum in Tiefen haben, welche einfach abzubauende Substanzen mit dem Sickerwasser kaum erreichen, ist zu erwarten, dass spezifische Stoffwechselwege existieren, mit welchen schwerer abbaubare Substanzen verfügbar gemacht werden können. Dies war im Falle von Xylitol, welches auf einige Spezies bakteriostatisch wirkt (Trahan *et al.* 1992), jedoch von W1 Organismen sehr gut verstoffwechselt wurde, zu beobachten.

Ergebnisse und Diskussion

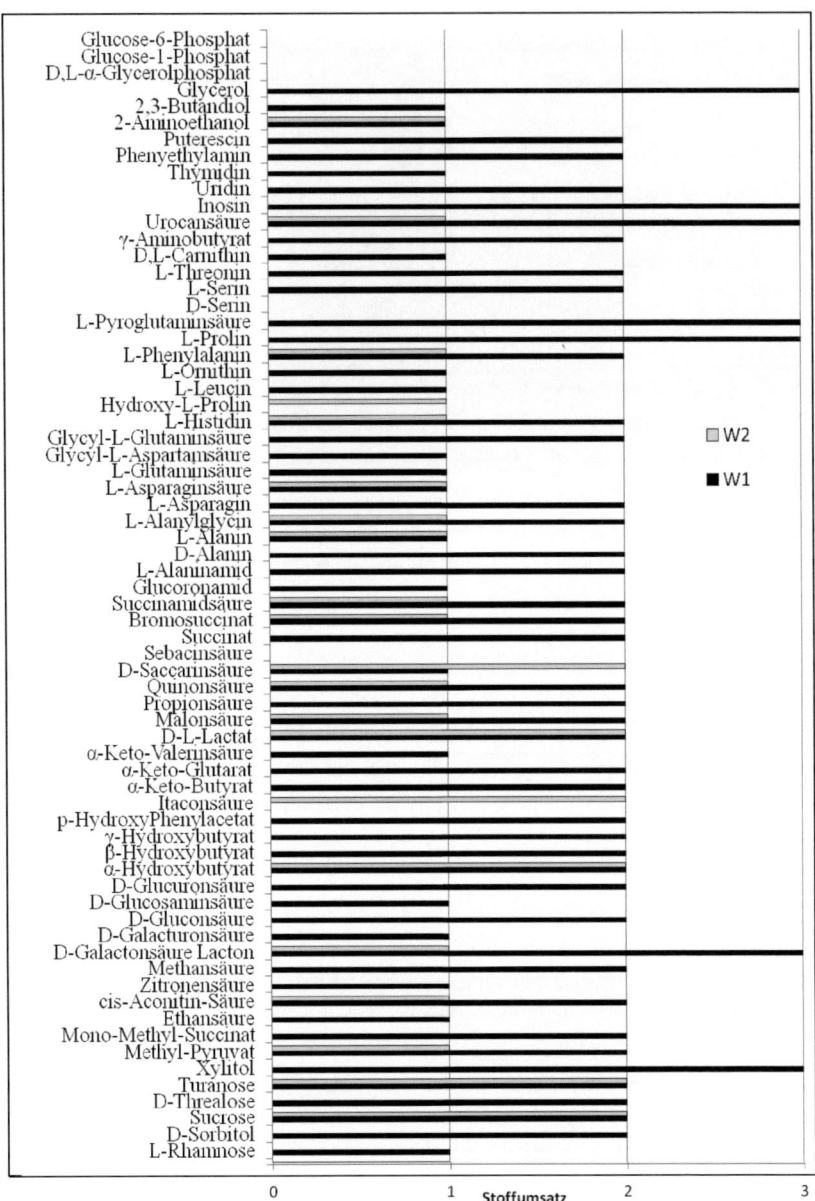

Abbildung 1.13a: Umsatzraten von Kohlenstoffquellen der Tone W1 und W2 (Biolog GN2)

3.3 Basischarakterisierung der Tone

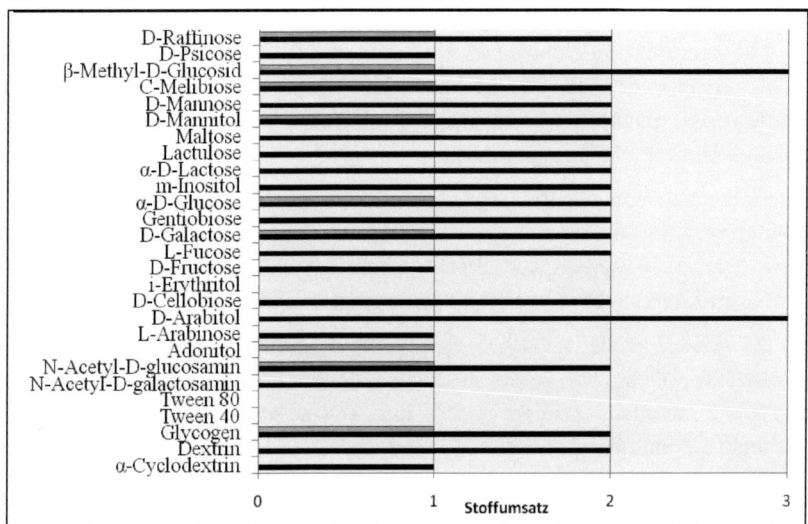

Abbildung 3.12b: Umsatzraten von Kohlenstoffquellen der Tone W1 und W2 (Biolog GN2)

Einige kurzkettige oder einfache Saccharide wurden auch gut bis sehr gut, besonders von den Organismen aus W1 umgesetzt, was zu erwarten war, da Zucker von vielen Lebewesen aufgrund des geringen Metabolisierungsaufwandes verwertbar ist.

Auch Glycerol gilt als leicht abbaubare Substanz. Es wurde jedoch nur von den Organismen aus W1 sehr gut verstoffwechselt.

Die gute Verwertbarkeit einiger Säuren ist mit hoher Wahrscheinlichkeit darauf zurückzuführen, dass die Organismen in ihrem natürlichen System häufig diesen Verbindungen ausgesetzt sind und es evolutiv sinnvoll war, diese Energiequellen zu nutzen. Die besten Umsätze der W2 Organismen waren bei organischen Säuren wie zum Beispiel Saccharinsäure, Lactat oder der allgemein leicht abzubauenden Itaconsäure zu beobachten. Sogar Malonsäure, welche die Succinatdehydrogenase hemmt, damit direkten Einfluss auf den Citratzyklus nimmt und infolge dessen zytotoxisch wirkt, konnte von den Organismen aus W1 und W2 verwertet werden.

Ergebnisse und Diskussion

Eine weitere Strategie in nährstoffarmen Umgebungen zu überleben ist es, Stoffe, welche bei der Zersetzung anderer Organismen entstehen, zu verwerten. Inosin ist zum Beispiel ein seltenes Nukleosid der RNA, welches auch sehr gut von W1 Organismen metabolisiert wurde. Im Gegensatz zu den Ergebnissen aus den Enzymaktivitätstests war es in den Biolog Analysen den Organismen aus W1 möglich, Cellobiose umzusetzen.

Weiterhin wurde von den W2 Organismen Methansäure verstoffwechselt. Diese Verbindung kann durch einige Bakterien auch anoxisch zur Sulfatatmung genutzt werden. Aufgrund der aeroben Versuchsverhältnisse kann jedoch von einem heterotrophen Abbau ausgegangen werden.

Um die Unterschiede zwischen den Mikroorganismen aus W1 und W2 darzustellen, welche auf unterschiedlichen Kulturmedien aerob und anaerob angezüchtet wurden, erfolgte nach der DNA-Extraktion und PCR der Mischkulturen eine Populationsanalyse mittels DGGE (Abbildung 3.13).

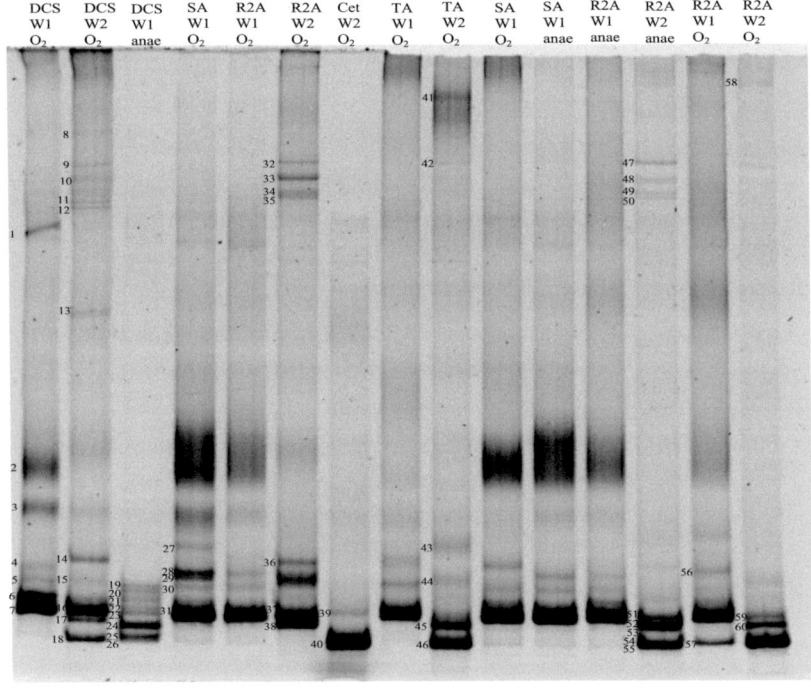

Abbildung 3.13: Basischarakterisierung; DGGE der PCR-Produkte der Kulturen
SA...Sabouraud Agar, Cet...Cetrimid Agar; TA...Tonagar; O_2...aerob; anae...anaerob

3.3 Basischarakterisierung der Tone

Es wurden, um unabhängige Ergebnisse zu erhalten, einige Kultivierungen doppelt aber zeitlich versetzt durchgeführt. Es konnte gezeigt werden, dass diese Ansätze zwar großteils gleiche Banden, jedoch keine identischen Fingerprints bedingen. Dies könnte auf inhomogenes Probenmaterial zurückzuführen sein. Hinsichtlich der nachgewiesenen Spezies entsprechend der DGGE-Muster unterscheiden sich W1 und W2 grundlegend. Dies wurde auch durch die Ergebnisse der Sequenzierung (Tabellenanhang 8 und Tabellenanhang 9) bestätigt.

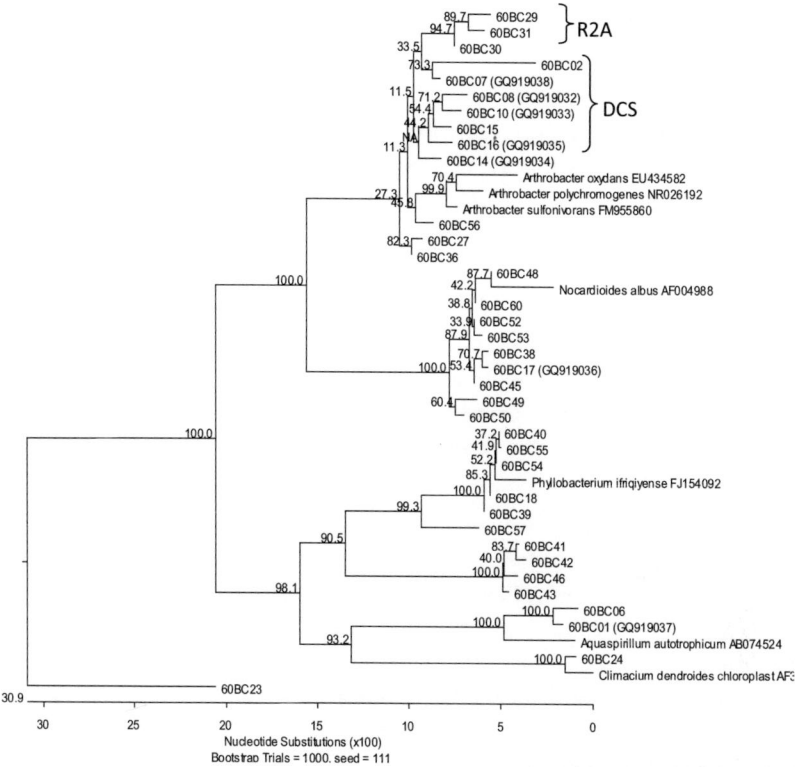

Abbildung 3.14: Darstellung der Verwandtschaftsverhältnisse aller kultivierten und bestimmten Spezies auf Basis der 16S rDNA unter Berücksichtigung nah verwandter Typstämme

Ergebnisse und Diskussion

Einen kompletten taxonomischen Überblick über die Ergebnisse der molekularbiologischen Untersuchungen ermöglicht Abbildung 3.14, in welcher unabhängig von der Kultivierungsart und dem Ton alle Sequenzen der kultivierten Arten dargestellt sind.

Die letzten beiden Ziffern der Probennummern im Dendrogramm entsprechen denen der Nummerierung der DGGE. Die entsprechenden Sequenzen der nächstverwandten Typstämme sind mit Angabe der NCBI Nummer in die Abbildung integriert.

Sehr gute Sequenzen, welche potentiell neu kultivierte Spezies repräsentieren, wurden bei NCBI publiziert (Kaden & Krolla-Sidenstein 2009a). Diese Sequenzen sind im Dendrogramm mit der entsprechenden NCBI Nummer in einer Klammer hinter der Probenbezeichnung aufgeführt.

Die meisten potentiellen neuen Spezies wurden aus dem DCS isoliert, was zu erwarten war, da dieses System den Bedingungen im natürlichen Habitat der Mikroorganismen am besten entspricht. 5 von 7 neu kultivierten Spezies sind untereinander eng verwandt und gehören zur Gattung Arthrobacter oder sind nahe Verwandte dieser Gattung (Abbildung 3.14).

Aus den Tonen konnten die in Tabelle 3.9 dargestellten Spezies oder nahe Verwandte dieser Arten kultiviert und mit hoher Sicherheit bestimmt werden. In dieser Tabelle sind von den 60 Proben nur die mit einer sehr guten Sequenz und einem e-value von 0 berücksichtigt. Von mehrfach bestimmten Spezies wurde jeweils nur diese mit der höchsten Sequenzübereinstimmung mit dem Datenbankeintrag von NCBI BLAST berücksichtigt.

Aquaspirillum autotrophicum und *Arthrobacter oxydans* aus W1 sowie *Nocardioides fulvus* und *Arthrobacter polychromogenes* aus W2 können nur als nahe Verwandte der tatsächlich kultivierten Arten betrachtet werden, da bei ihnen die Sequenzübereinstimmungen der 16S rDNA gegenüber den Datenbankeinträgen von NCBI mit Werten zwischen 91% und 97% zu gering sind. Eine Abweichung der Sequenzen von 97% wurde von Janda & Abbott (2002) als deutliches Zeichen für eine Spezies gewertet, welche nicht dem ermittelten Datenbankeintrag entspricht.

Die alleinige Zuordnung von Sequenzdaten auf Basis der 16S rDNA zu beschriebenen Organismen ist ohnehin fehlerbehaftet, da die Sequenzhomologie zweier unterschiedlicher Taxa nach aktuellem Wissensstand bis zu 99,8% betragen kann, was bei *Mycobacterium ulcerans* und *Mycobacterium marinum*

3.3 Basischarakterisierung der Tone

der Fall ist (Stinear et al. 2000). Als Folge dieser vorkommenden hohen Übereinstimmung der Sequenzen nah verwandter Spezies war es nicht möglich zwischen *Mesorhizobium amorphae* und *M. loti* sowie zwischen *Nocardioides fulvus* bzw. *N. flavus* zu unterscheiden. Die jeweilige Bestimmungswahrscheinlichkeit war in diesen beiden Fällen identisch. Ähnliche Probleme sind bei der taxonomischen Untersuchung von Pseudomonaden auf Basis der 16S rDNA bekannt (Kaden 2009).

Tabelle 3.9: Aus W1 und W2 kultivierte Organismen mit Angabe der Bestimmungswahrscheinlichkeit der Datenbank NCBI (Altschul *et al.* 1998)

Spezies	Bestimmungswahrscheinlichkeit	
	W1	W2
Arthrobacter sulfonivorans	98%	
Arthrobacter oryzae	99%	
Arthrobacter globiformis	98%	
Mesorhizobium amorphae bzw. *M. loti*	99%	
Aquaspirillum autotrophicum	95%	
Arthrobacter oxydans	94%	99%
Nocardioides albus	98%	99%
Phyllobacterium ifriqiyense		100%[1]
Sphingomonas melonis		100%
Nocardioides fulvus bzw. *N. flavus*		91%
Arthrobacter polychromogenes		97%

[1]Kultivierung auf Cetrimid Agar und Sequenzierung ohne vorherige DDGE
Bedingungen: gute Sequenz ohne „N"; e-value = 0; Grau…Abweichung >3%

Im Folgenden sollen die Spezies hinsichtlich ihrer spezifischen Eigenschaften, die für das Ökosystem von Bedeutung sein könnten, genauer betrachtet werden, welche anhand einer guten Sequenz und einer 16S rDNA Homologie zum zugehörigen Datenbankeintrag bei NCBI von >97% sicher bestimmt werden konnten.

Ergebnisse und Diskussion
Arthrobacter sulfonivorans

Dimethylsulfon entsteht in der Atmosphäre durch die Photooxidation von Dimethylsulfid (Borodina *et al.* 2000; Alef 2008), welches in den Weltmeeren durch Phytoplankton erzeugt wird und mit einer jährlichen Freisetzung von 50 Millionen Tonnen das am häufigsten vorkommende biogene Schwefelgas der Erde ist (Watts *et al.* 1990; Berresheim *et al.* 1993). Dimethylsulfon ist wasserlöslich und gelangt über den Niederschlag in Gewässer und terrestrische Ökosysteme (Alef 2008). Das grampositive Bakterium *Arthrobacter sulfonivorans* ist in der Lage über mehrere reduktiv/oxidativ gekoppelte Reaktionen mit Hilfe der Enzyme Dimethylsulfoxidredukdase, Dimethylsulfatmonooxygenase und Methanethioloxidase Dimethylsulfon entsprechend der Abbildung 3.15 zu verwerten (Borodina *et al.* 2002). Als Reaktionsprodukte entstehen dabei Sulfat oder, unter Sauerstoffmangel H_2S sowie Formaldehyd. Dieses wird im Ribulosemonophosphatzyklus (Abbildung 3.15 rechts), an dessen Ende Glycerinaldehyd-3-phosphat gebildet wird (Reineke & Schlömann 2007), weiter verwertet.

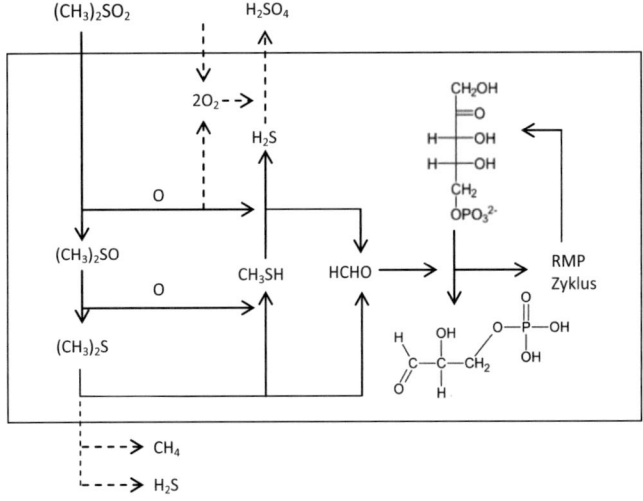

Abbildung 3.15: Intrabakterielles Stoffwechselschema von *Arthrobacter sulfonivorans*; Verwertung von Dimethylsulfon und Kopplung des Abbauweges an den Ribulosemonophosphatweg; unterbrochene Linien stellen alternative Reaktionen dar

3.3 Basischarakterisierung der Tone

Arthrobacter sulfonivorans ist somit in der Lage, durch den beschriebenen Abbauweg von Dimethylsulfon den pH-Wert in seinem Habitat zu senken. Hingegen den Erwartungen beträgt der pH-Wert für optimales Wachstum von *Arthrobacter sulfonivorans* jedoch 7,3 bis 7,4 (Borodina *et al.* 2002).

Arthrobacter globiformis

Über *Arthrobacter globiformis* wurden bisher viele Stoffwechselwege zum Abbau komplexer Moleküle publiziert. So ist diese Spezies in der Lage, einige substituierte Phenylharnstoffherbizide, wie zum Beispiel Diuron, Linuron, Monolinuron, Monuron und Isoproturon (Abbildung 3.16 und Tabelle 3.10), abzubauen (Turnbull *et al.* 2001). Diese Herbizide werden weltweit in großen Mengen ausgebracht und stellen somit einen entscheidenden Einfluss auf das Ökosystem Boden dar.

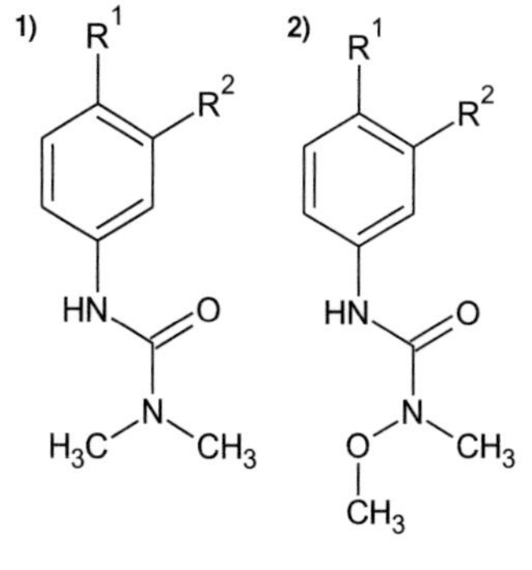

Tabelle 3.10: Substituentenkonfiguration diverser Phenylharnstoffherbizide (Nick & Schöler 1996)

Herbizid	Basisformel	R^1	R^2
Diuron	1	Cl	Cl
Linuron	2	Cl	Cl
Monolinuron	2	Cl	H
Monuron	1	Cl	H
Isoproturon	1	i-C_3H_7	H

Abbildung 3.16: Grundstrukturen (1 und 2) von Phenylharnstoff-herbiziden; Substituenten in Tabelle 3.10

Die Fähigkeit diese Herbizide abzubauen setzt die Verfügbarkeit des Plasmids pHRIM620 voraus (Turnbull *et al.* 2001).

Ergebnisse und Diskussion

Arthrobacter globiformis ist weiterhin in der Lage mittels des manganabhängigen Enzyms Catechol Dioxygenase den Kohlenstoffring im Catechol aufzulösen (Abbildung 3.17) und realisiert damit den initialen Schritt zum Abbau des Aromaten (Whiting *et al.* 1996). Catechol ist in vielen Pestiziden aber auch in Aromen von Lebensmitteln oder in Deos enthalten.

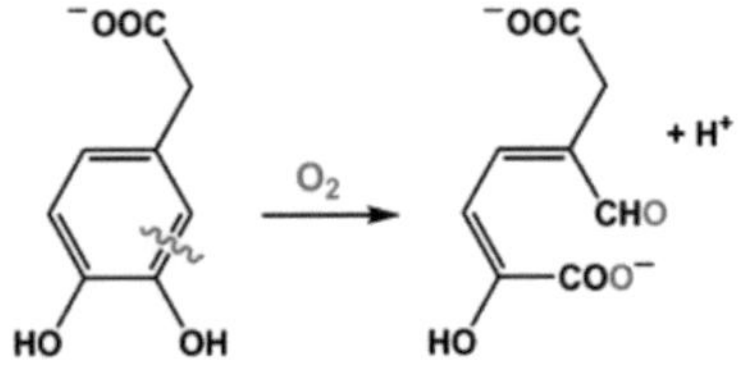

Abbildung 3.17: Catecholabbau durch *Arthrobacter globiformis* nach Emerson *et al.* (2008)

Außerdem verwertet *Arthrobacter globiformis* Cholin (Abbildung 3.18) unter Bildung von Wasserstoffperoxid (Ikuta *et al.* 1977a). Der Essigsäureester des Cholins, das Azetylcholin, ist in allen Lebewesen mit einem Nervensystem als Neurotransmitter vorhanden.

$$\text{Cholin} + O_2 \rightarrow \text{Betain} + H_2O_2$$

Abbildung 3.18: Cholinabbau durch *Arthrobacter globiformis* (Ikuta *et al.* 1977b)

Arthrobacter globiformis ist darüber hinaus in der Lage Ammonium zu Hydroxylamin, Nitrit und Nitrat zu oxidieren (Gunner 1963).

Es handelt sich bei dieser Spezies um ein Bakterium, welches durch seine vielfältigen Stoffwechselleistungen einen entscheidenden Beitrag, nicht nur zum Abbau von natürlichen, in der Umwelt vorkommenden Molekülen leistet, sondern auch zur Verwertung anthropogen produzierter Stoffe beiträgt.

3.3 Basischarakterisierung der Tone

Arthrobacter oryzae

Arthrobacter oryzae wurde in der Speziespublikation von Kageyama *et al.* (2008) als aerobes gram positives Bakterium beschrieben. Das Vorkommen des Enzymes Nitratredukdase bei dieser Spezies und noch einigen weiteren der Gattung Arthrobacter ist allerdings ein Hinweis darauf, dass *Arthrobacter oryzae* auch unter anoxischen Bedingungen seinen Stoffwechsel aufrecht erhalten kann. Weiterhin wird die Synthese der Nitratredukdase unter aeroben Bedingungen durch Sauerstoff inhibiert (Zumft 1997), so dass das Vorhandensein des Enzyms auch als Hinweis auf die Fähigkeit zum anoxischen Metabolismus gewertet werden kann. Allerdings gibt es auch Bakterien, welche unter aeroben Bedingungen denitrifizieren können (Robertson & Kuenen 1990; Stouthamer *et al.* 1997, Okada *et al.* 2005). Wird Nitrat abgebaut entsteht zunächst Nitrit, welches durch andere Mikroorganismen weiter bis zum molekularen Stickstoff reduziert werden kann.

Mesorhizobium amorphae

Bei dieser Spezies handelt es sich um ein Stickstoff fixierendes Wurzelknöllchenbakterium von *Amorpha fruticosa,* dem „Falschen Indigobusch". Dieser Schmetterlingsblütler ist in Deutschland nicht heimisch jedoch in der Schweiz als Neophyt verbreitet (Cps-Skew 2006). Es liegt die Vermutung nahe, dass sich *Amorpha fruticosa* bereits bis zum Westerwald ausgebreitet hat oder dass entgegen der Annahme von Wang *et al.* (1999) *Mesorhizobium amorphae* Symbiosen mit anderen Pflanzen eingehen kann, was für andere Spezies der Gattung Mesorhizobium nicht ungewöhnlich ist (Jarvis *et al.* 1982). Der untersuchten 16S rDNA Sequenz wurden allerdings mit gleicher Wahrscheinlichkeit *Mesorhizobium amorphae* und *Mesorhizobium loti* zugeordnet.

Mesorhizobium loti

Mesorhizobium loti ist ein Wurzelknöllchenbakterium, welches mit vielen Leguminosen symbiontisch lebt. Es wurde jedoch erstmals aus *Lotus corniculatus*, dem „Hornklee" isoliert (Jarvis *et al.* 1982; Jarvis *et al.* 1997), welcher in Mitteleuropa fast überall verbreitet ist. Mesorhizobium wurde zunächst als obligat aerobe Gattung beschrieben. Okada *et al.* (2005) konnten allerdings zeigen, dass Mesorhizobium sp. Stamm NH-14 fakultativ anaerob ist

Ergebnisse und Diskussion

und Denitrifikation betreiben kann (Okada *et al.* 2005). Stamm NH-14 weist eine hohe Ähnlichkeit mit *Mesorhizobium loti* und *Mesorhizobium amorphae* auf. Mittels direktem Alignment bei NCBI BLAST (Altschul *et al.* 1998) wurde jedoch ermittelt, dass NH-14 von der hier untersuchten Probe innerhalb der 16S rDNA um 5% abweicht. Die Fähigkeit zur anoxischen und asymbiontischen Lebensweise einiger Spezies der Gattung Mesorhizobium bedingt jedoch die Annahme, dass das Bakterium, welches bei den Untersuchungen der Tonrohstoffe kultiviert wurde, tatsächlich aus dem Ton stammen könnte und keine Kontamination darstellt.

Nocardioides albus

Nocardioides albus ist ein grampositives, aerob lebendes Bakterium, welches in der Lage ist, aus Cystein H_2S zu produzieren (Prauser 1976). Die Bildung von H_2S aus Aminosäuren unter aeroben Bedingungen stellt keine Besonderheit dar und wird auch bei *E. coli* beobachtet (Kertesz & Kahnert 2001). *Nocardioides albus* bildet ein Luft- und ein Substratmyzel aus kokken- bis stäbchenförmigen miteinander verbundenen Zellen. Für das Wachstum im Boden ist die Myzelbildung vor allem für unbegeißelte Bakterien sinnvoll, da durch die fortlaufende Verlängerung neue, möglicherweise substratreichere Areale erschlossen werden können.

Phyllobacterium ifriqiyense

Der Gattung *Phyllobacterium* wurden ursprünglich nur Wurzelknöllchenbakterien der Leguminosen zugeordnet (Knösel 1962; Knösel 1984). Es wurden erst später frei lebende Spezies im Wasser entdeckt (Mergaert *et al.* 2001) und auch einige Arten auf Steinen der römischen Katakomben (Jurado *et al.* 2005) oder assoziiert mit *Chlorella vulgaris* (Gonzalez-Bashan *et al.* 2000) nachgewiesen. Bei den Untersuchungen der Tone wurde *Phyllobacterium ifriqiyense* durch eine Sequenz von 954 Basen, einem Score von 1721 und einem e-value von 0,0 mit einer Übereinstimmung 100% ermittelt. Die Bakterien wurden in diesem Fall auf Cetrimid Agar angezüchtet, welcher eigentlich ein Selektivnährmedium für Pseudomonaden ist. Bisher wurde *Phyllobacterium ifriqiyense* nur phytobiontisch mit *Astragalus algerianus* und *Lathyrus numidicus* nachgewiesen (Mantelin *et al.* 2006). Die Fähigkeit außerhalb des Wurzelknöllchens zu überleben wurde mittels der Kultivierung nachgewiesen. Es kann daher davon ausgegangen werden, dass die Spezies auch frei im Boden leben kann. Entsprechend der Speziesbeschreibung ist das Bakterium aerob und es sind bisher keine außergewöhnlichen Stoffwechselleistungen bekannt (Mantelin *et al.* 2006).

Sphingomonas melonis

Ein weiteres Bakterium, welches mit 100% Sequenzhomologie zum Datenbankeintrag ermittelt werden konnte, war *Sphingomonas melonis*, ein phytopathogener Mikroorganismus, welcher braune Punkte auf Melonen bedingt (Bouonaurio *et al.* 2002). Allerdings wurde *Sphingomonas melonis* auch aus *Chlorella* sp. (Otsuka *et al.* 2008) und sogar aus Zecken der Spezies *Ixodes scapularis* (Benson *et al.* 2004) isoliert. Auch in diesen beiden Fällen wurde die Spezies mit Wahrscheinlichkeiten von 100% bestimmt. Weiterhin wurde *Sphingomonas melonis* auch in alkalischen Wässern (Valenzuela-Enricas *et al.* 2009) nachgewiesen, was vermuten lässt, dass wichtige Eigenschaften der Spezies bisher noch nicht entdeckt wurden, da unter anderem die anzunehmende Alkalitoleranz nicht publiziert wurde. Es ist jedoch offensichtlich, dass das Bakterium nicht nur Melonen- assoziiert vorkommt, sondern in vielen weiteren Habitaten vorhanden ist. Aufgrund der Auswertung der wenigen verfügbaren Publikationen über Stoffwechseleigenschaften von *Sphingomonas melonis*, kann vermutet werden, dass dieses Bakterium kein autochthoner Organismus aus dem Ton war und erst nach dem Rohstoffabbau in die Proben gelangt ist. So ist es durchaus möglich, dass das Bakterium sein Habitat in *Chlorella* sp. hat, welche mit hoher Wahrscheinlichkeit in den Oberflächenwässern des Tagebaus vorkommen.

Aquaspirillum sp.

Weiterhin konnte aus dem Ton W1 ein Bakterium der Gattung *Aquaspirillum* kultiviert werden, welches mit einer sehr sicheren Sequenz und einer Abweichung von 5% gegenüber dem nächsten Datenbankeintrag ein naher Verwandter von *Aquaspirillum autotrophicum* ist. Einige Spezies dieser Gattung sind in der Lage, unter anoxischen Bedingungen Nitrat als Elektronenakzeptor zu nutzen oder Wasserstoff und Kohlendioxid als Energie- und Kohlenstoffquelle zum autotrophen Wachstum zu verwenden (Aragno & Schlegel 1978). Es kann daher angenommen werden, dass die kultivierte Spezies

Ergebnisse und Diskussion

einen Einfluss auf die Energie und Stoffkreisläufe im Ton hat. Dazu können allerdings keine weiteren Aussagen getroffen werden, da entsprechende Informationen nicht verfügbar sind, weil diese Spezies noch nicht beschrieben wurde.

Bei der Untersuchung der Probe 60BC24 war die Übereinstimmung von 99% der Sequenz mit der eines Chloroplasten von *Climacium dendroides*, einem Moos, bei einem e-value von 0,0 und einer sehr guten zugrunde liegenden Sequenz auffällig. Die Fragmentlänge war identisch mit der der bakteriellen Proben. Die Beobachtung ist damit zu erklären, dass die Chloroplasten der *Bryophyta* ebenfalls 16S rDNA besitzen, welche in diesem Fall sogar die adäquaten Primerbindungsstellen aufwies. Die relativ hohe Übereinstimmung anderer bakterieller Sequenzen mit der der Probe 60BC24 ist auch aus Abbildung 3.14 ersichtlich. Es scheint sich daher um eine sehr ursprüngliche Sequenz zu handeln, welche in Chloroplasten von niederen Pflanzen zu erwarten ist. Es kann davon ausgegangen werden, dass es sich bei der nachgewiesenen DNA von *Climacium dendroides* um eine Verunreinigung der Proben handelte.

Gesamt-DNA-Untersuchung

Nach der Betrachtung der aus den Tonen W1 und W2 kultivierten Spezies werden nachfolgend noch die Ergebnisse der Gesamt-DNA-Analysen vorgestellt. Eine Auflistung aller mittels DGGE (Abbildung 3.20) separierten Sequenzen befindet sich im Tabellenanhang 11. So konnte auch in der Gesamt-DNA aus W1 *Nocardioides albus* mit einer Übereinstimmung von 98% mit dem NCBI Datenbankeintrag nachgewiesen werden.

Bei 9 von 11 Banden aus W1 mit einer maximalen Übereinstimmung von 95% und 2 von 7 Banden aus W2 mit maximal 94% Sequenzhomologie konnte eine nah verwandte Spezies von *Acidithiobacillus plumbophilus* bestimmt werden. Durch die hohen Abweichungen zum entsprechenden Datenbankeintrag kann angenommen werden, dass es sich bei diesem nachgewiesenen Bakterium um eine bisher unkultivierte Spezies der Gattung *Acidithiobacillus* handelt. Alle bisher bekannten Arten dieser Gattung sind acidophil und wachsen nur bei pH-Werten unter 4. Für *Acidithiobacillus thiooxidans* liegt dieser Wert zum Beispiel zwischen pH 0,5 und 3,0. In den untersuchten Proben betrug der pH-Wert 4,5.

3.3 Basischarakterisierung der Tone

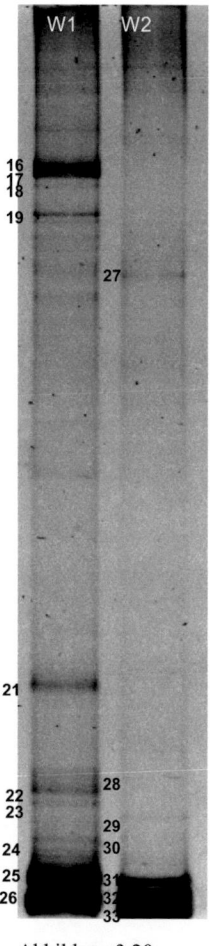

Abbildung 3.20:
DGGE der Gesamt-DNA von W1 und W2

Für das autotrophe Wachstum werden von allen Vertretern dieser Gattung reduzierte Schwefelverbindungen genutzt. Die notwendige Energie wird aus der Oxidation von Metallsulfiden generiert (Kelly & Wood 2000). Im Falle von *Acidithiobacillus plumbophilus* handelt es sich dabei sogar um die Schwermetallverbindung Galenit, PbS (Drobner *et al.* 1992). Durch diese Stoffwechselleistung sind die Spezies der Gattung *Acidithiobacillus* in der Lage, den pH-Wert in ihrer Umgebung zu senken (Abbildung 3.19).

$$S + 6Fe^{3+} + 4H_2O \longrightarrow H_2SO_4 + 6Fe^{2+} + 6H^+ \quad (pH\downarrow)$$

Abbildung 3.19: Anoxische Eisenreduktion durch *Acidithiobacillus ferrooxidans*

Für einige Vertreter der Gattung *Acidithiobacillus* wurden bereits anoxische Reaktionsmechanismen beschrieben (Brock & Gustafson 1976; Pronk *et al.* 1992). So reduziert zum Beispiel *Acidithiobacillus ferrooxidans* dreiwertiges Eisen unter anoxischen Bedingungen nach Abbildung 3.19, was wiederum mit einer Senkung des pH-Wertes einhergeht. Bei den anoxische Inkubationsuntersuchungen mit *Acidithiobacillus ferrooxidans* (Pronk *et al.* 1992) wurde eine Senkung des pH-Wertes von 1,9 auf 1,4 beobachtet.

Da der pH-Wert ein entscheidender Parameter ist, durch welchen die Anwesenheit bestimmter Spezies in einem System beeinflusst wird, kann davon ausgegangen werden, dass die Anwesenheit und die Aktivität von *Acidithiobacillus* sp. in einem Habitat einen direkten Einfluss auf die Populationszusammensetzung hat.

Ergebnisse und Diskussion
Abschließende Betrachtungen

Von den 60, aus den Tonen kultivierten Bakterien, konnten nur 2 Spezies mit einer Übereinstimmungsgenauigkeit von 100% mit Datenbankeintrag bei NCBI ermittelt werden. Es konnten also nur 2 Spezies sicher bestimmt werden. Ein entscheidender Grund dafür war der Einsatz des DCS, durch welches sich viele, bisher unkultivierte Spezies anzüchten ließen. Die Zuordnung einer Sequenz zu einem Datenbankeintrag mit < 3% Abweichung ist auch nicht in allen Fällen richtig, da sich manche Spezies oder sogar Gattungen, wie im Falle von *Rhodoferax* und *Albidoferax* um weniger als 2% unterscheiden. Große Probleme bei der Betrachtung der Relevanz eines Organismus für das Habitat stellt auch der Umstand dar, dass selbst von den beschriebenen Spezies nicht alle Stoffwechselwege bekannt sind. Teilweise fehlen in den Spezies- und Gattungsbeschreibungen sogar grundlegende Parameter. Ein weiteres Problem ist das durch die Abbauweise mit einem Radlader bedingte Kontaminationsrisiko. So ist es auch möglich, dass Bakterien aus oberflächlichen Deckschichten oder den Oberflächengewässern in die Proben gelangen konnten.

Für viele nachgewiesene Spezies konnte allerdings die Möglichkeit zu einem anoxischen Stoffwechsel gezeigt werden, was ein Hinweis darauf ist, dass diese Arten tatsächlich aus den untersuchten Systemen stammen. Es wurden auch Spezies identifiziert, welche in der Lage sind, Schwefelverbindungen, welche in den Tonen vorhanden sind, für ihren Stoffwechsel zu nutzen. Die Kultivierungsversuche konnten durch einen Wiederholungsversuch weitgehend bestätigt werden (Tabellenanhang 10).

3.4 Maukversuch

Wie auch bei der Basischarakterisierung sollen in den folgenden Kapiteln neben der rein mikrobiologischen Analytik auch die Parameter zur Beschreibung des Habitates der Mikroorganismen sowie die Verarbeitungs- und Produkteigenschaften der Tone betrachtet werden. Diese sind für die folgenden Ausführungen besonders relevant, da das Mauken ausschließlich mit dem Ziel, die Produkt- und Verarbeitungseigenschaften zu verbessern, angewandt wird und eine mikrobiologische Beteiligung an der Änderung der plastischen Eigenschaften von Tonmassen angenommen wird, jedoch nie abschließend belegt werden konnte.

3.4.1 Änderung physikalisch-chemischer Parameter

Im Verlauf des Maukversuchs war bei beiden Tonen ein alternierender Verlauf der Nitratkonzentration zu beobachten. Die höchsten Werte wurden bei W1 zur Probenahme t1 und t13 sowie für W2 bei t13 bestimmt.

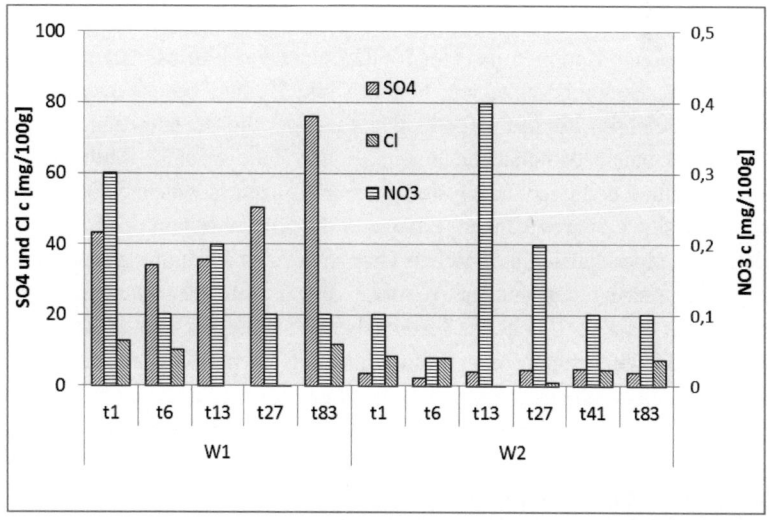

Abbildung 3.21: Konzentrationen NO_3, Cl und SO_4 im Verlauf des Maukversuches; NO_3 Bezug auf Sekundärachse (Darstellung aller Werte in Tabellenanhang 12)

Ergebnisse und Diskussion

Es liegt die Vermutung nahe, dass im Falle einer mikrobiologischen Beeinflussung dieses Parameters jeweils zur Probenahme t13 die geringste Anzahl an Nitrat reduzierenden Bakterien vorhanden war, welche sich jedoch im weiteren Verlauf wieder erhöhte, da der Nitratgehalt nach t13 wieder deutlich abnahm. Die Chloridionenkonzentration folgte im Vergleich zum Gehalt an Nitrat einem umgekehrten Trend. So waren die niedrigsten Werte für diesen Parameter jeweils bei t13 zu beobachten.

Die Sulfatkonzentrationen wiesen jeweils ab t6 bei W1 einen deutlich steigenden und bei W2 einen schwach steigenden Trend auf, wobei die Messwerte von W1 gegenüber denen von W2 ungefähr um den Faktor 10 größer waren. Da mikrobiologische Prozesse einen direkten Einfluss auf die Sulfatkonzentration haben können, ist es in diesem Fall möglich, dass ein Rückgang der KbE der Sulfat reduzierenden Bakterien (SRB) eine geringere Reduktionsrate und damit den deutlichen Konzentrationsanstieg in W1 begünstigt haben könnte. Bis auf die Sulfatwerte von W1 lagen alle Messwerte in einem niedrigen Bereich für Bodenproben, für welche von Kuntze *et al.* (1994) für Sulfat und Nitrat übliche Konzentrationen von 1 mg/100g bis 20 mg/100g angegeben wurden.

Die Menge freier Kationen hat einen entscheidenden Einfluss auf mikrobielle Populationen. So sind Ionen, wie Natrium und Kalium für Mikroorganismen zwar lebenswichtig, können in zu hohen Konzentrationen aufgrund des damit verbundenen hohen osmotischen Potentials das Zellwachstum inhibieren oder auch den Zelltod bedingen. In physiologischen Konzentrationsbereichen, welche je nach Spezies variieren können, passt sich die Konzentration der Ionen in der Zelle bis zu einer speziesspezifischen Grenze der des Mediums an, da dies ein energetisch stabiler Zustand ist (Csonka 1989). Für die Konzentration an Kaliumionen bei *E. coli* liegt der Toleranzbereich zwischen 0,15 M und 0,55 M, wobei dieser Wert mittels des Kaliumtransportsystems Kdp aufrechterhalten wird. Nach einem hyperosmotischen Schock ist die Zelle in der Lage, innerhalb von 30 min ein physiologisches Level einzustellen. *E. coli* Mutanten ohne Kdp zeigen bereits eine Wachstumsinhibition ab 0,02 mM, was die Relevanz des Kdp verdeutlicht (Epstein 1986).

In Bezug auf die Änderung der Menge der frei verfügbaren Kalzium-, Kalium-, Magnesium- und Natriumionen in den Tonen unterschieden sich W1 und W2 deutlich (Abbildung 3.22).

3.4 Maukversuch

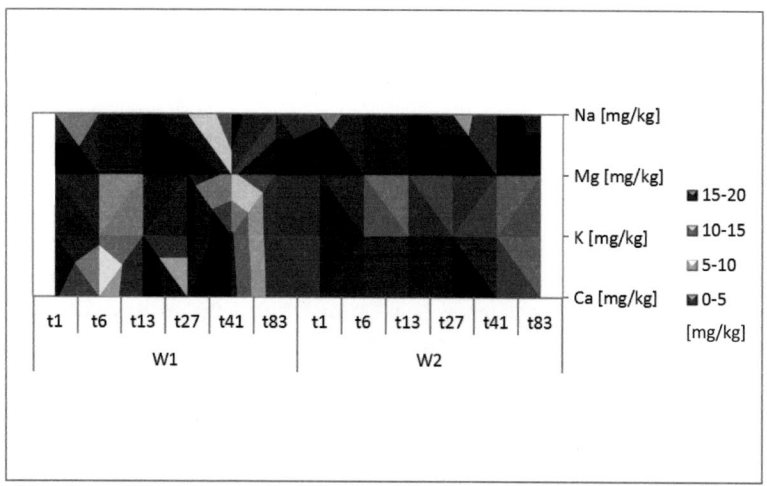

Abbildung 3.22: Verfügbarkeit freier Kationen während des Maukversuchs; Verbindungen der Werte der y-Achse stellen keine Kontinuität dar und dienen der besseren Visualisierung

Während bei W2 nur geringe Schwankungen in den Konzentrationen von Kalium und Kalzium beobachtet wurden, waren bei W1 deutliche Änderungen dieser Parameter nachweisbar. So erreichten die Werte für Kalium bei W1 und t41 16 mg/kg und die für Kalzium bei W1 und t41 17 mg/kg, wobei der Kalziumwert auch bei t6 schon ein lokales Maxima aufweist. Die Freisetzung der nachgewiesenen Ionen durch Mineralzersetzung kann ausgeschlossen werden, da die Umgebungsbedingungen, wie zum Beispiel der pH-Wert dazu nicht ideal waren. Die Kalziumionen stammen mit hoher Wahrscheinlichkeit aus den Zwischenschichten der Tonminerale, was mittels Cu-Trien Ionenaustausch und der folgenden Bestimmung in der ICP-OES nachgewiesen wurde. Die Mobilisierung von Zwischenschichtkationen kann entweder über den Austausch mit Ionen oder anorganischen Verbindungen (Clearfield 1988) entsprechend der Hofmeister'schen lyotropen Reihe (Ungerer 1930), mit quaternären Ammoniumverbindungen (QACs) (Gullick & Weber 2001) oder auch mit kurzkettigen organischen Molekülen realisiert worden sein. Es war zu beobachten, dass sich die Konzentrationen der Kalium- und Kalziumionen bei W1 umgekehrt proportional zu der Nitrationenkonzentration verhalten, was mit

Ergebnisse und Diskussion

einem Ionenaustausch, möglicherweise mit zwischengeschalteter Produktion von QACs erklärt werden könnte. Entsprechend den Untersuchungen von Csonka (1989) führt die damit verbundene Freisetzung von Kalium und Kalzium zu einer Erhöhung dieser Ionenkonzentrationen in den Mikroorganismen, was sich auf die quantitative Zusammensetzung einer Mikroorganismenpopulation auswirken kann. Dieser Prozess kann bei hohen Ionenkonzentrationen, was bei den vorliegenden Untersuchungen allerdings nicht der Fall war, auch zu einer Selektion osmotisch widerstandsfähigerer Organismen führen. Schwieriger ist der Rückgang der Kalzium- und Kaliumkonzentrationen bei W1 nach t41 zu erklären. Behält man die These der ausgetauschten Ionen bei, wäre es möglich, dass sich eine Nitrat reduzierende Spezies zum Beispiel QACs, welche in den Zwischenschichten gebunden, jedoch aufgrund der hohen Interkatationsrate nicht frei vorhanden sind, durch Austausch mit Kalzium- oder Kaliumionen verfügbar macht. Dieser Prozess wäre zwar mit einem Energieaufwand verbunden (Lagaly & Beneke 1991), was jedoch durch die möglicherweise höhere Energieausbeute bei der dissimilatorischen Nitratreduktion kompensiert werden könnte (Steinbüchel & Oppermann-Sanio 2003). Auch für die Assimilation von Stickstoff in Zellmaterial wäre unter Mangel an frei verfügbaren Stickstoffverbindungen ein Energieaufwand für die Verfügbarmachung der Zwischenschichtionen aus den Tonmineralen denkbar, da dieser Prozess ohnehin unter Energieverbrauch stattfindet (Fuchs 2007). Die Folge dieser Prozesse wäre in jedem Fall die Integration von Kationen aus dem Medium in die Zwischenschichten der Tonminerale, was mit einem Rückgang der nachweisbaren frei verfügbaren Ionen einhergehen würde, was bei W1 nach t41 zu beobachten war (Abbildung 3.22).

Neben den Austauschreaktionen der Zwischenschichten der Tonminerale können Änderungen des pH-Wertes Unterschiede im Bindungsverhalten für Kationen an den Oberflächen bzw. an den Kanten der Tonminerale bedingen. Auch dieser Prozess kann zu Freisetzung und Bindung von Ionen führen. Der pH-Wert beider Proben änderte sich während der Tonalterung mit Differenzen von ca. 2 deutlich, wobei die Werte für W2 immer annähernd 0,5 Einheiten über denen von W1 lagen (Abbildung 3.23). Es ist möglich, dass dieser Unterschied durch die hohen Sulfatgehalte in den Proben von W1 bedingt wurde, da die Sulfatbildung, wenn man sie als entkoppelten Prozess betrachtet, mit der Freisetzung von Wasserstoffionen einhergeht.

3.4 Maukversuch

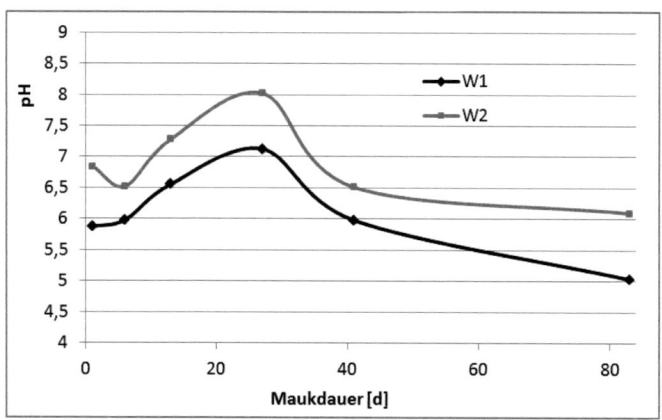

Abbildung 3.23: pH Werte im Verlauf des Maukversuchs (Werte in Tabellenanhang 12)

Die pH-Werte beider Tone stiegen zunächst bis zur Probenahme t27 an. Unter den in den Tonaggregaten zunehmenden anoxischen Bedingungen sind die Redoxpotentiale niedrig und es finden Redoxreaktionen unter Protonenverbrauch statt, was wiederum zur Alkalisierung führt (Gisi 1997). Danach war ein Sinken der Messwerte bis zum Versuchsende zu beobachten, was auch mit der Zunahme an Sulfat vor allem bei W1 begründet werden kann.

Die Tatsache allein, dass sich der pH-Wert so stark während des Maukprozesses ändert, ist jedoch in Hinblick auf das Ziel des Maukens, der Verbesserung der Verarbeitungseigenschaften, besonders wichtig. So konnte in diesem Zusammenhang gezeigt werden, dass bei einem steigenden pH-Wert die Viskosität sowie die Fließgrenze der Tone deutlich absinken (Abbildung 3.24). Analog der Abbildung 3.24 konnte ein ähnliches Verhalten der Abhängigkeit zwischen pH-Wert und Viskosität bei W1 beobachtet werden. Entsprechend der Entwicklung der Werte der Viskositäten beider Tone wurden ähnliche Kurvenverläufe für die Fließgrenzen ermittelt (Tabellenanhang 15).

Die Manipulierbarkeit der Verarbeitungseigenschaften mittels Änderung des pH-Wertes wurde schon mehrfach beschrieben (Barker & Truog 1938) und wurde auch patentrechtlich von der Firma Pfizer genutzt (Hoyt 1982). Dabei sollte Citrat zur Senkung des pH-Wertes genutzt werden um geringere

Ergebnisse und Diskussion

Scherraten zu erzielen. Barker & Truog (1938) stellten allerdings fest, dass Tone in einem alkalischen Milieu besser verarbeitbar sind, da sie dann eine höhere Plastizität aufweisen, was sich unter anderem positiv auf die Extrudierbarkeit auswirkt. Die beobachteten Effekte sind auf die Oberflächenladung der Tonminerale zurückzuführen, welche vom pH-Wert des Mediums abhängig sind (Hunter & Nicol 1968).

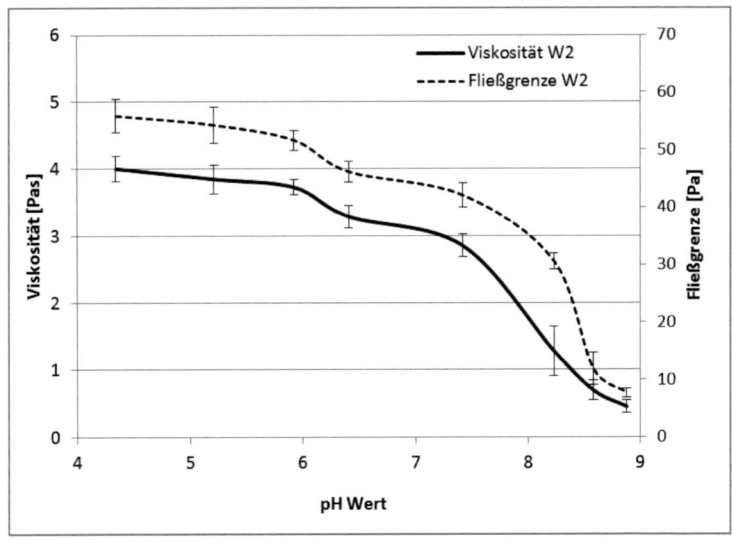

Abbildung 3.24: Abhängigkeit zwischen pH-Wert und der Viskosität bzw. der Fließgrenze am Beispiel von W2

Die Unterbrechung des abfallenden Niveaus der Graphen um den pH-Wert von 7 lässt sich mit der Pufferwirkung von Tonen begründen (Young *et al.* 1990).

Mit der verfügbaren Wassermenge in einem Ton ändert sich auch dessen Plastizität, wobei diesbezüglich schon geringe Änderungen eine Wirkung bedingen. Die vor dem Maukversuch eingestellte Wassermenge wurde so gewählt, dass die Proben theoretisch verarbeitbar gewesen wären aber auch entsprechend der Erfahrungswerte der Industriepartner genügend Feuchtigkeit für den Maukprozess zur Verfügung stand. Der Wassergehalt in den Proben schwankte bei W1 zwischen 12,9% und 13,8% sowie bei W2 zwischen 12,2% und 14,5%. Insgesamt war ein abnehmender Trend zu erkennen (Abbildung 3.25), was damit begründet werden kann, dass bei den Probengefäßen kleine

3.4 Maukversuch

Löcher zum Gasaustausch im Deckel angebracht waren. Dies stellte einen Kompromiss zwischen der industriellen Umsetzung, bei welcher die Proben offen gelagert werden, und der Bemühung, externe Kontaminationen zu vermeiden dar.

Es ist auch deutlich erkennbar, dass die Maximalwerte der Feuchte, auch unter Berücksichtigung der in Abbildung 3.25 angegebenen Fehler zwischen t13 und t27 liegen.

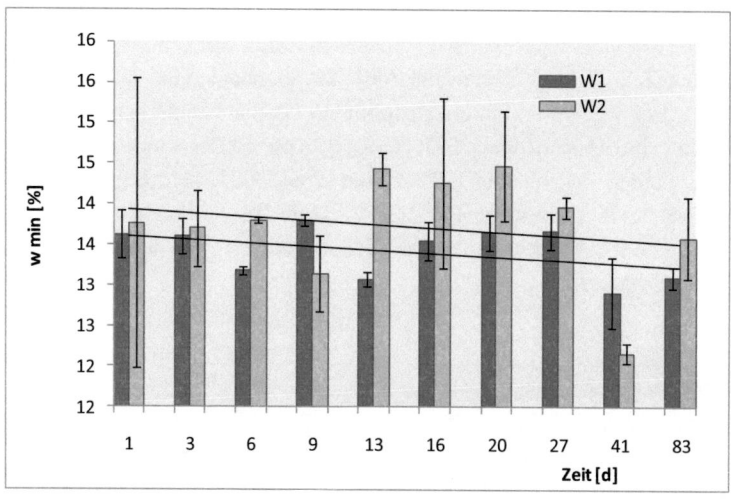

Abbildung 3.25: Probenfeuchte im Verlauf des Maukversuchs; Darstellung der Originaldaten in Tabellenanhang 14

Verhältnismäßig große Feuchtigkeitsmengen können in organischem Material, wie zum Beispiel in Pilzhyphen gespeichert vorliegen (Augé et al. 2001). So könnten die variablen Feuchtigkeitswerte möglicherweise durch Pilzwachstum in den Proben hervorgerufen worden sein, zumal die Differenzen zwischen den einzelnen Probenahmen im steigenden Bereich der Funktion von maximal 0,9% in W1 und 2,3% in W2 sehr gering sind und damit durchaus biologisch bedingt sein könnten. Die Rückwirkung der Feuchtigkeit, also des A_W-Wertes auf die im System lebenden Mikroorganismen ist offensichtlich. Diese Aspekte werden in Kapitel 3.4.3 genauer betrachtet.

127

Ergebnisse und Diskussion

Für die Charakterisierung eines Habitates von Mikroorganismen sind der gelöste organische Kohlenstoff (DOC) sowie der organisch gebundene Gesamtkohlenstoff (TOC) von besonderer Bedeutung. Ist zum Beispiel die Konzentration des TOC zu gering, können auch Mikroorganismen nicht überleben.

Im Laufe des Maukversuchs war bei beiden Tonen eine deutliche Änderung des TOC und des DOC zu beobachten (Tabellenanhang 17), wobei beide Graphen der Funktionen bis auf den Messwert t83 ähnlich verlaufen (Abbildung 3.26). Die Werte von W1 variierten dabei zwischen den einzelnen Probenahmen mehr als die von W2 und zeigen einen fallenden Trend. Tonmineralassoziierte organische Verbindungen werden fortlaufend durch die Wirkung intermediärer Radikale auf- und durch bakterielle Aktivität abgebaut (Gisi 1997; Violante et al. 2002). Bei W2 waren höhere Amplituden als bei W1 zu beobachten. Diese erreichten im Verhältnis DOC/C_{Gesamt} von 15% im Vergleich zu Literaturangaben von 1% bis 10% (Gobat et al. 2003) sehr hohe Werte. Nach t20 zeigten beide Tone gegensätzliche Verläufe für TOC und DOC. Während die Werte von W1 kontinuierlich fielen, stiegen die von W2 bis zum Versuchsende an.

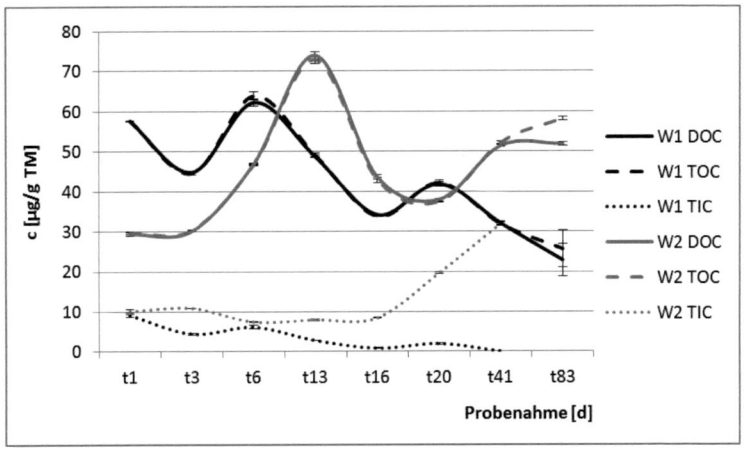

Abbildung 3.26: Verlauf der Konzentrationen des DOC, TOC und TIC während des Maukversuchs

3.4 Maukversuch

Anhand der Daten des TOC von W1 konnte nachgewiesen werden, dass die organische Masse in dieser Probe im zeitlichen Verlauf abnahm, was mit heterotropher bakterieller Aktivität oder Gärprozessen unter Freisetzung von CO_2 zu erklären ist. Der steigende Trend des TOC bei W2 könnte demnach ein Hinweis auf autotrophe Prozesse sein. Dies kann zum Beispiel durch den Prozess der Carbonatatmung chemolithotropher Organismen realisiert worden sein, welcher unter anderem von acetogenen Bakterien genutzt wird. Auch der fallende pH-Wert bei W2 ab t27 ist ein Hinweis auf diesen säurebildenden anoxischen Prozess. Es war auch zu erwarten, dass sich im Laufe des Versuchs anoxische Bereiche in den Tonaggregaten bilden.

Der anorganische Kohlenstoff (TIC) beinhaltet entsprechend der Definition nur C, CO_2, Bicarbonat und Carbonat im untersuchten System, wobei CO_2 aus dem System entweichen kann und deshalb nicht direkt mit der genutzten Methode nachweisbar ist. Während bei W1 der TIC in der gemittelten Betrachtung absank, stieg der von W2 besonders ab t16 stark an und wies am Versuchsende einen mehr als dreifach so hohen Wert gegenüber dem Startwert bei t1 auf. Eine mögliche Ursache dafür könnte sein, dass zwischen t16 und t27 der pH-Wert in W2 Werte im alkalischen Bereich aufwies, was unter heterotropher Bildung von CO_2 zur Carbonatbildung führen kann. Diese Reaktion findet unter natürlichen Bedingungen vor allem als Carbonatausfällung statt, da einige Carbonate unter Standardbedingungen schwer löslich sind. Eines der häufigsten natürlich vorkommenden Carbonate ist Kalziumcarbonat (Chang *et al.* 2004).

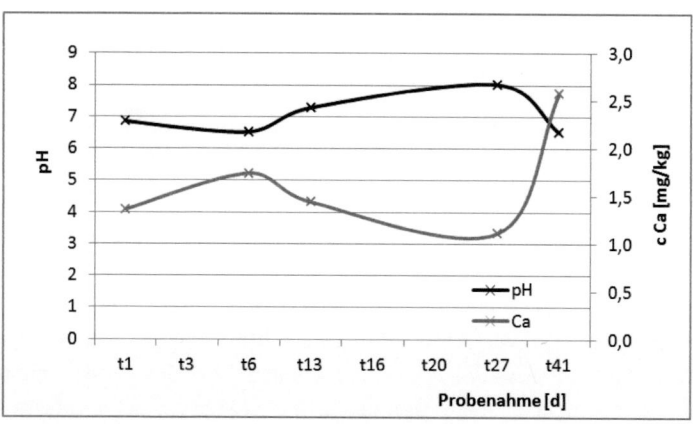

Abbildung 3.27: Verlauf des pH-Wertes und des Gehaltes an frei löslichen Kalziumionen in W2 während des Maukversuchs

Ergebnisse und Diskussion

In den Untersuchungen des Alterationsverhaltens von W2 war diese chemische Reaktion gut nachweisbar. Da eine Abnahme an freien Kalziumionen zeitgleich mit dem Anstieg des pH-Wertes zu beobachten war (Abbildung 3.27), ist davon auszugehen, dass $CaCO_3$ ausgefällt wurde, welches wiederum zum Anstieg des TIC führte.

Die Analyse des organischen Kohlenstoffs in der Feintonfraktion <0,6 µm mittels STA bestätigte für W1 die Analysen des DOC der Gesamtfraktion (Abbildung 3.28). Es war ein allgemein abfallender Trend mit einem Maximalwert bei t6 zu beobachten, was auf heterotrophe Prozesse unter Bildung von CO_2 hinweist. In W2 wurde, gemittelt betrachtet, ein gleichbleibender Trend festgestellt.

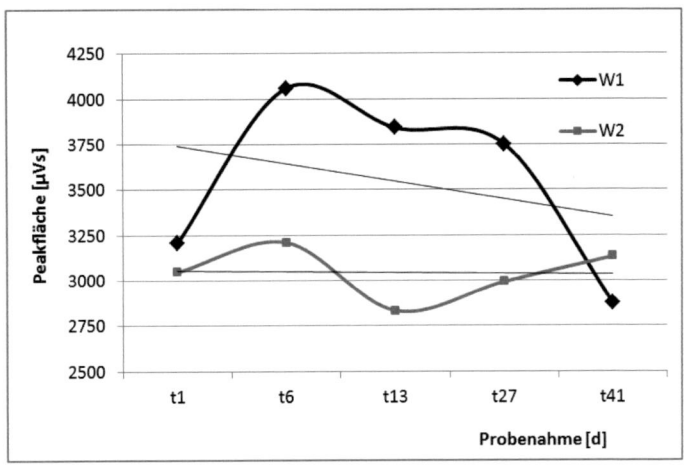

Abbildung 3.28: Analyse des organischen Kohlenstoffs mittels STA in der Fraktion <0,6 µm durch Integration der Werte 235 °C - 410 °C.

In der Feintonfraktion waren die Werte des TOC in W1 im Gegensatz zu den Analysen des Gesamtmaterials (Abbildung 3.26) höher als in W2. In der Betrachtung der relativen Abweichungen für Minimal- und Maximalwerte war auffällig, dass die Amplituden in den Feintonfraktionen wesentlich geringer waren als die in den Gesamtfraktionen, weil aufgrund der Größenrelationen Zellen, Zellaggregate und Biofilme in der Feintonfraktion nicht mit analysiert wurden.

3.4 Maukversuch

Um qualitative und quantitative Konzentrationsänderungen organischer Verbindungen im DOC der Gesamtfraktion zu untersuchen, wurden die Proben mittels ATR-IR Spektroskopie analysiert. Bei den detektierten Signalen unterscheidet man zwischen Valenzschwingungen ν, welche durch eine Streckung der Wellen hervorgerufen werden und Deformationsschwingungen δ, welche durch Stauchung der Wellen entstehen. Außerdem kann das Spektrum in spezifische Regionen unterteilt werden, welche funktionellen Gruppen zugeordnet werden können. In einphasigen Systemen ist es möglich, die Struktur eines Moleküls mittels ATR-IR Spektroskopie aufzuklären. Durch die Vielzahl an organischen Verbindungen in den untersuchten Tonen kommt es jedoch zur Überlagerung von spezifischen Peaks, was zur Bildung von Summenbanden führt, welche sich mit einfachen Methoden nicht mehr diskriminieren lassen.

Tabelle 3.11: Übersicht über spezifische Regionen in ATR-IR Spektren nach Farmer (1974)

Wellenzahlbereich	Typische Banden	Benennung
3800-3400 [cm^{-1}]	ν(H$_2$O) OH-Valenzschwingungen	Region 1
2900-3400 [cm^{-1}]	ν(CH) CH-Valenzschwingungen „organische Verbindungen"	Region 2
1400-1600 [cm^{-1}]	δ(H$_2$O) OH-Deformations-Schwingungen	Region 3
	organische Verbindungen (NH- und SO-Bindungen) δ(CH) CH-Deformationsschwingungen	Region 4
700-1200 [cm^{-1}]	ν(SiO) SiO-Valenzschwingungen	Region 5
400-600 [cm^{-1}]	δ(SiO) SiO-Deformationsschwingungen	Fingerprint-Region Schichtsilikate

In den Spektren sind hauptsächlich die organischen funktionellen Gruppen der Tonminerale zu erkennen (Abbildung 3.29). So befinden sich in der Region 1 Peaks, welche durch gerichtete OH- Gruppen hervorgerufen werden und in den Bereichen von 3694 cm^{-1}, 3654 cm^{-1} und 3625 cm^{-1} für den Kaolinit typisch sind (Farmer 1974).

Ergebnisse und Diskussion

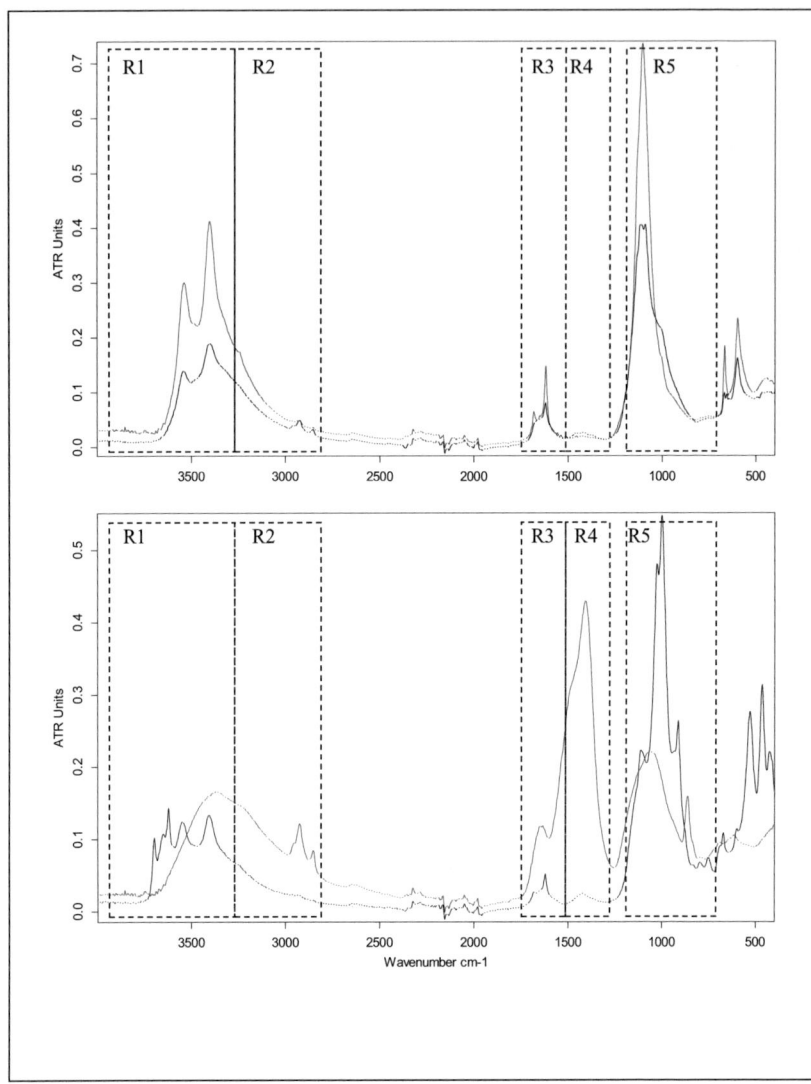

Abbildung 3.29: ATR-IR Spektren des DOC von W1 (oben) und W2 (unten); schwarz...t1; rot...t41; R...Region entsprechend Tabelle 3.11

3.4 Maukversuch

Auch Region 5 wies eine für Tonrohstoffe typische Peaklage auf. So befindet sich das Signal der SiO-Valenzschwingung ν(SiO) im Bereich von 700 cm^{-1} bis 1200 cm^{-1}. Die Deformationsschwingung δ(SiO) ist im Bereich zwischen 400 cm^{-1} bis 600 cm^{-1} zu finden. Der vorhandene Schulterpeak in W1 zu t1 bei 912 cm^{-1} (Abbildung 3.29) entspricht einer δ(AlOHAl) Deformationsschwingung (Farmer 1974). Trotz der Filtration der wässrigen DOC Extrakte mit einem Filter der mittleren Porenweite 0,2 µm sind die Peaks in den Regionen 1 und 5, welche für Schichtsilikate typisch sind, sehr deutlich, was belegt, dass ein großer Anteil der Feintonfraktion noch kleiner als 0,2 µm ist. Die Peaks in Region 3 sind OH -Deformationsschwingungen δ(H$_2$O) welche keine weitere Bedeutung für die vorliegende Arbeit hatten.

Die Signale in den Regionen 2 und 4 sind organischen Verbindungen zuzuordnen. In Region 2 handelt es sich dabei um ν(CH)-Schwingungen, welche vereinfacht betrachtet als Summenparameter der organischen Masse betrachtet werden können. Die δ(CH)-Schwingungen sind neben den Peaks, welche durch NH- und SO- Bindungen hervorgerufen werden, in Region 4 zu finden.

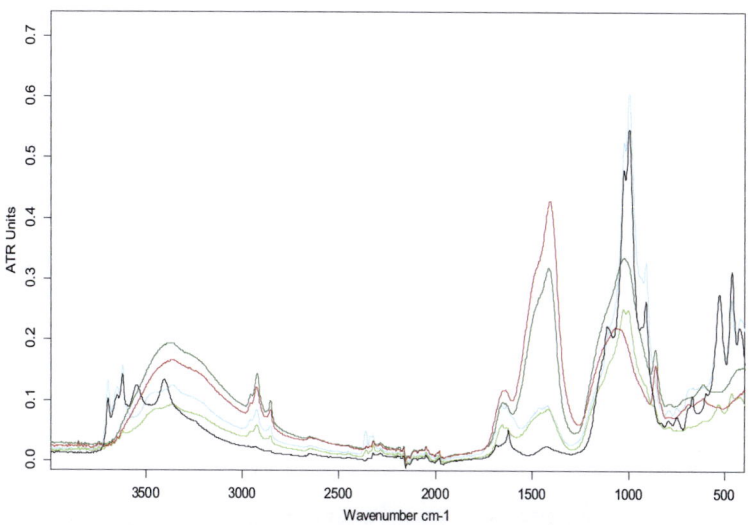

Abbildung 3.30: ATR-IR Spektren von W2;
schwarz…t1; hellblau t6; hellgrün…t16; grün…t20; rot…t41

Ergebnisse und Diskussion

Wie schon mit anderen Methoden nachgewiesen, kam es im Verlauf des Maukversuchs zu deutlichen Änderungen des DOC. Aus Abbildung 3.29 ist ersichtlich, dass bei t1 die ν(CH)- und δ(CH)-Schwingungen fehlen, während bei t41 deutliche Peaks erkennbar waren. Diese Prozesse sind allerdings alternierende Vorgänge, was aus Abbildung 3.30 ersichtlich ist.

Die zeitliche Abnahme des Signals im Bereich um 1000 cm^{-1} (Region 5) ist ein Hinweis darauf, dass eine geringere Menge an filtergängiger Feintonfraktion verfügbar ist, was wiederum auf bakteriologisch- mineralogische Agglomerisierungsprozesse hinweist.

Während quantitative Veränderungen während des Maukprozesses vorwiegend bei W1 zu beobachten waren, waren die qualitativen Änderungen des DOC besonders deutlich bei W2 zu erkennen. An welchen funktionellen Gruppen diese Änderung hauptsächlich stattfand, ließ sich aufgrund der Signalüberlagerungen nicht feststellen. Möglicherweise ist die Diskriminierung der Einzelsignale mittels Modellierungssoftware möglich, welche jedoch nicht zur Verfügung stand.

3.4.2 Änderungen nanomineralogischer Parameter

Da vielfältige Prozesse während der Tonalterung ablaufen, welche mit hoher Wahrscheinlichkeit auch einen Einfluss auf die Tonminerale haben, war es wichtig, die Änderungen nanomineralogischer Parameter zu betrachten. Diese Parameter haben auch einen enormen Einfluss auf die Verarbeitbarkeit der Rohstoffe (Graham & Sullivan 1939). Dass ein zu starkes Alkalisieren oder Ansäuern der Proben zur Zerstörung von Tonmineralen führen kann, ist bekannt (Carroll & Starkey 1971).

Auch mikrobielle Aktivität, welche im System nachgewiesen wurde (Kapitel 3.4.3), kann die Ursache für ein Auflösen von Mineralstrukturen sein (Dong 2003). Weiterhin wurde beschrieben, dass Mikroorganismen einen entscheidenden Einfluss auf die Umwandlung von Smectit zu Illit haben (Kim 2004; Zhang 2007b).

Ein wichtiger nanomineralogischer Parameter ist die Korngrößenverteilung. Dabei sind die Größe der Partikel und die Zusammensetzung des Systems aus den verschiedenen Teilchengrößen für die Formbarkeit der Tone von Bedeutung. Würde ein System aus gleich großen Partikeln mit einem großen Korndurchmesser bestehen, wären diese leicht gegeneinander verschiebbar und

3.4 Maukversuch

der Ton wäre wenig oder gar nicht plastisch (Whittaker 1939). Unterschiedliche Teilchengrößen bedingen hingegen eine höhere Packungsdichte. Würden sich im Laufe des Maukversuchs Änderungen in dieser Zusammensetzung ergeben, hätten diese eine direkte Auswirkung auf die Verarbeitbarkeit der Tone.

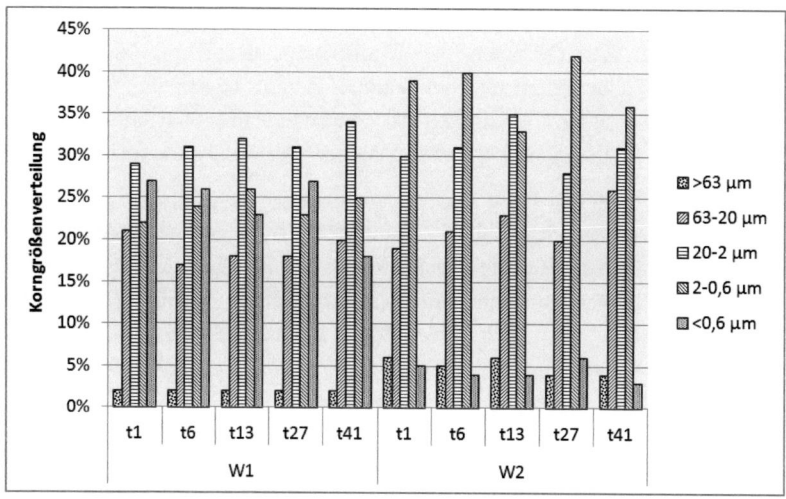

Abbildung 3.31: Korngrößenanalysen im Verlauf des Maukversuchs
Farbgebung der Fraktionen: Schwarz...Sand, Blau...Schluff, Grün...Ton

Die Analyse der Korngrößenverteilung im Verlauf des Maukversuchs ist in Abbildung 3.31 dargestellt. Eine ausführliche tabellarische Darstellung dieser Daten befindet sich im Tabellenanhang 16. Bei W1 war im zeitlichen Verlauf eine Zunahme des Mittel- und Feinschluffanteils unter Abnahme des Feintonanteils zu beobachten, während W2 ein alternierendes Verhalten aufwies. So wurden bei t13 in W2 Minimalwerte für Tonfraktion 2 µm - 0,6 µm und Maximalwerte für die Fraktion 20 µm – 2 µm bestimmt. Bei t27 war dieses Verhältnis umgekehrt.

Es ist wahrscheinlich, dass die beobachteten Änderungen in der Korngrößenverteilung durch methodische Fehler zustande gekommen sind und keine tatsächliche Änderung im System repräsentieren. So ist es durchaus möglich, dass durch mikrobielle Bildung von extrazellulären, polymeren

Ergebnisse und Diskussion

Substanzen (EPS) Partikel der Feinfraktionen agglomerieren können und somit in einer Fraktion mit höherer Teilchengröße analysiert wurden. Der umgekehrte Prozess ist unter mikrobiellem Abbau der EPS denkbar. Zum besseren Dispergieren in Vorbereitung der Sedimentationsanalysen wird normalerweise ein Dispergierhilfsmittel eingesetzt. Darauf wurde in diesem Fall jedoch verzichtet, da Voruntersuchungen die Vermutung belegten, dass das Dispergierhilfsmittel Natriumpyrophosphat bakterielles Wachstum enorm fördert. Da der Gesamtprozess der Bestimmung der Korngrößenverteilung ungefähr eine Woche dauert und bei Raumtemperatur stattfindet, konnte durch den Verzicht auf Natriumpyrophosphat zumindest ein mikrobiell bedingter Effekt auf den Sedimentationsprozess während der Analysen gering gehalten werden.

Da sich die unterschiedlichen Tonminerale in ihren grundlegenden Eigenschaften, wie zum Beispiel der KAK und der Quellfähigkeit unterscheiden und Tonminerale untereinander umgewandelt werden können (Kim 2004), wurde untersucht, ob sich der Mineralphasenbestand während des Maukprozesses ändert und dieser Parameter eventuell die bessere Verarbeitbarkeit und bessere Produktqualität bedingt.

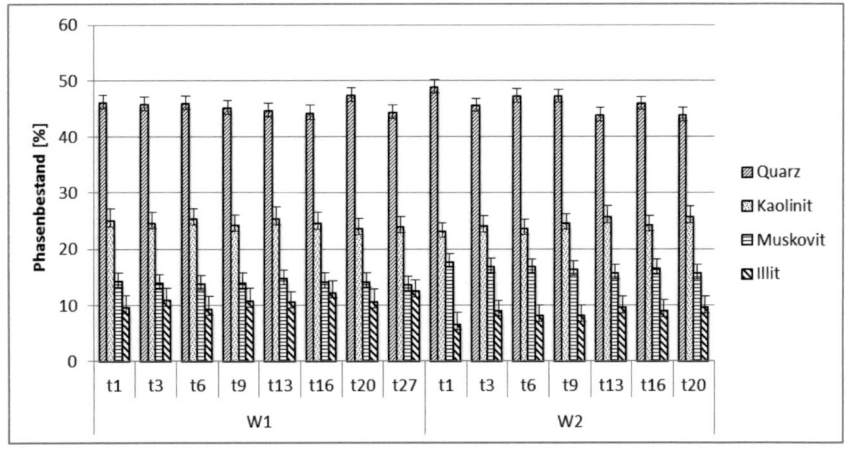

Abbildung 3.32: Mineralphasenbestand während des Maukversuchs; Bestimmung mittels XRD (Petrick 2008)

3.4 Maukversuch

Die beobachteten Änderungen im Mineralphasenbestand lagen alle innerhalb der angegebenen Fehlerintervalle (Abbildung 3.32). Bei diesen Untersuchungen konnte daher keine Veränderung in der mineralischen Zusammensetzung der Proben im zeitlichen Verlauf des Maukprozesses festgestellt werden.

Ebenso wurden mittels RFA keine oder nur geringfügige, zeitlich abhängige Änderungen hinsichtlich der chemischen Zusammensetzung registriert. Dies war zu erwarten, da die Begleitparameter für eine grundlegende Änderung der chemischen Mineralstrukturen nicht gegeben waren. Die zugrunde liegenden Daten sind in Tabellenanhang 12 zusammengestellt.

3.4.3 Mikrobiologische Veränderungen des Systems

Um zu prüfen, ob alle Proben in einem Gefäß ab einer bestimmten Tiefe gleiche Eigenschaften aufweisen und um damit auszuschließen, dass es probenahmebedingte Abweichungen gibt, welche keine realistischen Änderungen während des Maukprozesses darstellen, wurde zu t41 eine Homogenitätskontrolle durchgeführt. Die Kontrolle erfolgte erst am Ende des Maukversuchs, da zu Beginn die Proben aufbereitungsbedingt homogenisiert vorlagen. Die Homogenitätskontrolle wurde zwar für die meisten erhobenen Parameter durchgeführt, soll hier aber exemplarisch für die KbE auf R2A dargestellt werden. Jeweils 2 Proben wurden dafür aus Tiefen von 15 cm (A und B) und 30 cm (C und D) entnommen. Jede der 4 Proben wurde in 3 Parallelansätzen untersucht.

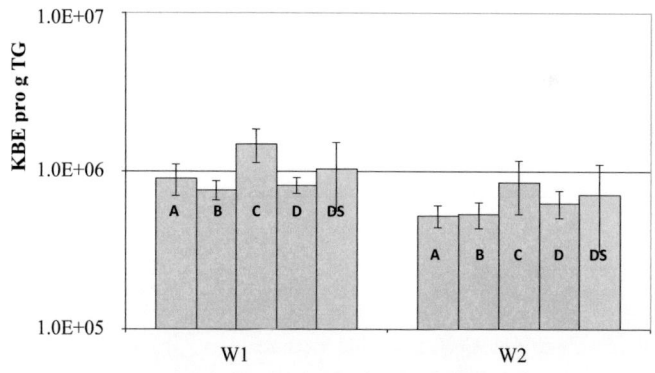

Abbildung 3.33: Homogenitätskontrolle t41;
A und B 15 cm; C und D 30 cm Tiefe; DS...Durchschnitt

Ergebnisse und Diskussion

Es wurden erwartungsgemäß Abweichungen zwischen den Proben A bis D in beiden Tonen nachgewiesen (Abbildung 3.33). Dabei war, bis auf Probe W1C der interne Fehler höher als die Abweichungen zwischen den Proben A bis D. Es konnte für alle untersuchten Parameter gezeigt werden, dass das Material nahezu homogen war. Es ist allerdings zu beachten, dass die Probenahmemenge mit ca. 10 g relativ groß war. Dass sich innerhalb einzelner Tonaggregate Gradienten chemisch- physikalischer Parameter bilden, war allerdings zu erwarten (Blume et al. 2002).

Zwischen W1 und W2 waren deutliche Unterschiede in der ermittelten KbE auf R2A nach 8-tägiger Inkubation bei 20°C festzustellen (Abbildung 3.34). So stieg der Wert für W1 bis t9 an, um dann unter Berücksichtigung der Fehlerintervalle nahezu konstant zu bleiben, während die KbE für W2 mit 3 Maximal- und 3 Minimalwerten einen deutlich alternierenden Trend aufwies.

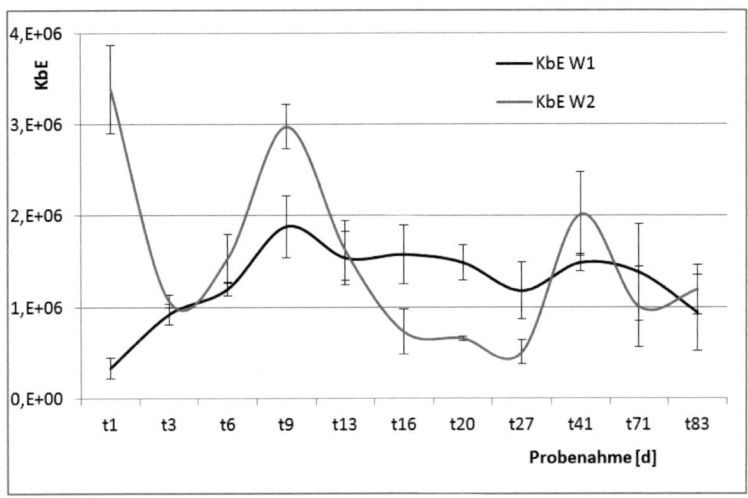

Abbildung 3.34: KbE (R2A; 20°C; 8d) im Verlauf des Maukversuchs; Originaldaten s. Tabellenanhang 18

Es wurde für beide Tone ein alternierender Verlauf oder ein deutlicher Trend erwartet, da die Aufarbeitung der Tone einen enormen Eingriff in das Habitat der autochthonen Mikroorganismen darstellte, und sich verschiedene Spezies den neuen Bedingungen entsprechend bevorzugt vermehren konnten oder im

3.4 Maukversuch

System abstarben. Diese Effekte werden in natürlichen Systemen zum Beispiel durch Konkurrenz, Symbiosen oder interspezifische Abbaukaskaden für Metabolite verstärkt. Auch die Phagen- Wirt- Interaktion spielt in diesem Zusammenhang in natürlichen Habitaten eine große Rolle (Suttle 2000). Da die genutzte Methode nur eine quantitative Aussage über den Bestand an kultivierbaren Mikroorganismen zulässt, sind die Ergebnisse der molekularbiologischen Untersuchungen, welche im weiteren Verlauf dieses Kapitels vorgestellt werden, von größerer Bedeutung. Der größte Nachteil kultivierungsabhängiger Methoden liegt im enormen methodischen Fehler. Wie groß dieser Fehler ist, wird deutlich, wenn man die Tatsache betrachtet, dass in Sedimenten bis zu 0,25 % (Jones 1977) und in Böden bis 0,3 % (Torsvik *et al.* 1990) der Bakterien kultivierbar sind. Bisher wurden viele Spezies neu entdeckt und beschrieben, weshalb diese Werte kontinuierlich nach oben korrigiert werden müssen (Amann *et al.* 1995). Die Kultivierung auf den Medien R2A Agar oder auch DEV Agar, welche diese Selektivität bedingen, zählen nach wie vor zu den Standardmethoden der Mikrobiologie (TVO 2001). Ist die Anzahl der KbE bestimmbar, kann der realistische Wert demnach im Idealfall dem ermittelten entsprechen oder um den Faktor 400 abweichen. Werden mit dieser Methode in einem Versuchsansatz keine Bakterien nachgewiesen, kann das aber auch bedeuten, dass sich eine große Anzahl unkultivierbarer Organismen im System befindet. Eine weitere Besonderheit bei der Kultivierung von Bodenmikroorganismen ist, dass vielen Spezies die Fähigkeit zur Koloniebildung durch geringe Teilungsraten bei hoher Zelldichte fehlt, was zur Folge hat, dass diese Arten Mikrokolonien <250 µm aus losen Zellassoziationen ausbilden, welche mit bloßem Auge nicht sichtbar sind und demnach bei der Ermittlung der KbE nicht berücksichtigt werden (Winding *et al.* 1994; Ferrari 2005). Vertrauenswürdigere Werte liefert die Untersuchung der in den Tonen vorhandenen Enzyme mittels ApiZym, da Enzyme unabhängig von der Kultivierbarkeit der Bakterien vorhanden sind. Die Menge freigesetzter Enzyme variiert jedoch in Abhängigkeit der Umgebungsparameter, so dass auch diese Methode nicht zum generieren zuverlässiger Biomasseparameter genutzt werden kann. Untersuchungen mittels ApiZym eignen sich jedoch sehr gut um einen Überblick über die möglichen Stoffwechselleistungen der Mikroorganismen in einem System zu erhalten.

Die Enzyme Valin Arylamidase, α-Galactosidase, α-Mannosidase und Cystin Arylamidase scheinen in Tonen nur eine untergeordnete Bedeutung zu haben, da diese im Verlauf des Maukversuchs nicht oder nur in sehr geringen Mengen

Ergebnisse und Diskussion

nachweisbar waren und kaum Konzentrationsänderungen festzustellen waren (Abbildung 3.35, Tabellenanhang 19 und Tabellenanhang 20).

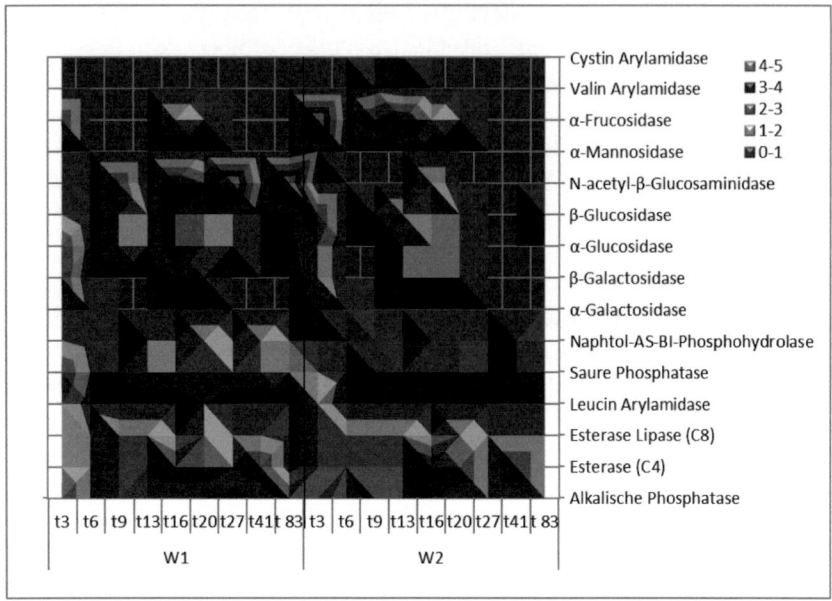

Abbildung 3.35: Relative Enzymkonzentrationen im Verlauf des Maukversuchs; Skala 1-5; ApiZym; Verbindungen der Werte der y-Achse stellen keine Kontinuität dar und dienen der Visualisierung

Dem gegenüber stehen Enzyme, bei welchen zu fast allen Probenahmezeitpunkten eine hohe Aktivität nachweisbar war. Dazu zählt zum Beispiel die Esterase C4 oder auch die saure Phosphatase, wobei diese bei W1 höhere Werte als bei W2 aufwies. Da diese Enzyme relativ unspezifisch sind und die damit abbaubaren Substrate häufig vorkommen, war dieser Verlauf zu erwarten.

Einige Enzymverläufe weisen maximale Aktivitäten im Bereich zwischen t13 und t27 auf. Dies gilt für N-acetyl-β-Glucosaminidase, Naphtol-AS-BI-Phosphohydrolase und die saure Phosphatase bei W1 sowie α-Frucosidase, α-Glucosidase und β-Glucosidase bei W2. Diese Verläufe weisen auf die

3.4 Maukversuch

Verfügbarkeit der vom entsprechenden Enzym abbaubaren organischen Verbindungen hin, welche zum Zeitpunkt der maximalen beobachteten Aktivität vorhanden gewesen sein müssten. Es wird deutlich, dass größere Änderungen der biochemischen Strukturen in den Tonen W1 und W2 nach ungefähr 16 Tagen nachweisbar waren. Die Schwankungen zu Beginn der Versuche, welche für viele Parameter zu beobachten waren, stellen mit großer Wahrscheinlichkeit Systemschwankungen infolge von Anpassungsreaktionen dar, denen das System, welches zuvor Jahrtausende nahezu ungestört war, jedoch durch die Rohstoffaufarbeitung massive Veränderungen erfahren hat, unterlag.

Um die mittlere Enzymaktivität der mittels ApiZym nachweisbaren Enzyme zu ermitteln, wurde der Durchschnitt aller 19 Umsätze (AWCD) für jeden Probenahmezeitpunkt berechnet.

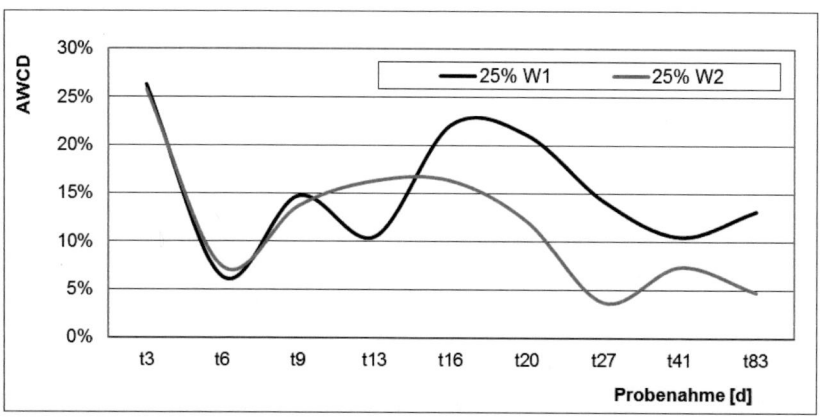

Abbildung 3.36: AWCD der Enzym- Einzelwerte des ApiZym im Verlauf des Maukversuchs

Anhand der Abbildung 3.36 wird deutlich, dass W1 und W2 bis t9 einen ähnlichen Verlauf aufwiesen. Die Funktion für W1 beschreibt einem alternierenden Trend. Beide Funktionen erreichen bei t16 einen Maximalwert um danach fast parallel zu fallen. Ab t41 verhalten sich beide Funktionen nahezu spiegelbildlich im gegenläufigen Trend. Minimalwerte, wie bei der KbE von W2 zwischen t16 und t27 können auch am AWCD Diagramm nachvollzogen werden.

Ergebnisse und Diskussion

Esterasen sind sehr unspezifische Enzyme und können deshalb als Summenparameter für die Gesamtenzymaktivität betrachtet werden. Bei der quantitativen Bestimmung der Esteraseaktivität in den Tonen (Abbildung 3.37) konnte daher ein ähnlicher Verlauf wie der des AWCD der Einzelenzyme (Abbildung 3.36) beobachtet werden. Die Verdünnungen sowie die Inkubationszeiten für beide Versuchsansätze waren identisch. Die Werte für die Esteraseaktivität bei W2 lagen jedoch im Gegensatz zu den Ergebnissen des AWCD deutlich über denen von W1.

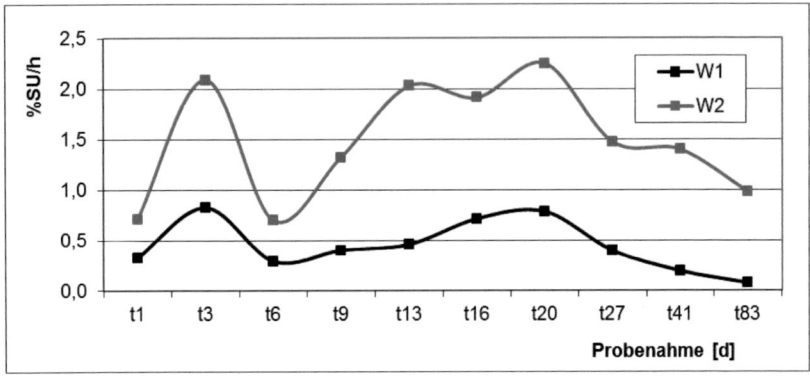

Abbildung 3.37: Esteraseaktivität in %; Substratumsatz je h; Schlicker 25%, Inkubation 24 h

Auch bei der quantitativen Bestimmung der Enzymaktivität konnte nach einem anfänglichen Maximalwert bei t3 ein Fallen der Funktion sowie ein Ansteigen zwischen t9 und t20 gefolgt von einem Rückgang der Aktivität bis zum Versuchsende beobachtet werden. Werden die hohen Enzymaktivitäten um t20 mit der geringen Anzahl KbE kombiniert, ergibt sich der aus Abbildung 3.38 ersichtliche Zusammenhang.

Es wird deutlich, dass um t3 und t20 besonders in W2 zwar wenige kultivierbare Bakterien im System vorhanden waren, diese aber dafür eine extrem hohe Enzymaktivität aufwiesen. Ein Grund dafür könnte sein, dass sich im Laufe des Maukprozesses durch Sauerstoffzehrung innerhalb von Tonaggregaten anoxische Bereiche bilden. Dort können sich obligat anaerobe Bakterien stark vermehren, was mittels Esterasetest nachweisbar ist. Die Bakterien wären in

3.4 Maukversuch

diesem Fall jedoch nicht aerob auf R2A kultivierbar, womit sich die geringe Anzahl KbE zu den betrachteten Zeitpunkten begründen lässt.

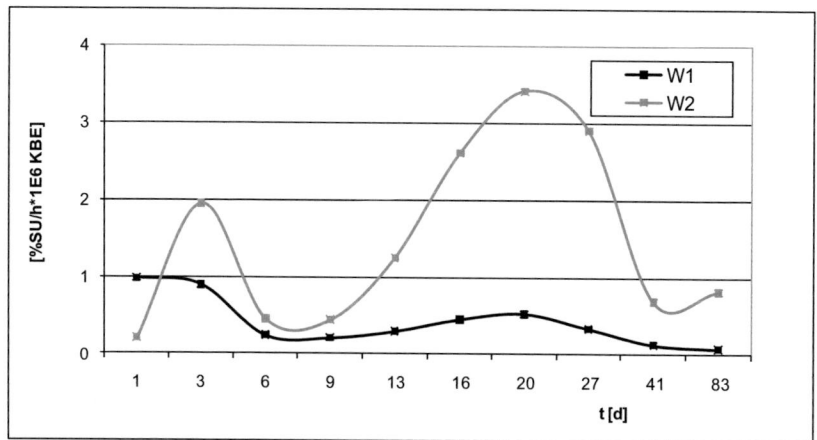

Abbildung 3.38: Esteraseaktivität in Korrelation zu KbE in % SU/h bezogen auf 10^6 Bakterien

Aussagen zu veränderten Abbauleistungen durch bakterielle Populationen lassen sich recht gut aus den Kohlenstoffquellen- Substratumsatztests der verschiedenen Biolog Systeme, welche im 96 Well Format zum Einsatz kamen, ableiten. Während die Biolog GN2 Micro Plate einen Test auf 95 verschiedene Kohlenstoffquellen zulässt, war bei der Biolog Eco Plate die Untersuchung des Abbaus von jeweils 31 Substraten in 3 Parallelen möglich. Die ausführlichen Daten zu den Analysen mittels Biolog befinden sich im Tabellenanhang 21 und Tabellenanhang 22.

Von den 95 angebotenen Substraten in den GN2 Plates wurden einige wenige gar nicht oder nur sehr schwach verwertet. Dazu zählten die Verbindungen, α-Keto-Valerinsäure, Itaconsäure, 2,3-Butandiol und Glycyl-L-Aspartamsäure. Entgegen den Erwartungen wurden auch physiologische Metabolite, wie zum Beispiel Glucose-6-Phosphat, ein Zwischenprodukt der Glykolyse oder D,L-α-Glycerolphosphat und Glucose-1-Phosphat von den Organismen aus W2 nicht und von denen aus W1 nur im geringen Umfang zum Probenahmezeitpunkt t1 verstoffwechselt.

Ergebnisse und Diskussion

Allgemein leicht abbaubare Substanzen, wie zum Beispiel D-Cellobiose, D-Galactose, C-Melibiose, Sucrose und Glycerol wurden zu fast allen Probenahmezeitpunkten und von den Organismen beider Tone sehr gut verwertet. Die besten Abbauleistungen wurden bei der Verwertung von L-Histidin und D-Gluconsäure beobachtet.

Einige Stoffe, wie zum Beispiel Phenyethylamin, ein biogenes Amin mit halluzinogener Wirkung, wurden mit zunehmender Maukdauer immer besser abgebaut. Gegenläufige Prozesse mit verminderter Abbauleistung bei zunächst hohen Werten wurden nicht beobachtet.

Bei den Organismen aus beiden Tonen wurden maximale Umsatzraten zu t20 für Succinat, Bromosuccinat, L-Pyroglutaminsäure und L-Histidin nachgewiesen. Aufgrund der hohen nachgewiesenen Esteraseaktivitäten wurden zu den Probenahmen um t20 bei mehreren Substraten höhere Werte erwartet.

Während für viele Substrate bei Verstoffwechselung mit Mikroorganismen aus W1 im Bereich um t20 kaum Änderungen sichtbar waren, war an den Ergebnissen von W2 auffällig, dass die meisten Stoffe die schlechteste Verwertung zu t20 aufwiesen. Dies ist auch aus Abbildung 3.39 ersichtlich, in welcher der Verlauf des AWCD für die Messwerte beide Tone jeweils für die Eco Plates und die GN2 Platten dargestellt ist.

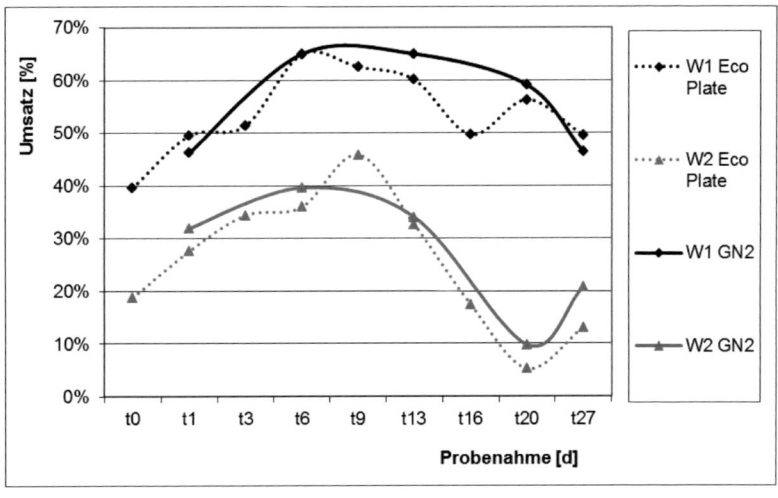

Abbildung 3.39: AWCD Biolog GN2 und Eco Plates im Verlauf des Maukversuchs

3.4 Maukversuch

Ein interessanter Verlauf der AWCD-Werte beider Tone war besonders bei W2 zu beobachten. Zwischen t6 und t9 wurde die geringste Enzymaktivität jedoch die höchste Anzahl KbE sowie der höchste AWCD für die Analysen des Biolog-Systems nachgewiesen.

Weiterhin wurden für W2 bei t20 eine geringe Anzahl KbE mit der höchsten Enzymaktivität und dem geringsten AWCD im Biolog ermittelt. Es bestätigt sich damit die Vermutung, dass in W2 bei t20 wenige hochspezialisierte Bakterien hohe Enzymaktivitäten aufwiesen.

Im Vergleich der zeitlich abhängigen Verläufe für den Abbau aller 95 Substrate ergaben sich zwei Hauptcluster (Abbildung 3.40).

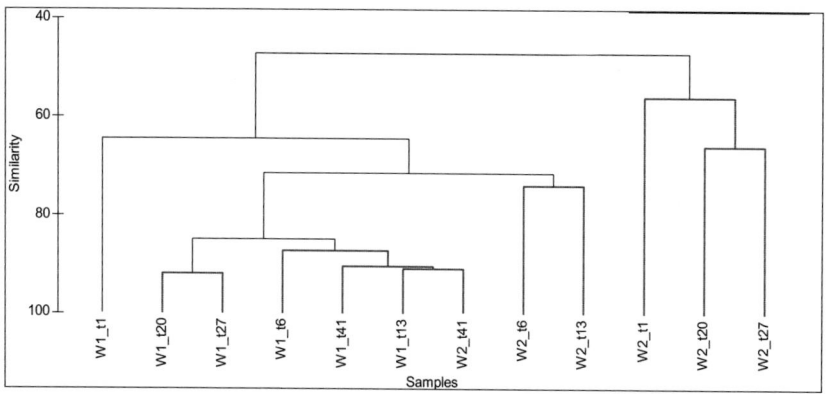

Abbildung 3.40: Ähnlichkeitsbeziehungen der Abbauleistungen im Biolog GN2 auf Basis von 95 C-Quellen

Die Umsatzcharakteristika für Kohlenstoffverbindungen ähnelten sich in W2 bei t1, t20 und t27. Die anderen Probenahmezeitpunkte differierten stark von den erwähnten, was einen alternierenden Verlauf für die Parameter der Biolog Untersuchungen belegt.

W1 als sehr plastischer Rohstoff, welcher auch ohne Mauken eingesetzt wird und darüber hinaus zur Verarbeitung noch mit anderen Magertonen versetzt werden muss, wies auch Variationen der Abbauleistungen im Verlauf des Maukversuchs auf. Die größte Veränderung des Systems fand nach t1 statt. Zu t20 und t27 waren in W1 als auch in W2 die Umsatzparameter sehr ähnlich. Zu dieser Zeit scheinen nur geringe Veränderungen des Systems stattgefunden zu haben.

Ergebnisse und Diskussion

Zu jeder Probenahme wurde eine Flüssigkultur in R2A(l) angelegt, von welcher die Entwicklung der optischen Dichte (OD) verfolgt wurde. Ursprüngliches Ziel dieser Untersuchungen war es, Rückstellproben mit lebenden Organismen anzulegen, in welchen im Idealfall, die für die Plastizitätsänderung verantwortlichen Mikroorganismen vorhanden sein sollten. Bei allen Versuchsansätzen, bis auf den von W2 zu t16, konnten Wachstumskurven ermittelt werden, welche nahezu den idealen Verlauf mit lag-, log- und stationärer Phase aufwiesen. Zeitliche Änderungen, welche erwartungsgemäß grob den Veränderungen der Anzahl der KbE folgten und vor allem auch Unterschiede zwischen den zwei Tonen waren zu beobachten (Abbildung 3.41).

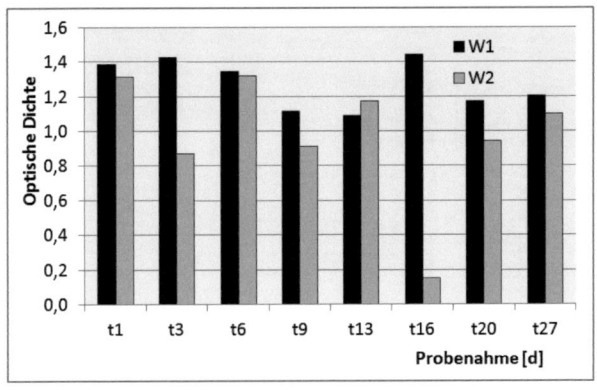

Abbildung 3.41: Optische Dichte nach Inkubation verdünnter Tonschlicker in R2A(l) bei 20°C für 8 Tage

In W2 zu t16 wurde bereits nach einer Inkubation von 4 Tagen anstelle von Bakterienwachstum starkes Pilzwachstum beobachtet. Die Inkubationsflüssigkeit blieb klar, was auf antibakterielle Wirkung der Pilzkulturen hinweist. Ob diese Effekte kompetitiver Natur, wie zum Beispiel Nahrungskonkurrenz waren oder tatsächlich auf die Bildung antibakterieller Agenzien zurückzuführen sind, konnte nicht ermittelt werden. Da der Schwerpunkt der vorliegenden Arbeit auf der Analyse der Eubacteria im sich ändernden Habitat liegt, wurde um diesen Befund nicht ganz zu vernachlässigen, der Gehalt mycotischer DNA im zeitlichen Verlauf des Maukversuchs mittels qRT-PCR und DGGE untersucht, jedoch auf weitere Analysen wie zum Beispiel der Speziesanalytik verzichtet.

3.4 Maukversuch

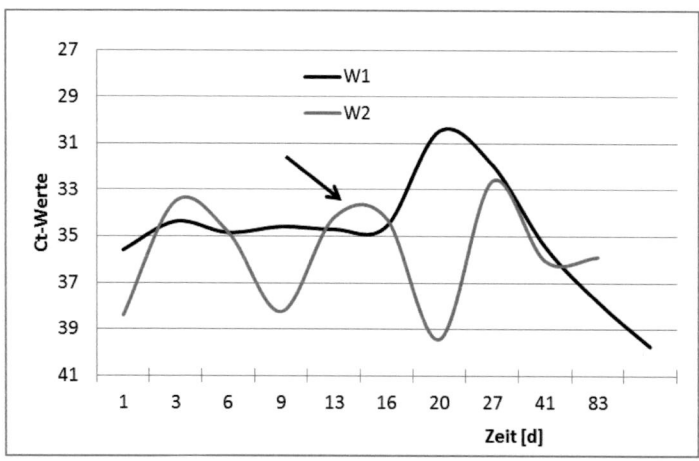

Abbildung 3.42: qRT-PCR Pilze (Primer NS7/NS8); Ct-Werte im Verlauf des Maukversuchs

Mittels der qRT-PCR (Abbildung 3.42) konnte gezeigt werden, dass es in W2 nicht nur ein einzelnes Maximum für das Vorkommen von Pilzen gab, sondern neben dem in der Kultur beobachteten Wert um t16 (Pfeil in Abbildung 3.42) auch zu t3 und zu t27. Zu diesen Probenahmezeitpunkten wurden jeweils Minimalwerte bei der Ermittlung der Anzahl der KbE beobachtet (Abbildung 3.34).

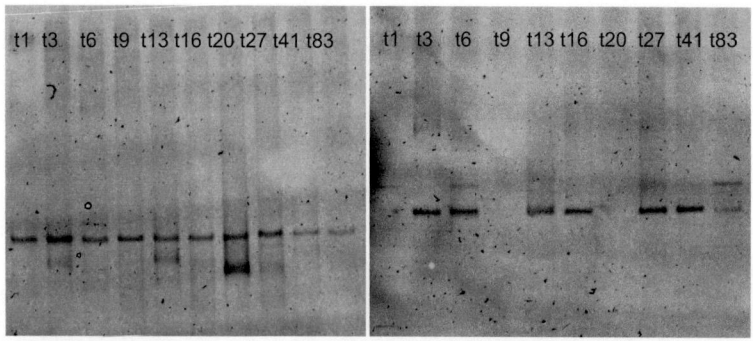

Abbildung 3.43: DGGE der Fragmente der pilzspezifischen qRT-PCR links W1, rechts W2

Ergebnisse und Diskussion

Anhand der hinzukommenden Bande im DGGE-Muster von W1 (Abbildung 3.43) ist erkennbar, dass die hohe Menge mycotischer DNA zu t20 nicht durch die Vermehrung einer ohnehin schon zuvor stark präsenten Spezies, sondern durch eine Art verursacht wurde, welche zwar auch im System vorhanden sein musste aber sich erst vor t20 aufgrund der besonderen Umgebungsparameter sehr gut vermehren konnte. Zu t27 war diese Spezies bereits nicht mehr so stark vertreten, was sich an den DGGE-Banden semiquantitativ abschätzen lässt.

Bei W2 scheint für die extremen Schwankungen hinsichtlich des Pilzwachstums nur eine Spezies von besonderer Bedeutung zu sein, deren DNA durch eine Bande repräsentiert wird, welche zu allen Zeitpunkten bis auf t1, t9 und t20 konstant vorhanden war. Zu den genannten Zeitpunkten war auch mittels qRT-PCR nur wenig amplifizierbare Pilz-DNA nachweisbar. Durch die hinzukommende Bande einer weiteren Spezies zu t6 und t83 wurde die Menge an mycotischer DNA in W2 zu diesen Probenahmepunkten erhöht, die Maximalwerte der negierten Ct-Funktion wurden dadurch allerdings nicht erreicht.

Neben der Relevanz von Pilzen für den Maukprozess wurde mittels qRT-PCR auch die Änderung der Menge an DNA von sulfatreduzierenden Bakterien (SRB) in den Proben ermittelt, welche nahezu mit der Anzahl SRB korrelieren sollte (Abbildung 3.44).

Bei W1 war zu beobachten, dass entsprechend den Erwartungen bei einem Rückgang der Menge SRB der Sulfatgehalt ansteigt. Dass allerdings zu Beginn des Maukversuchs ein Anstieg des Sulfatgehaltes bei zunehmender Anzahl SRB stattfand, könnte mit geringen Abbauraten für Sulfat aufgrund der Verfügbarkeit alternativer Elektronenakteptoren oder mit hoher Aktivität von Sulfatbildnern, wie zum Beispiel *Acidithiobacillus* sp. zu erklären sein. Dieser Aspekt ist recht wahrscheinlich, da W1 ein pyritreicher Ton war und die Ausgangsstoffe für die Sulfatbildung damit in ausreichender Menge verfügbar waren.

In W2 blieb der Sulfatgehalt im Verlauf des Maukversuchs nahezu konstant, was entweder bedeuten könnte, dass Abbau und Aufbau im Gleichgewicht standen oder dass weder Auf- noch Abbau stattfanden, was aber eher unwahrscheinlich ist, da eine Änderung der DNA-Menge für SRB mit $Ct_{t27} - Ct_{t20} = 4,5$ ($\Delta c = 22$) nachgewiesen wurde.

3.4 Maukversuch

Der höchste Wert für die Menge an SRB wurde zeitgleich mit dem höchsten pH-Wert beobachtet, was wiederum eine zu erwartende Korrelation darstellte, da der damit einhergehende Sulfatabbau zu einer Alkalisierung führen kann (Swank *et al.* 1984).

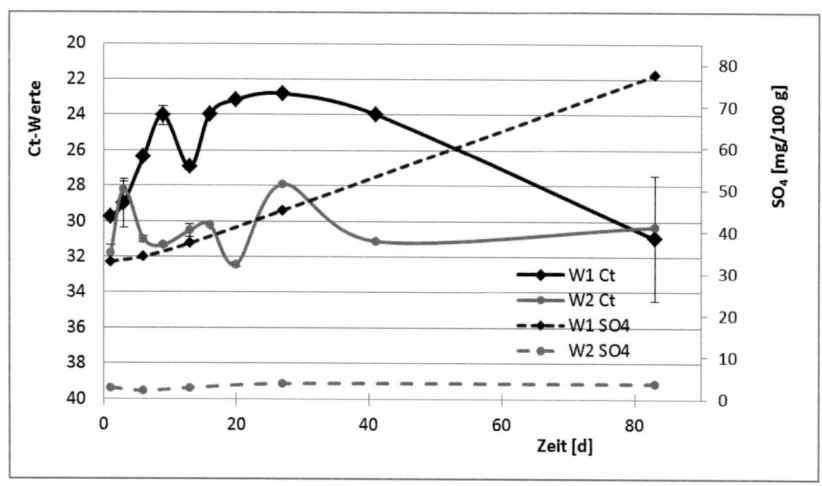

Abbildung 3.44: qRT-PCR Ct-Werte sulfatreduzierender Bakterien und Abbildung der Sulfatgehalte im Verlauf des Maukversuchs

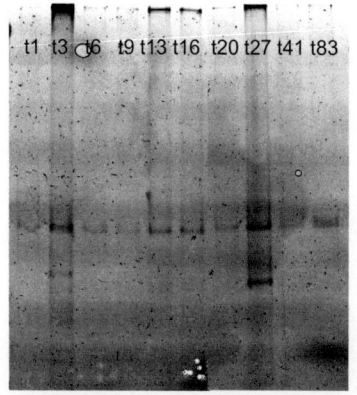

Abbildung 3.45: W2; DGGE der DNA von SRB im Verlauf des Maukversuchs

In der SRB-spezifischen DGGE von W2 (Abbildung 3.45) war eine konstante Bande im gesamten zeitlichen Verlauf zu erkennen. Bestimmte Spezies konnten sich jedoch vor t3, t13, t16 und vor t27 besonders gut vermehren, was an der zusätzlichen Bande bei diesen Probenahmetagen am oberen Bildrand sowie an den beiden Banden unterhalb der Hauptbanden bei t3 und t27 erkennbar ist. Besonders zu diesen beiden Probenahmen konnte auch die höchste Menge an SRB-spezifischer DNA mittels qRT-PCR nachgewiesen werden (Abbildung 3.44).

Ergebnisse und Diskussion

Die Untersuchungen der SRB wurden nicht bis zur Speziesanalytik durchgeführt.

Das DGGE-Muster für W1 wies zu allen Probenahmezeitpunkten jeweils nur eine Bande auf, weshalb auf einer Darstellung dieser Graphik verzichtet wird. Alle Ct-Werte der in diesem Kapitel vorgestellten qRT-PCRs befinden sich zusammengefasst in Tabellenanhang 24.

Einfluss der Eubakterien

Um den Einfluss von Eubakterien auf den Maukprozess zu untersuchen, wurde nach der Extraktion der Gesamt-DNA und der Amplifikation eines ca. 500 bp langen Fragmentes der 16S rDNA das Fragmentgemisch aus allen mit der Primerkombination 27f/517R amplifizierbaren Sequenzen mittels DGGE aufgetrennt. Das DGGE-Gel mit der DNA der Proben von W1 wies 24 (Abbildung 3.46) und das von W2 48 (Abbildung 3.47) verschiedene Banden auf. Bei den Proben von W1 wurden zu t1 einige Banden abgebildet, welche bereits zu t3 nicht mehr vorhanden waren und vermutlich durch Mikroorganismen aus dem Prozesswasser bedingt wurden, welche im Ton nicht überleben konnten. Zum Zeitpunkt t3 wurden zunächst weniger Banden abgebildet. Analog der Kernaussage der „Intermediate Disturbance Hypothesis" (Connell 1978) wurde jedoch bereits nach 6 Tagen wieder eine hohe Artenanzahl mit ca. 20 Banden, welche im Idealfall je eine Spezies repräsentieren beobachtet.

Dass das System lange Zeit benötigt, um in Hinblick auf den Bestand bakterieller Populationen einen stabilen Zustand zu erreichen, wird daran deutlich, dass zwischen t41 mit einer geringen Bandenzahl, was ein stabiles System aus Spezialisten impliziert, und t83 enorme Veränderungen im DGGE-Muster vorhanden waren.

Ähnliche Schwankungen in der Bandenzahl wie bei den Proben von W1 waren auch bei denen von W2 zu beobachten. Die höchste Bandenanzahl in W2 wurde allerdings abweichend von W1 bei t9 beobachtet.

Zu diesem Zeitpunkt wurde auch die höchste Anzahl KbE in W2 nachgewiesen. Dieses Maximum wurde demnach nicht durch eine Spezies verursacht, welche sich durch besondere Umgebungsparameter gut vermehren konnte, sondern durch ca. 20 verschiedene Arten.

3.4 Maukversuch

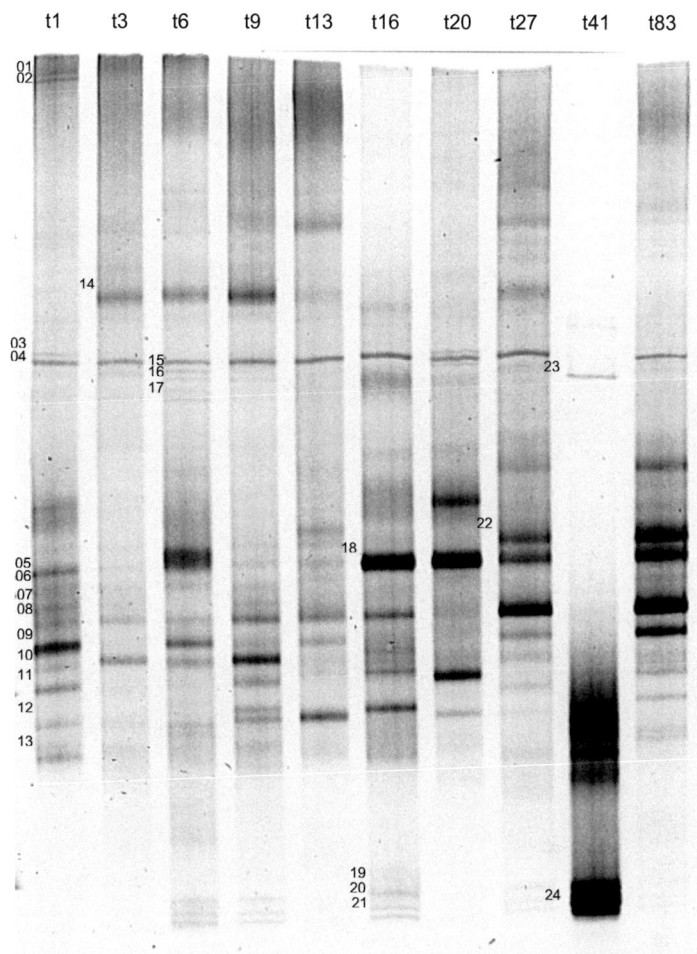

Abbildung 3.46: W1 DGGE der Gesamt-DNA im Verlauf des Maukversuchs; Gradient 70%-40%; 27f/517R

Ergebnisse und Diskussion

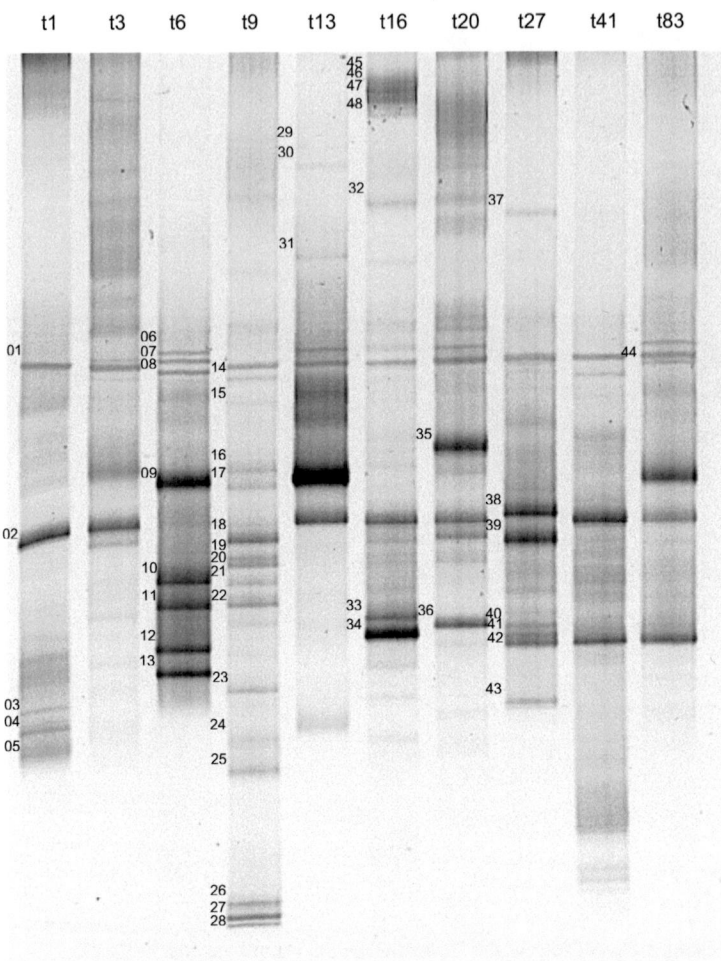

Abbildung 3.47: W2 DGGE der Gesamt-DNA im Verlauf des Maukversuchs; Gradient 70%-40%; 27f/517R

3.4 Maukversuch

Banden mit unterschiedlicher Laufweite, welche potentiell durch verschiedene Spezies bedingt wurden, wurden ausgeschnitten, die DNA daraus reamplifiziert aufgereinigt und sequenziert. Eine Zusammenfassung aller, zu den nummerierten Banden aus Abbildung 3.46 und Abbildung 3.47 zugeordneten Spezies mit Angabe der Bestimmungswahrscheinlichkeit befindet sich im Tabellenanhang 25. Alle Spezies, welche mit einer Übereinstimmung von >97% zum entsprechenden Datenbankeintrag von NCBI ermittelt wurden, sind in Tabelle 3.12 zusammengefasst.

Tabelle 3.12: Gesamt- DNA Analyse mittels DGGE Separation und Sequenzierung; Zuordnung der ermittelten Spezies zu den Banden der DGGE und den Probenahmezeitpunkten

	Bestimmte Spezies	Alternativ ermittelte Spezies	Homologie	Banden-nummer	Proben
	Bacillus cereus		99%	6,7,8,9,19	alle
W1	*Pseudomonas mandelii*		99%	5,18	t1, **t16, t20**, t27
	Streptom. turgidiscabies		98%	23,24	t41, t83
	Pseudomonas cannabina	*P. mandelii* *P. fluorescens* *P. syringiae*	100%	2	alle außer t9, t27
	Aeromonas jandaei		99%	3,4	t1, t13
	Pseudomonas plecoglossicida		100%	16,18	t9 bis t20
W2	*Zoogloea ramigera*		98%	19,20	t9
	Janthinobacterium agaricidamnosum		98%	22	t9
	Pelomonas aquatica	*P. saccharophila*	100%	33,45,46	t16
	Enterococcus faecium		98%	6,7,9,31,35,44	alle
	Tolumonas auensis		99%	36	t20, t27
	Rhizobacter fulvus		99%	37,38	t27

Ergebnisse und Diskussion

In Ton W1 wurden bei allen bisher betrachteten Parametern nicht so starke Schwankungen der Messwerte zwischen den einzelnen Probenahmen beobachtet, wie bei W2. Besonders der Gehalt an Pilz-DNA war bei W1 gleichbleibend und wies nur ein Maximum bei t21, gefolgt von einem extremen Rückgang der nachweisbaren DNA-Menge auf. Möglicherweise war dieser Effekt auf die Anwesenheit von bestimmten Bakterienspezies in W1 zurückzuführen. *Bacillus cereus* ist eine der häufigsten aus Böden isolierte Spezies (Von Stetten *et al.* 1999). Im Verlauf des Maukversuchs wurde die DNA von *Bacillus cereus* zu jeder Probenahme nachgewiesen (Tabelle 3.12). Bei Untersuchungen der Interaktionen zwischen verschiedenen Bodenbakterien und Pilzen mit und ohne Tonmatrix wurde bei *Bacillus cereus* kein Effekt auf das Wachstum von Pilzen beobachtet (Rosenzweig & Stotzky 1979). Milner *et al.* (1996) wiesen jedoch nach, dass *Bacillus cereus* Kanosamin, ein Antibiotikum bildet, welches gegen Pilze und einige Bakterien wirkt. Da sich diese Spezies sehr gut unter verschiedenen Umgebungsbedingungen vermehren kann (Vilain *et al.* 2006) und das Bakterium konstant im Verlauf des Maukversuchs nachgewiesen wurde, ist anzunehmen, dass dadurch eine kontinuierliche Suppressorwirkung auf das ansonsten möglicherweise bessere Pilzwachstum stattgefunden haben könnte. Verstärkt wurde dieser Effekt durch weitere Spezies, welche ebenfalls Fungizide produzieren.

Streptomyces turgidiscabies produziert Antimycin A, ein Antibiotikum, welches die Atmungskette hemmt (Kotiaho *et al.* 2008) und fungizid wirkt (Gleason & Unestam 1968). Die DNA dieser Spezies wurde ab t41 zeitgleich mit einem starken Rückgang der Menge an Pilz-DNA nachgewiesen.

Der ebenfalls in W1 nachgewiesene *Pseudomonas mandelii* ist zur Denitrifikation befähigt (Dandie *et al.* 2007). Diese Beobachtung stützt die These, dass die Sauerstoffzehrung im Verlauf des Maukversuchs die Verwendung alternativer Elektronenakzeptoren erfordert. Die größte Menge DNA von *Pseudomonas mandelii* konnte bei der semiquantitaiven Analyse der DGGE (Abbildung 3.46) bei t16 und t21 festgestellt werden. Dass sich Pseudomonaden toleranter gegenüber Antibiotika verhalten können, was eine sinnvolle Überlebensstrategie in Habitaten darstellt, in welchen Antibiotikabildner vorhanden sind, ist bekannt.

In W2 wurden der Sequenz aus Bande 2 (Abbildung 3.47) trotz einem Score von 830 und einem e-value von 0,0 (Tabellenanhang 26) mit gleicher

Wahrscheinlichkeit von 100% die NCBI Datenbankeinträge von *Pseudomonas cannabina* (Gardan *et al.* 1999), *Pseudomonas mandelii*, *Pseudomonas fluorescens* und *Pseudomonas syringiae* zugeordnet. Dieser Umstand belegt, wie schwer Pseudomonaden anhand der 16S rDNA zu unterscheiden sind.

Pseudomonas plecoglossicida wurde auch mit einer Genauigkeit von 100% bestimmt und war in den Proben von W2 zwischen t9 und t20 nachweisbar. Die Spezies ist fischpathogen und reduziert Nitrat zu Nitrit, jedoch nicht weiter bis zum N_2 (Nishimori *et al.* 2000).

Pseudomonas plecoglossicida ist in der Lage Cyclohexylamin (Abbildung 3.48), einen schwer abbaubaren und schwach karzinogenen Umweltschadstoff (Kroes *et al.* 1977; Bopp *et al.* 1986) aus Insektiziden zur Kohlenstoff- und Stickstoffgewinnung abzubauen (Shen *et al.* 2008). Weitere relevante Abbauleistungen, welche auch für den Maukprozess von Bedeutung sein könnten, wurden bisher für diese Spezies nicht publiziert.

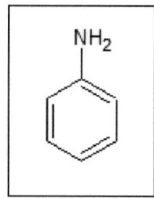

Abbildung 3.48: Cyclohexylamin

In den Proben von W2 in t1 und t13 wurde die DNA von *Aeromonas jandaei* mit einer Wahrscheinlichkeit von 99% nachgewiesen. Alle Spezies der Gattung *Aeromonas* können fakultativ anaeroben Stoffwechsel betreiben, was einen Vorteil gegenüber strikten Aerobiern oder Anaerobiern in Systemen mit wechselnder oder abnehmender Sauerstoffverfügbarkeit darstellt.

Dieses, vor allem in Wasser vorkommende Bakterium, ist aufgrund der Bildung von α- und β- Hämolysin humanpathogen und bedingt unter anderem Bakteriämie, Wundinfektionen und Gastroenteritis (Sarma 2002). Die Infektion erfolgt dabei über Frischwasserkontakt (Carnahan *et al.* 1991; Joseph *et al.* 1991) oder, aufgrund der hohen Toleranzgrenze gegenüber Chlor, sogar über aufbereitetes Trinkwasser (Lechevallier *et al.* 1982; Rosa *et al.* 1989). Aeromonaden weisen eine ausgeprägte Salztoleranz auf, (Rael & Frankenberger 1996), was für Bodenmikroorganismen eher untypisch ist (Karlson & Frankenberger 1990). Daher konnten von Aeromonaden viele Lebensräume, vom Frischwasser bis hin zu Tiefseesedimenten (Quigley & Colwell 1968) und Bodensedimenten erschlossen werden. *Aeromonas jandaei* ist außerdem tolerant gegenüber vielen Antibiotika, wie zum Beispiel Gentamycin, Ciprofloxacin und Tetracyclin (Overman & Janda 1999; Pokhrel & Thapa 2004). Diese vielfältigen

Ergebnisse und Diskussion

Anpassungen und Toleranzen gegenüber diversen Umweltbedingungen sind eine ideale Voraussetzung für ein stabiles Vorkommen dieser Spezies in einem System. Trotzdem wurde diese Art nur zu zwei Probenahmen nachgewiesen, was belegt, dass das Wachstum von *Aeromonas jandaei* zwischen dem ersten Nachweis zu t1 und dem zweiten zu t13 unterdrückt wurde oder für das Bakterium ungünstige Umgebungsparameter vorherrschten. Zwischen den bisher vorgestellten, zeitlich abhängigen Systemcharakteristika und dem zweifachen Auftreten von *Aeromonas jandaei* ließ kein Zusammenhang erklären.

Zum Zeitpunkt t9 wurde in W2 einmalig die DNA von *Zoogloea ramigera* mit einer Wahrscheinlichkeit von 98% nachgewiesen. Diese Spezies kann zur Energiegewinnung Mangan oxidieren. *Zoogloea ramigera* bildet Assoziationen als Flocken (Koby *et al.* 1966) und besiedelt auch Mineraloberflächen unter Freisetzung von EPS (Parsons & Dugan 1971), bildet einen Biofilm und setzt damit die Adsorptionsfähigkeit der Minerale herab (Fuhs *et al.* 1985). Eine mit der Menge gebildeter EPS korrelierende Veränderung der Verarbeitungseigenschaften der Tone ist sehr wahrscheinlich.

Janthinobacterium agaricidamnosum wurde ebenfalls mit einer Wahrscheinlichkeit von 98% zum Zeitpunkt t9 in Ton W2 nachgewiesen. Dieses Bakterium vermehrt sich besonders in Böden, ist aber auch im Gewässersediment (Kaden 2009) und im Grundwasser (Ultee *et al.* 2004) zu finden. Auch *Janthinobacterium agaricidamnosum* zeigt hinsichtlich pH-Wert und Salztoleranz einen weiten Toleranzbereich. Außerdem ist die Spezies gegen die Antibiotika Penicillin und Vancomycin resistent (Lincoln *et al.* 1999). Da diese beiden Antibiotika von Bodenmikroorganismen, wie zum Beispiel *Penicillium* sp. und *Amycolatopsis* sp. gebildet werden können, stellt die Resistenz dagegen eine Anpassung an das Habitat dar.

Zur Probenahme t16, kurz vor dem Erreichen des maximalen pH-Wertes wurde die DNA von *Pelomonas* aquatica mit der gleichen Wahrscheinlichkeit von 100% wie die von *Pelomonas saccharophila* in W2 nachgewiesen. Da zu diesem Zeitpunkt auch ein Maximum von Pilz-DNA beobachtet wurde, kann eine Coexistenz dieser Lebensformen angenommen werden. Entsprechend der Gattungsbeschreibung für *Pelomonas* sind alle Spezies dieser Gattung in der Lage Stickstoff zu fixieren und zeigen autotrophes Wachstum unter

3.4 Maukversuch

Verwendung von Wasserstoff (Xie & Yokota 2005). *Pelomonas* aquatica ist weiterhin zur Nitratreduktion befähigt (Gomila *et al.* 2007). Zur Synthese des Enzyms α-Amylase werden von *Pelomonas saccharophila* exogene Kohlenstoffverbindungen genutzt (Eisenstadt & Klein 1959). Damit ist die Spezies für diesen Syntheseweg direkt vom Gehalt des DOC in einem System abhängig. *Pelomonas saccharophila* besitzt außerdem die Fähigkeit hochmolekulare Kohlenwasserstoffe abzubauen (Chen & Aitken 1999).

Enterococcus faecium ist ein humanpathogenes Bakterium, welches gegen eine Vielzahl von Antibiotika Resistenzen aufweisen kann. Das Überdauern im Boden, was nicht das natürliche Habitat darstellt, ist für lange Zeit möglich (Van Wamel *et al.* 2007). Das konnte auch in der vorliegenden Arbeit durch den Nachweis der DNA dieser Spezies in W2 zu allen Probenahmezeitpunkten bestätigt werden. Auch bei *Enterococcus faecium* kann angenommen werden, dass entsprechend der gebildeten Menge an EPS ein Effekt auf die Verarbeitungsparameter zu erwarten ist.

Zu t20 und t27 wurde die DNA von *Tolumonas auensis* mit einer Wahrscheinlichkeit von 99% in W2 nachgewiesen. Zu diesen Probenahmen wurden außerdem Maxima für den pH-Wert und Enzymaktivität zeitgleich mit der geringsten Anzahl KbE für Bakterien beobachtet. *Tolumonas auensis* ist ein fakultativ anaerobes Bakterium (Feil 2006), welches nah verwandt mit der Gattung *Aeromonas* ist und durch Decarboxylierung von Phenylacetat Toluol bildet (Jüttner & Henatsch 1986). Unter Mangel an Phenylalanin und Verwertung der Aminosäure Tyrosin wird von *Tolumonas auensis* Phenol produziert. Als Gärprodukte entstehen hauptsächlich Ethanol, Methansäure und Ethansäure (Fischer-Romero *et al.* 1996). Weiterhin ist *Tolumonas auensis* vermutlich in der Lage Eisen(III) zu reduzieren. Die für diese Publikation zugrundeliegende Bestimmungswahrscheinlichkeit für die Spezies betrug jedoch nur 96% (Akob *et al.* 2008), was keine verlässliche Bestimmung der Spezieszugehörigkeit darstellt (Janda & Abbott 2002).

In den Proben von t27 in W2 wurde weiterhin die DNA von *Rhizobacter fulvus* (Basonym: *Methylibium fulvum* (Yoon *et al.* 2007)) mit einer 99%-igen Sicherheit bestimmt. Dieses fakultativ anaerob lebende Bakterium ist in der Lage, Nitrat zu Nitrit zu reduzieren (Stackebrandt *et al.* 2009). Weitere, für den Maukprozess relevante Parameter, sind für diese Spezies nicht bekannt.

Ergebnisse und Diskussion

Zusammenfassung zur Untersuchung der Gesamt-DNA

Zwischen dem Alterationsverhalten von W1 und dem von W2 wurden hinsichtlich der nachgewiesenen Spezies große Unterschiede festgestellt. Bei den mit einer Wahrscheinlichkeit >97% bestimmten Bakterien wurde die DNA keiner Spezies in beiden Tonen gleichzeitig nachgewiesen. Einige Organismen aus W1 wiesen die Fähigkeit zur Fungizidbildung auf, was sich möglicherweise negativ auf das Wachstum von Pilzen ausgewirkt haben könnte. Einige Bakterien aus W2 waren dagegen potentielle EPS-Bildner. Dass die Zugabe von EPS zu Tonrohstoffen die Verarbeitungseigenschaften und vor allem die Plastizität verändert, ist bekannt (Ruben 1990). Weiterhin wurde bei W2 Pilzwachstum beobachtet, was sich durch die Myzelbildung positiv auf die Wasserverteilung im Ton auswirken könnte.

Da im Allgemeinen mittels Gesamt-DNA-Analysen die DNA vieler unbeschriebener Bakterien detektiert wird, wurden neben dieser Methode auch Bakterien kultiviert und die DNA dieser Kulturen molekularbiologisch untersucht. Dadurch sollte eine höhere Zuordnungswahrscheinlichkeit der Organismen zu den Datenbankeinträgen von NCBI erreicht werden. Da die abgebildete Artenvielfalt von der Auswahl des Nährmediums abhängig ist, war es notwendig, Medien zu nutzen, welche eine möglichst gute Differenzierung des Artenspektrums zu den einzelnen Probenahmezeitpunkten zulassen. Dazu wurden verdünnte W1- Tonschlicker von t1 und t83 auf R2A, Tonagar und DCS aufgebracht und unter gleichen Bedingungen inkubiert. Nach dem Abwaschen der Kolonien wurde die DNA aus den Proben extrahiert und mittels DGGE aufgetrennt (vgl. Kapitel 2.7). Außerdem wurde auf das gleiche Gel die DNA, welche mit zwei kultivierungsunabhängigen Methoden aus den gleichen Proben gewonnen wurde, der Phenol-Chloroform-Extraktion und der DNA-Extraktion mittels Soil Microbe DNA Kit von Zymo Research, aufgetragen. Anhand der Spurenpaare C (R2A) und D (Tonagar) in Abbildung 3.49 wird deutlich, dass sich die Änderung der Zusammensetzung von mikrobiellen Populationen nicht mit jeder Kultivierungsmethode ideal nachvollziehen lässt. Ein wesentlicher Grund dafür ist, dass sich mit Standardmethoden nur wenige Bodenmikroorganismen kultivieren lassen (Torsvik *et al.* 1990) und diese bei den Analysen überrepräsentiert erscheinen.

3.4 Maukversuch

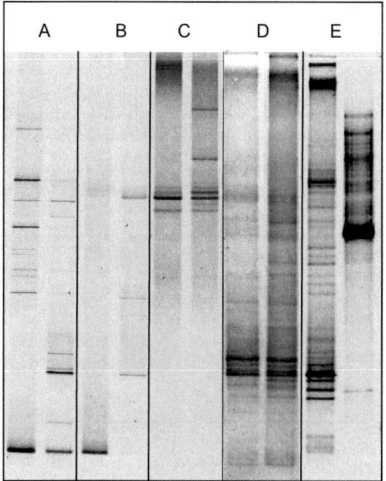

Abbildung 3.49: DGGE W1 jeweils t1 und t83
A) Soil Microbe DNA Kit (ZymoResearch)
B) Phenol Chloroform Extraktion
C) DNA Extraktion nach Inkubation auf R2A
D) DNA Extraktion nach Inkubation auf Tonagar
E) DNA Extraktion nach Inkubation auf DCS

Nicht nur die Anzahl unterschiedlicher Banden, sondern auch die Gesamtanzahl der Banden in der Einzelprobe war ein Bewertungsparameter für die untersuchten Methoden. So wurden mittels der Phenol-Chloroform-Extraktion in t1 nur 4 und in t83 nur 7 Banden identifiziert. Die Sørensen-Indizes (vgl. Kapitel 2.10.3), welche sich durch den Quotienten aus der doppelten Anzahl gemeinsamer Banden beider Proben und der Summe der einzelnen Banden ermitteln lassen und somit die erwähnten Bewertungsparameter berücksichtigen, sind in Tabelle 3.13 dargestellt.

Trotz einer hohen Anzahl abgebildeter Banden konnte gezeigt werden, dass sich die Kultivierung auf Tonagar nicht zum Nachweis von Änderungen der mikrobiologischen Populationen im zeitlichen Verlauf bei Tonen eignete. Zwischen den Banden von t1 und t83 bestand eine Gemeinsamkeit von 90%. Nach der Kultivierung auf R2A konnte eine Übereinstimmung von 73%

Ergebnisse und Diskussion

ermittelt werden. Die Anzahl der zugrunde liegenden Banden war jedoch sehr gering.

Tabelle 3.13: Sørensen-Indizes der DGGE Spuren (Abbildung 3.49) aus W1; t1 und t83

Methode	Sørensen-Index t1/t83	Anzahl Banden t1/t83
Soil Microbe DNA Kit	0.73	11/11
Phenol-Chloroform	0.57	3/7
R2A	0.73	4/7
Tonagar	0.9	18/22
DCS	0.36	27/12

Die Kulturen aus der Inkubation im DCS wiesen mit 36% gemeinsamer Banden die höchste Anzahl differenzierbarer Banden auf. Die Unterschiede in den DGGE-Mustern zwischen den einzelnen Probenahmen nach Kultivierung im DCS sind auch aus Abbildung 3.50 ersichtlich. Auf eine Abbildung der DGGE-Muster nach Kultivierung auf R2A und Tonagar wird verzichtet, da analog des Vergleichs der Bandenmuster zu den Probenahmezeiten t1 und t83 (Abbildung 3.49) nur geringe Unterschiede festzustellen waren.

Die gute zeitabhängige Darstellung der mikrobiellen Population mittels DCS war möglich, da in diesem Kultivierungssystem jeweils der Schlicker zur Bedeckung der Sterilfilter genutzt wurde, aus welchem auch die Inokuli durch Verdünnung der Schlicker gewonnen wurden. Diese Mikroorganismen wurden danach, durch Sterilfilter getrennt, im nahezu natürlichen System weiter inkubiert. Umgebungsparameter, wie der pH-Wert, die Verfügbarkeit von speziellen Kohlenstoffverbindungen und Salzen waren demnach zu jedem Zeitpunkt ideal für die Kultivierung. Einen wesentlichen Einfluss auf das Wachstum von Bakterien hat auch die Interaktion zwischen den Mikroorganismen (Haak & Mc Feters 1982; James *et al.* 1995; Peterson *et al.* 2006). So sind zum Beispiel einige Nährstoffe nur symbiontisch abbaubar (Wolfaardt *et al.* 1994; Christensen *et al.* 2002). Weiterhin sind einige Spezies in der Lage organische Toxine abzubauen und üben so einen Einfluss auf die gesamte Population aus (Tyson & Banfield 2005).

3.4 Maukversuch

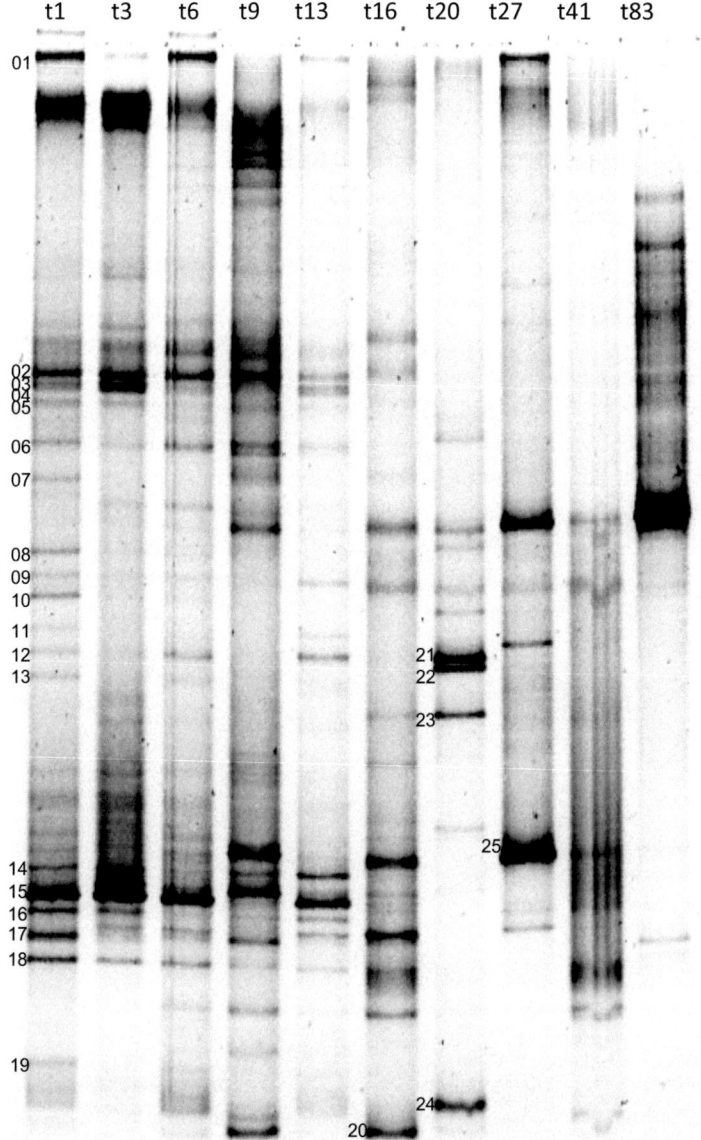

Abbildung 3.50: DGGE der auf DCS angezüchteten Kulturen von W1 im Verlauf des Maukversuchs

Ergebnisse und Diskussion

Auch populationsspezifische Signalmoleküle, welche aufgrund ihrer Größe filtergängig sind, können sich auf die Teilungsaktivität von Bakterien auswirken (Kaeberlein *et al.* 2002). Durch die Sterilfilter des DCS hindurch war auch die indirekte Interaktion mit Mikroorganismen zum Beispiel mittels Sekretionsprodukten von Pilzen, die Rückwirkung auf die Pilze über Sekundärmetabolite der Bakterien, wie Fungizide oder auch die direkte Interaktion mit Phagen möglich (Casida & Liu 1974). Diese Viren waren in den Tonen aufgrund der spezifischen Nährstoffverfügbarkeit mit einer geringen Wirtsspezifität aber trotzdem hoher Abundanz zu erwarten (Baross *et al.* 1978; Kuttner & Sulakvelidze 2005).

Wie auch bei der DGGE aus den PCR-Produkten der Gesamt-DNA-Extrakte von W1 wurde bei den Analysen der DNA der im DCS kultivierten Bakterien ein Rückgang der Bandenzahl im Verlauf des Maukversuchs beobachtet. Der Sauerstoffeintrag zu Beginn des Maukprozesses scheint dabei einen enormen Einfluss auf das Artenspektrum zu haben. Dass die DGGE-Muster zu den ersten drei Probenahmen sehr ähnlich waren und ab t13 größere Veränderungen hinsichtlich der Artenvielfalt und -zusammensetzung stattfanden, ist aus Abbildung 3.51 ersichtlich. Diese Entwicklung könnte von dem, zu dieser Zeit steigenden pH-Wert abhängig sein.

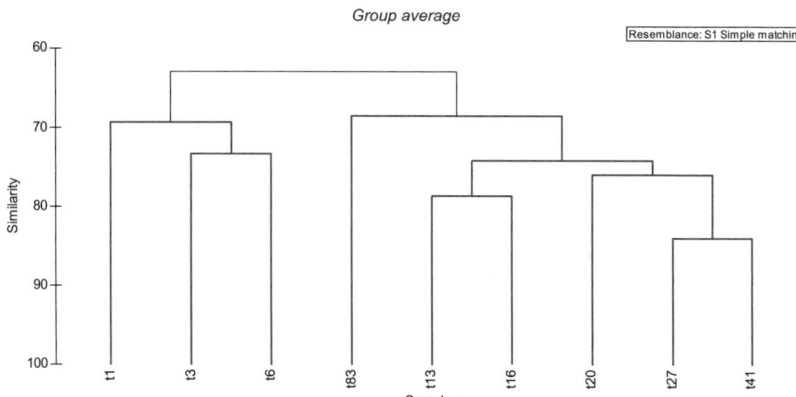

Abbildung 3.51: Ähnlichkeit zwischen den DGGE Spuren (Abbildung 3.50) basierend auf 74 Banden der 16S rDNA aus den Kulturen des DCS im Verlauf des Maukversuchs

3.4 Maukversuch

Größere Veränderungen der DGGE-Muster waren auch gegen Versuchsende bei t41 und t83 zu beobachten. Zu diesen Probenahmen waren die wenigsten Banden detektierbar, was ein Hinweis darauf ist, dass sich das System stabilisierte und nur die Mikroorganismen überleben konnten, die langfristig Stoffwechsel ohne externe Zufuhr von Nährstoffen betreiben können.

Distinkte Banden aus der DGGE der PCR-Produkte der DCS-Kulturen von W1 (Abbildung 3.50) wurden ausgeschnitten, reamplifiziert und sequenziert. Eine komplette Zusammenstellung aller Ergebnisse (B1 bis B25) mit Angabe der Bestimmungsparameter befindet sich in Tabellenanhang 28. Die Spezies, welche mit einer sehr guten Sequenz und einem e-value von 0,0 ermittelt werden konnten sind in Tabelle 3.14 dargestellt.

Tabelle 3.14: Zuordnung der DGGE- Banden aus PCR- Produkten von DCS- kultivierten Bakterien aus W1 zu Spezies; Grau...Abweichung >3%

Bande	Probenahme	Erste bestimmte Spezies	Ident
B03	t1 bis t13	*Arthrobacter sulfonivorans*	98%
B04	t1 bis t13	*Arthrobacter sulfonivorans*	98%
B13	t1	*Arthrobacter oxydans*	96%
B15	t1 bis t16	*Arthrobacter sulfonivorans*	98%
B16	t1,t3,t27,t41	*Arthrobacter oxydans*	98%
B22	t20,(t27)	*Duganella nigrescens*	96%
B23	t20	*Dyella ginsengisoli*	96%
B24	t20	*Arthrobacter humicola*	99%
B25	t27,t41	*Aestuariimicrobium kwangyangense*	98%

Auffällig an den Ergebnissen der Datenbankrecherchen war, dass von den 25 Banden 17 der Gattung *Arthrobacter* zugeordnet wurden. Die Sequenz von Bande B13 wich mit 4% so weit von der nächsten beschriebenen Spezies ab, dass davon ausgegangen werden kann, dass es sich dabei um eine bisher unkultivierte Art der Gattung *Arthrobacter* handelte. Die Sequenzen der Banden B3, B4 und B15 waren sich so ähnlich, dass diese mit sehr hoher Wahrscheinlichkeit die gleiche Spezies repräsentieren. Dieser Zusammenhang wird besonders anhand von Abbildung 3.52 deutlich.

Ergebnisse und Diskussion

Die Zuordnung der Sequenzen der Banden B22 und B23 kann auch nur die Zugehörigkeit zu der entsprechenden Gattung darstellen. Entsprechend dieser Ergebnisse kann bereits vermutet werden, dass aufgrund der vielen unbeschriebenen Bakterienspezies solch komplexe Prozesse, wie das Mauken nicht detailliert aufgeklärt werden können.

Da prozentuale Abweichungen mehrerer Sequenzen durch diverse Unterschiede im Genom bedingt sein können, wurden alle in Tabelle 3.14 aufgeführten Spezies sowie die Typstämme der Spezies mit der höchsten Zuordnungswahrscheinlichkeit in einem Dendrogramm (Abbildung 3.52) dargestellt. Die Verwendung der Sequenz der Typstämme wurde gewählt, da diese Sequenz die ursprünglich publizierte und tatsächlich zur Spezies zugehörige Sequenz ist.

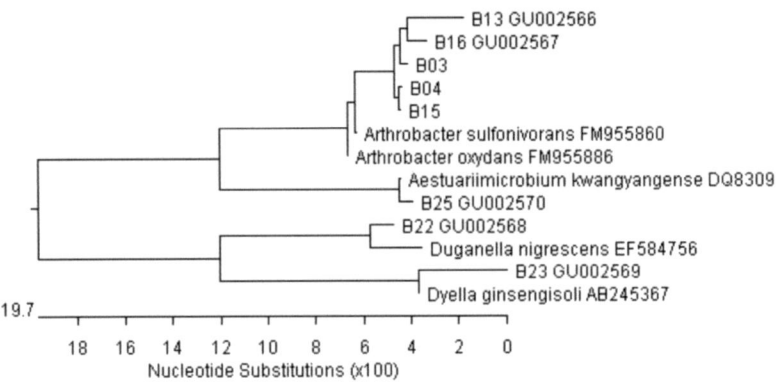

Abbildung 3.52: Darstellung der Verwandtschaftsverhältnisse der auf DCS kultivierten Spezies auf Basis der mittels DGGE separierten 16S rDNA unter Berücksichtigung nah verwandter Typstämme

Die Sequenzen potentiell neu kultivierter Spezies, welche im Dendrogramm die NCBI Accession number im Format GU0025XX als Zusatz führen, wurden als PopSet [261288870] bei NCBI publiziert (Kaden & Krolla-Sidenstein 2009b).

Aus den Proben von t1 bis t13 des Tones W1 wurde jeweils mit einer Wahrscheinlichkeit von 98% *Arthrobacter sulfonivorans* kultiviert. Dieses Bakterium, welches Dimethylsulfon verwerten kann, wurde bereits bei der Basischarakterisierung der Tone in Kapitel 3.3.4 vorgestellt.

3.4 Maukversuch

Arthrobacter oxydans wurde im DCS aus den Proben von t1, t3, t27 und t41 angezüchtet, wobei die Banden in t27 und t41 sehr schwach waren. Da die Spezies nur zu Beginn und zum Ende des Maukversuchs nachgewiesen werden konnte, ist anzunehmen, dass zwischenzeitliche Veränderungen der Systemparameter das Wachstum unterdrückten. *Arthrobacter oxydans* kann Nitrat zu Nitrit reduzieren (Wauters *et al.* 2000) und weist eine hohe Toleranz gegenüber Chromionen auf (Margesin & Schinner 1996). Holman *et al.* (1999) kultivierten *Arthrobacter oxydans* auf einem Basalt-Agar mit einer Chromionenkonzentration von 100 mg/l und konnten dabei sogar eine bakteriell bedingte Reduktion des Chromgehaltes nachweisen (Holman *et al.* 1999). Außerdem ist *Arthrobacter oxydans* in der Lage, Steroide abzubauen (Sarman *et al.* 1994), was schon hinsichtlich der 250 t Östrogene, die weltweit jährlich mit dem Abwasser in den Stoffkreislauf der Natur gelangen (Routledge *et al.* 1999) von besonderer Bedeutung ist. Als weitere Spezies aus dieser Gattung wurde zu t20 *Arthrobacter humicola* mit einer Übereinstimmung von 99% gegenüber dem Datenbankeintrag ermittelt. Für diese Spezies sind keine Stoffwechselleistungen bekannt, welche für den Maukprozess von besonderer Bedeutung sind.

Aus den Proben von t27 und t41 konnte *Aestuariimicrobium kwangyangense* mit einer Wahrscheinlichkeit von 98% kultiviert werden. Die Spezies wurde ursprünglich aus ölkontaminiertem Watt isoliert. *Aestuariimicrobium kwangyangense* ist in der Lage Nitrat zu reduzieren und weist außerdem einen Toleranzbereich von 4°C bis 40°C hinsichtlich der Wachstumstemperatur auf (Jung *et al.* 2007). Als idealer pH-Wert für das Wachstum wurde von Jung *et al.* (2007) ein Bereich von pH 7,5 bis 8,5 ermittelt. Der maximale pH-Wert während des Maukversuchs wurde in W1 zu t27 mit 7,13 ermittelt. Es ist wahrscheinlich, dass der limitierende Faktor für das Wachstum von *Aestuariimicrobium kwangyangense* in den niedrigen pH-Werten zu den anfänglichen und abschließenden Probenahmen lag.

Durch die kultivierungsabhängige Analytik im Verlauf des Maukversuchs mittels DCS konnten in Bezug zur Gesamt-DNA-Untersuchung zusätzliche Spezies ermittelt und den entsprechenden Probenahmezeitpunkten zugeordnet werden. Unter den im DCS kultivierten Spezies konnte jedoch keine Art identifiziert werden, welche zum Beispiel durch Produktion von EPS die Verarbeitungseigenschaften der Tone verändert. Die Kultivierung im DCS führte aber zu deutlichen Unterschieden der DGGE-Muster im zeitlichen Verlauf, was in Hinblick auf den Nachweis einer mikrobiellen Beteiligung am Maukprozess von besonderer Bedeutung ist. Dass nicht nur Mikroorganismen

Ergebnisse und Diskussion

auf das Habitat wirken, indem sie Parameter, wie den pH-Wert manipulieren, sondern auch eine Rückwirkung auf das Wachstum von Bakterien stattfindet, konnte am Beispiel des pH-abhängigen Wachstums von *Aestuariimicrobium kwangyangense* gezeigt werden.

Weiterführende Bewertung des DCS

Zusätzlich zu den mittels Abwaschen der Kulturen und Untersuchung der DNA mittels PCR, DGGE und Sequenzierung bestimmten Spezies wurden auch Kolonien einzeln vom DCS abgenommen, auf Tonplatten überführt, weiter inkubiert und molekularbiologisch untersucht. Eine Übersicht über die kultivierten Spezies befindet sich im Tabellenanhang 29. Bei diesen Untersuchungen handelte es sich um eine Bewertung des DCS hinsichtlich des Einsatzes dieser Methode, bisher unkultivierbare Bakterien anzuzüchten. Von den 29 Kulturen konnte keine mit einer absoluten Übereinstimmung von 100% einer kultivierten Spezies zugeordnet werden. Bei 7 Organismen konnte eine Zuordnung nur auf Gattungsebene erfolgen, da die Abweichung zum entsprechenden Datenbankeintrag der nächsten verwandten Spezies ≥3% betrug. Bei dieser Betrachtung wurde die Zugehörigkeit zu einem Taxon rein molekularbiologisch bestimmt. Bei genaueren Untersuchungen der Fettsäuremuster der Zellwand, der Stoffwechselleistungen etc. würden mit hoher Wahrscheinlichkeit auch Spezies mit einer geringeren Abweichung als 3% als neu kultivierte Spezies identifiziert werden.

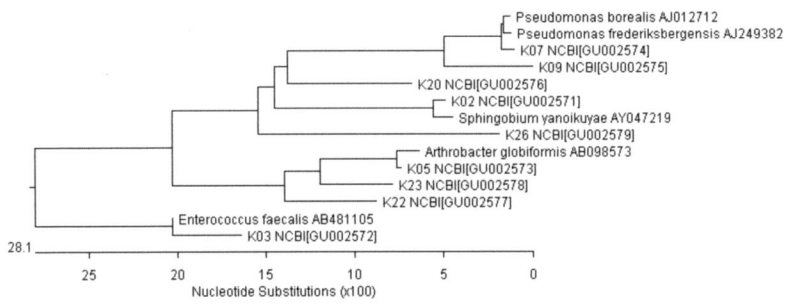

Abbildung 3.53. Verwandtschaftsverhältnisse der im DCS kultivierten Bakterien zu den nächsten verwandten Spezies

3.4 Maukversuch

Es konnten mittels der Kultivierung im DCS neue Spezies der Gattungen *Sphingobium* (Δ 4%), *Enterococcus* (Δ 6%), *Acidithiobacillus* (Δ 8%), *Aquaspirillum* (Δ 5%), *Rhizobium* (Δ 3%) und *Nocardioides* (Δ 5% und 4%) angezüchtet werden. Die zugrunde liegenden Sequenzen waren frei von unbestimmbaren Basen (N), wiesen einen hohen Score und ein e-value von 0,0 auf. Die Abweichungen der Sequenzen auf Basis der 16S rDNA sind in Abbildung 3.53 dargestellt. Die Sequenzen, hinter deren Stammbezeichnung eine NCBI Accession number vermerkt ist, wurden bei NCBI als PopSet [261288875] (Kaden & Krolla-Sidenstein 2009c) publiziert.

Zusammenfassend kann festgestellt werden, dass das DCS nicht nur eine gute Populationsanalytik mit der Möglichkeit einer zeitlich differenzierten Betrachtung der Zusammensetzung der Population realisiert, sondern aufgrund der speziellen Nährstoffverfügbarkeit sowie der bereits beschriebenen möglichen Interaktionen zwischen den Organismen im bedeckenden Tonschlicker und dem Inokulum auch dazu geeignet ist, Bakterien anzuzüchten, welche bisher noch nicht kultiviert wurden.

Analytik des Prozesswassers

Abschließend soll der mögliche Einfluss des Prozesswassers auf den Maukprozess betrachtet werden. Zur Aufarbeitung der Tone wurden, um eine ideale Maukfeuchte einzustellen, zu W1 10 l/t und zu W2 50 l/t Prozesswasser zugegeben. Bei der chemischen Untersuchung des Prozesswassers wurde eine Leitfähigkeit von 150 µS/cm ermittelt. Der TIC war mit 10 mg/l relativ hoch und der DOC mit 2 mg/l gering. Bei der mikrobiologischen Analytik wurde für das Prozesswasser eine KbE auf R2A von 1290 kultivierbaren Bakterien je ml ermittelt. Die Inkubation auf R2A wurde gewählt, um die Vergleichbarkeit mit anderen, während des Maukversuchs ermittelten KbE zu gewährleisten. Der Einfluss von drei für die mikrobiologischen Prozesse wichtigen Parameter DOC, KbE und Gesamtfeuchte, ist in Tabelle 3.15 dargestellt. Die Berechnung erfolgte jeweils auf Basis des Messwertes von t1 (Maukansatz komplett) abzüglich des für das Prozesswasser ermittelten Wertes unter Berücksichtigung der zugeführten Menge an Prozesswasser je g Ton. So wurde zum Beispiel für die Berechnung der Anzahl der mit dem Prozesswasser zugeführten Bakterien in W1 mit einer KbE von 1290 Zellen je ml dieser Wert auf 10 l bezogen, da 10 l Wasser je t Ton zugegeben wurden. Die so ermittelten $1{,}29 \cdot 10^7$ Bakterien je t Ton wurden auf 1 g Probe bezogen, was einer effektiven Zufuhr von 13

Ergebnisse und Diskussion

Bakterien je g Probe durch das Prozesswasser entsprach. Dem gegenüber steht die Menge von $3,3 \cdot 10^5$ autochthoner Bakterien je g Ton. Auch die fünffache Menge zugegebenen Wassers bei W2 bedingte nur eine Zufuhr von 65 Bakterien je g Ton gegenüber $3,4 \cdot 10^6$ autochthoner Bakterien je g Ton.

Tabelle 3.15: Einfluss des Prozesswassers bei der Aufarbeitung der Tone auf ausgewählte Parameter von W1 und W2

Ton	Aufbereitungsstatus	DOC	KbE	Feuchte
W1	Maukansatz komplett	57,58 µg/g	3,3E+05/g	13,62%
	Maukansatz ohne Prozesswasser	55,58 µg/g	3,3E+05/g	12,62%
W2	Maukansatz komplett	29,36 µg/g	3,4E+06/g	13,76%
	Maukansatz ohne Prozesswasser	19,36 µg/g	3,4E+06/g	8,76%

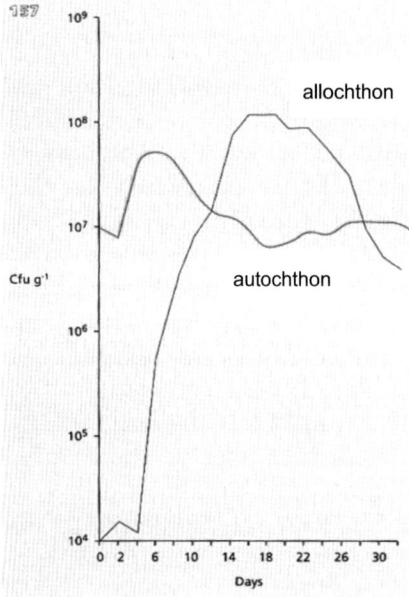

Abbildung 3.54: KbE autochthoner und allochthoner Spezies nach einer Störung des Systems im Boden (Varnam & Evans 2000)

Es ist theoretisch möglich, dass genau die wenigen, neu in das System eingetragenen Spezies, einen Vorteil im neuen Habitat finden, da durch die Tonaufarbeitung auch zunächst für die autochthonen Organismen nicht mehr die idealen Umgebungsparameter wie vor der Störung des Systems vorherrschten. Bei der Homogenisierung während der Aufarbeitung der Tone erfolgte zunächst ein hoher Sauerstoffeintrag, welcher sich mit hoher Wahrscheinlichkeit negativ auf die Stoffwechselaktivität strikt anaerober Bakterien auswirkte, jedoch die Vermehrung von allochthonen Organismen aus dem Prozesswasser begünstigte.

3.4 Maukversuch

Bei den Untersuchungen eines Bodens, welcher mit einer Bakterienmenge von 10^4 Zellen je g versetzt wurde und dessen Nährstoffsituation durch Eutrophierung stark verändert wurde, beobachteten Varnam & Evans (2000), dass sich die allochthonen Organismen bereits zu Beginn der Untersuchung stark vermehren konnten, während bei der Anzahl allochthoner Bakterien nach einem kurzzeitigem Anstieg ein eher gleichbleibender Trend gegenüber dem Startwert zu beobachten war (Abbildung 3.54). Die Wahrscheinlichkeit, dass dieser Effekt auch in den Proben des Maukversuchs stattgefunden haben könnte, ist jedoch in Anbetracht der extrem geringen Mengen eingetragener Mikroorganismen sehr gering, jedoch nicht absolut auszuschließen.

Einen größeren Einfluss hat die DOC- Zufuhr durch das Prozesswasser von 2 µg/g in W1 bzw. 10 µg/g in W2 auf die mikrobiellen Prozesse. In W2 entsprach die Zufuhr einer Erhöhung um mehr als 50%. Auch die Erhöhung der Feuchte, was neben der verbesserten Wasserverfügbarkeit zusätzlich zu einem Eintrag von gelöstem Sauerstoff führte, wirkte sich mit Sicherheit auf die mikrobielle Population aus. In Anbetracht der großen Bedeutung von Wasser für eine Vielzahl von Mikroorganismen ist die Verfügbarkeit von Wasser essentiell für den Maukprozess. Bei einem Versuch, den Einfluss von Mikroorganismen auf den Maukprozess zu untersuchen, wurde von Gaidzinski *et al.* (2009) ein (falsch) negatives Ergebnis aufgrund von Wassermangel während des Prozesses sowie weiteren methodischen Fehlern publiziert. Während des Versuches, den Ton mauken zu lassen, betrug die Feuchte bei den Untersuchungen von Gaidzinski *et al.* bei einer Präsenz von wenigen 1:1 Schichtmineralen in einer Probe 3,53% (Stabw. 0,9%) und in einem weiteren Ton 7,14% (Stabw. 0,8%). Bei den eigenen Untersuchungen wurden wenig quellfähige Tone mit einer Feuchte von mehr als 13% genutzt. Je quellfähiger Tone sind, desto geringer ist bei gleichem Wassergehalt die Verfügbarkeit an freiem Wasser für die Mikroorganismen. Bei der Aufbereitung der Tone ist es daher unerlässlich, die entsprechende Maukfeuchte vor dem Maukprozess zu kennen und während des Prozesses sicherzustellen, dass die Tone nicht austrocknen, da die Rohstoffe sonst nicht ideal oder gar nicht mauken, was mit hoher Wahrscheinlichkeit bei den Tonen aus den Untersuchungen von Gaidzinski *et al.* (2009) der Fall war.

Ergebnisse und Diskussion

3.4.4 Keramtechnische Veränderungen

Da das Mauken von Tonen mit dem Ziel der Verbesserung der Verarbeitungs- und Produkteigenschaften durchgeführt wird, soll die Entwicklung dieser Parameter im Verlauf des Maukversuchs im Folgenden vorgestellt werden. Das Strangpressverhalten der Proben wurde mit einer Laborstrangpresse mit integrierter Einheit zur Datenerfassung für die Stromaufnahme und den Radialdruck im Presskopf bei der Produktion von Flach- Rund- und Trapezsträngen untersucht.

Bei Ton W1 konnte kein einheitlicher Trend hinsichtlich einer erwarteten Veränderung der Stromaufnahme im zeitlichen Verlauf festgestellt werden. Nur bei der Produktion des Flachstrangs wurde eine steigende Stromaufnahme bei zunehmender Maukzeit beobachtet. Berücksichtigt man zusätzlich die Messwerte des Radialdrucks beim Strangpressen, wurde festgestellt, dass sich Ton W1 nach dem Mauken etwas schwerer verpressen ließ. Dies könnte auf eine Zunahme der Konzentration an löslichen Ionen, besonders der Sulfationen während des Maukversuchs zurückzuführen sein, da sich dadurch mit sehr hoher Wahrscheinlichkeit auch weitere geochemische Parameter im Ton verändern, was wiederum einen Einfluss auf die Massekonsistenz haben kann.

Bei Ton W2 wurde bei t6 eine maximale Stromaufnahme von 460 mA bei der Produktion des Rundstrangs, 470 mA für die des Flachstrangs und 490 mA für die des Trapezstrangs beobachtet. Die korrespondierenden Minimalwerte wurden mit 430 mA für den Flachstrang bei t41, 430 mA für den Trapezstrang bei t83 sowie mit 400 mA für den Rundstrang bei t83 ermittelt. Es ist anzumerken, dass die Standardabweichungen jeweils höher waren als die Differenzen der Messwerte. Der vergleichbare Verlauf der Werte für alle drei Strangarten kann jedoch als Bestätigung der Maximal- und Minimalwerte betrachtet werden. Bei der Messung des Radialdrucks bei den Strangpressversuchen mit Ton W2 konnten in Abhängigkeit der geometrischen Strangform nur geringe Unterschiede im zeitlichen Verlauf festgestellt werden. Bei Produktion des Rundstranges stieg der Radialdruck von 28 bar zu t1 auf 34 bar bei t83 an. Bei Trapez- und Flachstrangproduktion konnten für die reine Endpunktbetrachtung ähnliche Anstiege ermittelt werden. Bei beiden Probekörpern wurde jedoch im Vergleich zum Startwert t1 ein lokales Maximum bei t6 mit +3 bar sowie ein lokaler Minimalwert von -3 bar bei t13, gefolgt von einem kontinuierlichem Anstieg bis zum Versuchsende beobachtet.

3.4 Maukversuch

Bei W2 entsprachen die Messwerte für den Radialdruck bei allen drei Pressformen zu t83 nahezu denen von t1. Bei t12 stieg der Radialdruck bei allen Strangformen um 6 bar an und fiel danach bis t83 kontinuierlich ab. Die Ergebnisse der Strangpressversuche lassen aufgrund der Standardabweichungen im Vergleich zu den erhobenen Messwerten keine konkrete Aussage darüber zu, ob sich die Verarbeitungseigenschaften während des Maukens verbessert haben. Unterschiede zwischen den zwei Tonen waren jedoch zu beobachten. Ton W2 ließ sich mit einem deutlich geringeren Energieaufwand verarbeiten als W1.

In Abbildung 3.55 sind die Brennschwindung und die Wasseraufnahme für t1 und t27 jeweils für W1 und W2 dargestellt. Als Vergleichswert wurde t27 gewählt, da diese Maukzeit nahezu der in der Industrie üblichen Lagerdauer entspricht. Die Zunahme der Brennschwindung bei gleichzeitiger Abnahme der Wasseraufnahme bei steigender Brenntemperatur ist mit der zunehmenden Dichtsinterung und steigendem Schmelzanteil der Masse zu erklären.

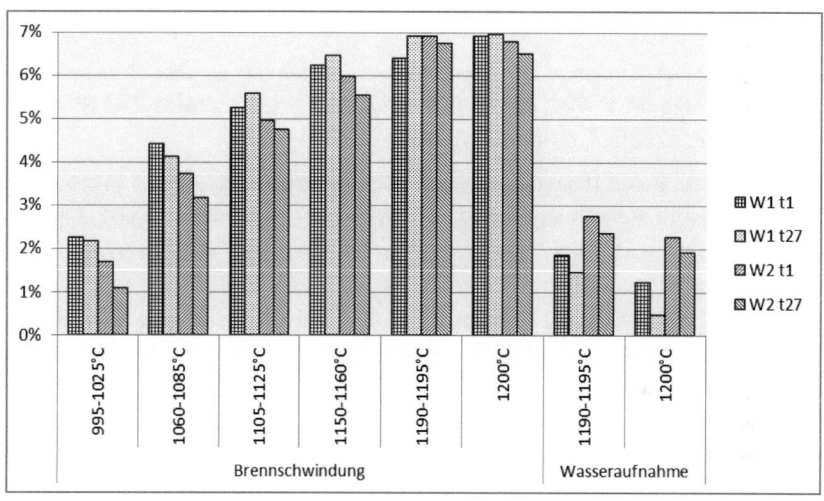

Abbildung 3.55: Brennschwindung und Wasseraufnahme für die Proben t1 und t27 des Maukversuchs bei unterschiedlichen Brenntemperaturen; Proben W1, W2; Messwerte von Sibelco

Ergebnisse und Diskussion

Bei W1 konnte bei niedrigen Brenntemperaturen bis 1085 °C eine Abnahme der Brennschwindung zwischen t1 und t27 sowie eine Zunahme ab einer Temperatur von 1105 °C beobachtet werden. Bei W2 wurde bei jeder Brenntemperatur eine Abnahme der Brennschwindung im Vergleich der Werte von t1 und t27 nachgewiesen. Allerdings ist zu berücksichtigen, dass die Brenntemperaturen, besonders im Bereich unter 1200 °C, nie exakt einstellbar sind, was wiederum zu Abweichungen der Werte für Brennschwindung und Wasseraufnahme führen kann.

Eine mit dem Rückgang der Wasseraufnahme verbundene Verringerung der Porosität konnte für beide Tone bei Brenntemperaturen über 1190 °C festgestellt werden. Damit konnte auch die These bestätigt werden, dass bei W1 ein Zusammenhang zwischen dem steigenden Radialdruck beim Extrudieren der Massen und der Verdichtung während der Lagerung bestand. Im Vergleich beider Tone war eine Dichtsinterung bei W1 bereits bei niedrigeren Temperaturen als bei W2 zu beobachten.

Hinsichtlich der Texturen der Frostbruchstellen konnte an den Rundsträngen keine Änderung im Verlauf des Maukversuchs festgestellt werden. Die Bilder zu diesem Versuch befinden sich im Abbildungsanhang 1.

Die Plastizität, deren Bestimmung in der Tonindustrie nach wie vor größtenteils auf subjektivem Empfinden beruht, hat sich nach übereinstimmender Aussage der am Maukversuch beteiligten Projektpartner besonders bei W2 verbessert. Zu Versuchsbeginn war der Ton brüchig und schlecht formbar. Zu t83 war der Werkstoff formstabiler und nicht mehr brüchig. Bei W1 wurde eine Verdichtung des Materials bei zunehmender Lagerungsdauer anhand der steigenden Stromaufnahme und des erhöhten Radialdrucks beim Extrudieren nachgewiesen. Die eingestellte Maukfeuchte war für die Messung keramtechnischer Parameter für Tone ohne Zuschlagstoffe gerade noch möglich, da zum Beispiel die Strangpresse teilweise über dem maximal zulässigen Radialdruck betrieben werden musste.

Es kann zusammenfassend festgestellt werden, dass im Ton vor allem geochemische und mikrobiologische Veränderungen nachgewiesen werden konnten. Änderungen der Produktqualität, welche sich aus den Veränderungen in der Brennschwindung und Wasseraufnahme ableiten lassen, wurden ebenfalls bei beiden Tonen beobachtet. Auch wenn diese beobachteten Veränderungen

3.4 Maukversuch

gering waren, konnte aus keramtechnischer Sicht für beide Tone angenommen werden, dass der Maukprozess stattgefunden hat.

Im Vergleich der Ergebnisse der Untersuchungen an maukenden Tonen von Heimstädt und Mörtel (1995) konnten im zeitlichen Verlauf unter anderem Gemeinsamkeiten des pH-Wertes festgestellt werden. So wurde von Heimstädt und Mörtel eine beginnende Alkalisierung nach 6 Tagen mit einem Maximum nach 10 Tagen festgestellt. Die pH-Werte nach 55 Tagen waren mit denen zu Beginn der Untersuchungen vergleichbar. Bei den eigenen Untersuchungen setzte ein Anstieg des pH-Wertes bei beiden Tonen ebenfalls nach 6 Tagen ein. Das Maximum, welches um ca. den Faktor 4 höher war als der publizierte Maximalwert der Untersuchungen von Heimstädt und Mörtel, wurde nach 27 Tagen beobachtet. Der pH-Wert scheint demnach als Leitparameter für die Beurteilung des Status des Maukprozesses nutzbar zu sein. Bei weiteren Analysen konnten Mörtel und Heimstädt (1996) unter Zugabe von *Aspergillus niger* zu einem Maukansatz eine Viskositätsverringerung trotz des Rückgangs des pH-Wertes im zeitlichen Verlauf feststellen und konnten damit einen direkten Einfluss von Mikroorganismen auf die plastischen Eigenschaften von Tonen belegen. Der mikrobielle Einfluss auf alternde Tone wurde schon 1936 von Glick beschrieben. Aus diesen Rohstoffen wurden vor allem Spezies der Gattungen *Achromobacter, Bacillus* und *Pseudomonas* sowie Hefen aerob kultiviert (Glick 1936). Eine wesentliche Erkenntnis dieser Untersuchungen war, dass offensichtlich die meisten autochthonen Bakterien aus dem Ton keinen strikt anaeroben Stoffwechsel aufweisen und unter aeroben Bedingungen kultivierbar sind. Diese Beobachtung konnte durch die eigenen Untersuchungen bestätigt werden. Eine direkte Vergleichbarkeit dieser Analysen ist jedoch nur bedingt möglich, da die untersuchte Matrix ein Ballclay war und die dadurch bedingten Umgebungsparameter extrem von den für W1 und W2 beschriebenen abwichen.

Anhand der eigenen Untersuchungen und der Beobachtungen von Heimstädt und Mörtel (1995) wird deutlich, dass der Maukprozess eine vom jeweiligen Ton abhängige Zeit in Anspruch nimmt, deren Verkürzung nur zur teilweisen Verbesserung der Produktqualität und Verarbeitungseigenschaften führt. Weiterhin kann eine zu lange Maukzeit durch zunehmenden anoxischen mikrobiellen Stoffwechsel und der damit verbundenen Gasproduktion eine Verschlechterung der Produktqualität bedingen. Dieser Effekt führte bei der Produktion von Hubeln zu Treibrissen, welche sich verhindern ließen, wenn vor dem Verpressen der Massen Sauerstoff zugeführt wurde. (Heimstädt & Mörtel

Ergebnisse und Diskussion

1995). Es ist daher empfehlenswert, die Verfügbarkeit von Sauerstoff durch die Produktion von Tonaggregaten einer einheitlichen Größe sicherzustellen, welche sich bei der Lagerung nicht zu sehr verdichten können, deren Durchmesser aber auch die Bildung von anoxischen Bereichen im Inneren der Aggregate minimiert. Ob der entsprechende Sauerstoffbedarf ton- oder sogar chargenabhängig ist, konnte in dieser Arbeit nicht geklärt werden. Es wurde aber gezeigt, dass einige Umgebungsparameter, wie zum Beispiel die Sauerstoffverfügbarkeit, der Wassergehalt und die Menge an DOC einen Einfluss auf den Maukprozess haben. Weiterhin konnte der Einfluss von Mikroorganismen auf Prozessparameter, wie zum Beispiel den pH-Wert nachgewiesen werden. Die starke Änderung einiger physikochemischer Eigenschaften durch abiotische Prozesse ist in so kurzen Zeitintervallen, wie dem in dieser Arbeit vorgestellten Maukversuch unwahrscheinlich. Obwohl gegenläufige Minimal- und Maximalwerte für die Menge an Pilzen und Bakterien in W2 beobachtet wurden, konnte die genaue Interaktion der Mikroorganismen nicht aufgeklärt werden. In W1 wurden unter anderem Bakterien nachgewiesen, welche potentiell zur EPS-Bildung befähigt sind. Der Einfluss dieser Moleküle auf die Plastizität von Tonen wurde bereits nachgewiesen (Ruben 1990). Inwiefern jedoch eine Bildung von EPS stattgefunden hat und um welche Substanzen es sich dabei handeln könnte, wurde nicht untersucht.

Um die am Maukprozess beteiligten Mikroorganismen zu identifizieren, wäre es notwendig, mehrere Versuche unter gleichen Bedingungen durchzuführen und die gleichen mikrobiologischen Fingerprintanalysen zum Nachweis der An- oder Abwesenheit bestimmter Spezies zu nutzen. Außerdem wäre es sinnvoll die Analytik hinsichtlich der Identifikation von Pilzen und Archaebakterien zu erweitern. Ein entscheidendes Problem ist jedoch, dass aufgrund der Tatsache, dass weniger als 1% der Bakterien aus dem Ton kultivierbar sind, die Wahrscheinlichkeit, die für den Maukversuch verantwortlichen Mikroorganismen identifizieren zu können, sehr gering ist. Um diesem Problem zu begegnen, besteht die Notwendigkeit, neu kultivierte Spezies genauer zu charakterisieren, was einen wesentlichen Teil der Folgearbeiten aus den vorgestellten Untersuchungen darstellen wird.

Zusammenfassung

Aufgrund von Ladungen an Tonmineralen sowie einer hoher Menge organischer Begleitstoffe ist die molekularbiologische Analytik für Rohstoffe mit hohem Tonanteil mit herkömmlichen Methoden nur bedingt durchführbar. Um diese Untersuchungen realisieren zu können, wurden zunächst diverse DNA-Extraktionsmethoden hinsichtlich der Genauigkeit der Abbildung von mikrobiellen Populationen miteinander verglichen. Neben hoher DNA-Ausbeute und Reinheit wurde großer Wert auf eine hohe Anzahl nachweisbarer Spezies gelegt. Nach der Methodenauswahl wurde ein Arbeitsablauf für die molekularbiologische Untersuchung von Tonen entwickelt und etabliert. Zur kultivierungsabhängigen mikrobiologischen Analytik wurde das Dynamic Cultivation System (DCS) entwickelt, mit welchem sich aufgrund seines Aufbaus die Parameter des natürlichen Habitats der Mikroorganismen relativ gut simulieren lassen.

Um die Frage nach einer mikrobiellen Beteiligung am Maukprozess beantworten zu können, wurden in Vorbereitung dieses Alterationsexperimentes zunächst die Rohstoffe mit Methoden der Physik, Chemie, Nanomineralogie, Keramtechnik und Mikrobiologie untersucht. Die zwei ausgewählten westerwälder Tone, W1 und W2, wiesen hohe Ähnlichkeiten im Gesamtchemismus auf, wobei W1 plastischer und kohlenstoffreicher als W2 war und einen deutlich höheren Sulfatgehalt aufwies. Hinsichtlich der Korngrößenklassifikation wurde W1 als ein schwach schluffiger Ton und W2 als mittel toniger Lehm eingestuft. In weiteren mineralogischen Charakteristika, wie zum Beispiel dem Mineralphasenbestand oder der Art der Zwischenschichtkationen waren sich beide Tone sehr ähnlich. Auch bei der Ermittlung von keramtechnischen Prozessparametern, welche die Verarbeitungseigenschaften sowie die Produktqualität repräsentieren, konnten nur geringe Abweichungen zwischen den zwei Tonen festgestellt werden. Bereits mit einfachen Methoden der Mikrobiologie konnten deutliche Unterschiede zwischen den Tonen nachgewiesen werden. So konnten aus W2 auf R2A unter aeroben Bedingungen 6-mal mehr Bakterien kultiviert werden als aus W1. Unter anaeroben Bedingungen wurden aus W1 mehr als doppelt so viele Bakterien kultiviert als aus W2. Weiterhin konnten im Rahmen der Basischarakterisierung aus W1 10^3 Pilze je g Frischmasse und aus W2 keine

Zusammenfassung

Pilze bei einer Kultivierung auf Sabouraud- Agar nachgewiesen werden. Aus W1 konnten neben *Mesorhizobium sp.* einige Spezies der Gattung *Arthrobacter* kultiviert werden. Aus W2 wurden unter anderem *Sphingomonas melonis* und *Phyllobacterium ifriqiyense* angezüchtet. In beiden Tonen konnte weiterhin *Nocardioides albus* nachgewiesen werden. Bei der Gesamt-DNA-Untersuchung wurde neben dieser Spezies mehrfach in beiden Tonen ein bisher unkultivierter naher Verwandter von *Acidithiobacillus plumbophilus* bestimmt. Die Spezies dieser Gattung reduzieren Metallsulfide, wie Galenit oder Pyrit und senken durch ihren Stoffwechsel den pH-Wert in ihrem Habitat.

Um einen Maukversuch so prozessnah wie möglich zu gestalten, wurden je 5 t Ton industriell aufgearbeitet, befeuchtet und zu 20 kg in 20 Eimern aliquotiert in einer Klimakammer gelagert. Es wurden 10 Probenahmen über einen Zeitraum von 83 Tagen (t1 bis t83) durchgeführt. Dabei wurden jeweils die Parameter analog der Basischarakterisierung der Tone untersucht. Die pH-Werte wiesen bei beiden Rohstoffen einen ähnlichen Verlauf mit Werten zwischen 7,1 und 5,0 bei W1 sowie 8,0 und 6,1 bei W2 auf, wobei die höchsten Werte jeweils zu t27 und die niedrigsten zu t83, gefolgt von den Startwerten beobachtet wurden. Der mittlere Wassergehalt nahm in beiden Rohstoffen um ca. 0,5% ab. Geringe Änderungen, welche vermutlich messfehlerbedingt waren, wurden bei den Untersuchungen der Korngrößenverteilung in beiden Tonen beobachtet. Eine Veränderung des Mineralphasenbestandes konnte weder bei W1 noch bei W2 nachgewiesen werden. Bei vielen Parametern konnte kein einheitlicher Trend für beide Tone festgestellt werden. So wurden für die Sulfatgehalte in W1 die höchsten Werte zu Beginn und zum Ende des Maukversuchs beobachtet, während der sehr niedrige Wert bei W2 nahezu konstant blieb. Die Menge an DOC nahm im Mittel bei W1 ab und bei W2 zu. Maximalwerte wurden dabei mit 62 $\mu g/g_{TM}$ für W1 bei t6 und mit 74 $\mu g/g_{TM}$ für W2 bei t13 ermittelt, was in W2 einen Anstieg von mehr als dem Doppelten im Vergleich zum Startwert t1 darstellte. Die Zunahme an TIC in W2 ab t16 kann als Fixierung von CO_2 durch Umwandlung in Carbonat interpretiert werden. Durch den alkalischen pH-Wert zwischen t16 und t27 war diese Reaktion theoretisch möglich. Das CO_2 könnte dabei ein Hinweis auf heterotrophen Stoffwechsel sein. Die qualitative Analyse des DOC, welche mittels ATR-IR Spektroskopie realisiert wurde, lässt in W2 auf Prozesse schließen, bei welchen stickstoff- und schwefelhaltige Verbindungen aufgebaut oder umkonfiguriert wurden. Mittels quantitativer Real Time PCR mit einem Primerset zum Nachweis von sulfatreduzierenden Bakterien wurden in W2 Abweichungen zwischen Minimal- (t20) und

Zusammenfassung

Maximalwert (t27) der 16S rDNA-Konzentration um den Faktor 22 nachgewiesen. Mit dieser Methode und der Primer NS7/NS8 konnte ein antizyklischer Trend zwischen Pilz-DNA und der Anzahl Bakterien in W2 während des Maukversuchs gezeigt werden. Die sich nur gering ändernde Menge an Pilz-DNA in W1 wurde möglicherweise durch konstant hohe Mengen Fungizide bedingt, welche durch die im System nachgewiesenen Bakterien, wie *Streptomyces turgidiscabies* und *Bacillus cereus* produziert werden können. In W2 wurden außerdem EPS-Bildner wie *Zoogloea ramigera* nachgewiesen. Aufgrund unterschiedlicher beobachteter Prozesse in W1 und W2 konnte nicht abschließend geklärt werden, ob eine Interaktion zwischen Pilzen und Bakterien oder Sekundärmetabolite von Mikroorganismen, wie zum Beispiel EPS, die Veränderung der Produkt- und Verarbeitungseigenschaften durch das Mauken bedingen. Die Abhängigkeit des Prozesses von einer ausreichenden Maukfeuchte konnte deutlich gezeigt werden. Weiterhin wurde der pH-Wert als möglicher Leitparameter des zeitlichen Fortschritts des Maukprozesses betrachtet. Die Beteiligung von Mikroorganismen an Veränderungen in den Tonen, welche zu den gewünschten Produktverbesserungen führen, konnte belegt werden.

Abstract

Due to layer and edge charges of clay minerals and high amounts of organic substances in raw materials rich in clay minerals, the conventional molecular biological analysis is limited. To implement such analyses, different DNA extraction methods were studied and compared in regard to their accuracy in displaying microbial populations. A high level of importance was placed on high DNA yield as well as a high number of detected species. A procedure for molecular biological analyses was developed and established after the effectiveness of different methods was studied. For cultivation dependent microbiological analysis the Dynamic Cultivation System (DCS) was developed, which enables simulation of the natural habitat of microorganisms.

To accurately assess the microbial influence on clay alteration, the raw materials were previously characterized by methods of Physics, Chemistry, Mineralogy, Ceramic Technology and Microbiology. The two clays W1 and W2 are very similar in regard to their chemical composition, whereas W1 is more plastic and richer in carbon and sulfate compared to W2. After studying grain size distribution, W1 could be classified as a low silty clay and W2 as an intermediate clayey loam. Further mineralogical experiments, such as the determination of phase content and cation exchange capacity, supported the impression of the similarity of both clays. Even ceramic process parameters, which represent working properties and product quality, showed only small differences between the two clays, whereas it was possible to detect considerable variance with simple microbiological methods. Under aerobic conditions, six times more bacteria could be cultivated on R2A from W2 in comparison to W1. Under anaerobic conditions, it was possible to cultivate more than double the number of bacteria from W1 than from W2. Within microbial basis characterization, 10^3 fungi per g of fresh weight could be cultivated from W1 on Sabouraud-Agar, but no fungi were found in W2. *Mesorhizobium sp.* and some species of the genus *Arthrobacter* were cultivated from W1, and *Sphingomonas melonis* as well as *Phyllobacterium ifriqiyense* were cultivated from W2, but both clays contained *Nocardioides albus*. Several times DNA analyses showed an uncultivated relative of *Acidithiobacillus plumbophilus*, which had been determined in both clays. The species of this genus are able to

Abstract

reduce metal sulfides, such as galenite or pyrite, and decrease the pH value of their habitat due to their metabolism.

To implement the clay alteration experiments as closely as possible to industrial processes, 5 tons of clay each were processed, wettened and aliquoted in 20 buckets of 20 kg each and then stored in a climate chamber. Ten sampling times over a period of 83 days (t1 to t83) were performed where the parameters were studied analogously to the basic characterization. The pH values of both materials showed a similar trend between 7.1 and 5.0 for W1 and 8.0 and 6.1 for W2, respectively. The highest pH values occurred at t27 and the lowest at t83, then followed by the starting values. The mean water content of both materials decreased by about 0.5% during the alteration process. Minor changes were found in grain size distribution and this slightly deviation may represent the detection errors of the method. Mineral phase content neither changed in clay W1 nor in clay E2 during the 83 days of the alteration experiment. It was not possible to detect any trend for many parameters in both clays. For instance there were maximum sulfate values in W1 at the beginning and at the end of the alteration process, whereas the low sulfate value of W2 remained constant. The mean dissolved organic carbon (DOC) values decreased in W1, but increased in W2. The highest DOC values for W1 of 62 $\mu g/g_{DW}$ occurred at t6 and for W2 of 74 $\mu g/g_{DW}$ at t13. For W2 this represents more than a doubling of DOC compared to the starting point. The increasing amount of total inorganic carbon in W2 beginning at t16 may have occurred due to CO_2 fixation from conversion into carbonate, since this reaction is theoretically possible with an alkaline pH value between t16 and t27. Furthermore, CO_2 is an indicator for heterotrophic metabolism. Qualitative analysis of DOC in W2, which was determined using ATR-IR spectroscopy, could indicate processes that include construction and conversion of nitrogen and sulfur rich compounds. Using quantitative real time PCR with a primer set to proof sulfate deoxidizing bacteria, a deviation from minimum (t20) to maximum (t27) values of 16S rDNA concentration by a factor of 22 for W2 was observed. This method and the primers NS7/NS8 helped identify an anticyclic trend between fungal DNA and number of bacteria in W2 during the clay alteration process. Only minor changes in the amount of fungal DNA was observed in W1, which can be due to the high amounts of fungicidal compounds that may be produced by the detected species *Streptomyces turgidiscabies* and *Bacillus cereus*. The clay W2 also contained EPS building organisms such as *Zoogloea ramigera*.

Abstract

Since a number of different processes were observed in both clays, it can still not be concluded if interactions between fungi and bacteria, or secondary metabolites of microorganisms such as EPS are the reason for a change in process and production properties during clay alteration. The dependency of clay alteration on adequate water content was proven. Furthermore the pH value was recognized as a possible principal indicator for the temporal advance of the clay alteration process. Moreover, the involvement of microorganisms in the modification of clay properties, which lead to the requested product advancement, was demonstrated.

Tabellenanhang

Tabellenanhang 1: DNA-Ausbeute und Reinheit; Methoden und Variationen zur DNA-Extraktion aus W2

Methode	$V_{elution}$ [µl]	DNA-Gehalt [ng/µl]	DNA-Gehalt [ng]	DNA-Gehalt [µg/g]	Reinheit 260/280	Reinheit 260/230	CT-Wert 1:1	CT-Wert 1:10	CT-Wert 1:100	Anzahl Banden	Anzahl Spezies	Preis je Reaktion
Fast DNA Spin Kit for soil (MP Biomedicals)	75	12,9	968	1,94	1,43	0,02			38,61	8	5	6,60 €
Fast DNA Spin Kit for soil + Ethanolschritt (MP Biomedicals)	75	7,0	525	1,05	1,56	0,04		34,23	38,10	2	2	
innu speed soil DNA Kit (Analytik Jena) 1	80	3,7	296	1,18	0,97	0,02		37,12	39,60	9	6	2,94 €
innu speed soil DNA Kit (Analytik Jena) 2	80	1,4	112	0,45	0,72	0,01		38,12	37,72	8	4	
Precellys Soil DNA Kit (PeQLab)	100	2,8	280	1,12	1,52	0,01	39,20		37,82	7	6	6,33 €
QIAamp DNA MiniKit etwas Schlicker auf Säulchen (Qiagen)	100	16,4	1640	6,56	1,08	0,29						2,38 €
QIAamp DNA MiniKit ohne Ton auf Säulchen (Qiagen)	100	3,9	390	1,56	1,69	0,41						
QIAamp DNA stool Kit User developed (Qiagen) 1	200	24,5	4900	19,60	2,81	0,12			38,69	5	3	3,50 €
QIAamp DNA stool Kit User developed (Qiagen) 2	200	24,0	4800	19,20	2,56	0,11						
Soil Microbe DNA Kit (Zymo Research) 1	100	18,8	1880	7,52	1,08	0,27		39,73		4	4	2,92 €
Soil Microbe DNA Kit (Zymo Research) 2	100	34,9	3490	13,96	1,10	0,39	39,48	38,43		5	3	
reines Milchpulver (MP) für PhChl Extraktion	100	1,4	140	0,14	1,59	0,20		39,09	39,58	3	2	
Phenol-Chloroform-Extraktion ohne MP	100	1,0	100	0,10	1,26	0,22	39,72			4	3	1,00 €
Phenol-Chloroform-Extraktion mit MP 1	100	1,3	130	0,13	0,89	2,07	36,85	38,23		4	1	
Phenol-Chloroform-Extraktion mit MP 2	100	1,7	170	0,17	1,00	0,49	35,57	37,00		3	2	
GeneMATRIX Soil DNA Purification Kit + 0µl Poly A (EURx)	75	5,2	390	1,56	1,20	0,40						
GeneMATRIX Soil DNA Purification Kit + 20µl Poly A (EURx)	75	4,7	353	1,41	1,51	0,41		39,36	39,96	3	2	1,85 €
GeneMATRIX Soil DNA Purification Kit + 40µl Poly A (EURx)	75	4,0	300	1,20	2,49	0,43						
GeneMATRIX Soil DNA Purification Kit + 60µl Poly A (EURx)	75	4,7	353	1,41	0,82	0,35		38,42	39,64	3	1	

Preise Stand Dezember 2009; Preise: PCI 160€/l; CI 40€/l; Eth 57€/l; Poly A: 16 Basen c=100 µmol
Reamplifizierte Proben für DGGE (Ct gering)

Tabellenanhang

Tabellenanhang 2: Zuordnung der DGGE-Banden (Methodenvergleich) zu Organismen mit Angabe der Übereinstimmungswahrscheinlichkeit (NCBI)

Bande	Ton	Erster Datenbankeintrag	Score	Ident	e-value	Erste beschriebene Spezies	Score	Ident	e-value
2	W2	*Sphingomonas sp.*	339	82%	5,E-108	*Sphingomonas melonis*	392	81%	7,E-106
3	W2	Uncultured bacterium	174	73%	3,E-40	*Mitsuria chitosanitabida* bzw. *Pelomonas puraquae*	158	71%	2,E-35
4	W2	*Sphingomonas sp.*	430	89%	2,E-117	*Sphingomonas melonis*	425	88%	9,E-116
5	W2	Uncultured bacterium	715	99%	0,E+00	*Pseudomonas saccharophila*	706	99%	0,E+00
6	W2	Uncultured bacterium	801	100%	0,E+00	*Propionibacterium acnes**	794	99%	0,E+00
7	W2	Uncultured *Propionibacterium*	764	100%	0,E+00	*Propionibacterium acnes*	764	100%	0,E+00
8	W2	Uncultured *Sphingomonas*	646	98%	0,E+00	*Caulobacter leidyi*	646	98%	0,E+00
9	W2	Uncultured *Sphingomonas*	627	96%	2,E-176	*Caulobacter leidyi*	627	96%	2,E-176
10	W2	Uncultured *Pelomonas*	798	100%	0,E+00	*Pelomonas aquatica*	798	100%	0,E+00
11	W2	Uncultured bacterium	533	90%	3,E-148	*Streptococcus pneumoniae* bzw. *Str. mitis*	529	89%	4,E-147
12	W2	Uncultured bacterium	641	95%	0,E+00	*Streptococcus pneumoniae* bzw. *Str. mitis*	637	95%	1,E-179
13	W2	Uncultured *Bradyrhizobium*	383	89%	2,E-103	*Bradyrhizobium elkanii*	378	88%	1,E-101
14	W2	Uncultured bacterium	152	70%	9,E-34	*Staphylococcus epidermidis*	111	67%	3,E-21
15	W2	Uncultured *Streptococcaceae*	838	99%	0,E+00	*Streptococcus mitis*	838	99%	0,E+00
16	W2	Uncultured *Burkholderiales*	717	93%	0,E+00	*Aquabacterium cummune*	659	91%	0,E+00
17	W2	*Thermus thermophilus*	801	100%	0,E+00	*Thermus thermophilus*	801	100%	0,E+00
18	W2	*Thermus thermophilus*	801	100%	0,E+00	*Thermus thermophilus*	801	100%	0,E+00
20	W2	Uncultured bacterium	785	99%	0,E+00	*Aquabacterium cummune*	720	96%	0,E+00
21	W2	Uncultured *Actinomycetales*	767	99%	0,E+00	*Propionibacterium acnes**	794	99%	0,E+00
22	W2	Uncultured bacterium	818	99%	0,E+00	*Comamonas denitrificans*	816	99%	0,E+00
23	W2	Uncultured bacterium	702	99%	0,E+00	*Clostridium thiosulfatireducens*	356	80%	5,E-95

*Zuordnung unter ersten 10.000 Treffer nur unter Ausschluss von "Umweltproben" möglich

Tabellenanhang

Tabellenanhang 3: Trocknungsparameter, DNA-Gehalt der Tonpulver und KbE der Tonschlicker nach Trocknung bei unterschiedlichen Temperaturen

			lufttrocken	60°C	105°C	120°C	200°C	300°C	400°C
Trocknungsparameter	W1	Einwaage [g]	225,3	221,8	221,5	222,9	224,9	220,9	222,6
		Gewichtsverlust [g]	5,00	20,06	23,81	24,12	24,87	24,98	25,12
	W2	Einwaage [g]	220,6	220,1	225,3	221,9	226,4	219,9	223,2
		Gewichtsverlust [g]	5,16	21,97	23,93	22,77	23,69	25,47	25,45
DNA Gehalt im Pulver	W1	DNA Gehalt [µg/ml]	17,72	12,62	24,99	13,32	27,25	17,51	17,83
	W2	DNA Gehalt [µg/ml]	26,74	18,04	27,57	34,59	26,43	26,35	28,75
KbE	W1	Verdünnung 1:10^1	Rasen	Rasen	0	1			
		Verdünnung 1:10^2	189	14	0	0			
		Verdünnung 1:10^3	4	0	0	0			
		Gesamt KbE	**1,15E+04**	**1,40E+03**	**0**	**10**			
	W2	Verdünnung 1:10^1	Rasen	Rasen	Rasen	Rasen			
		Verdünnung 1:10^2	Rasen	8	0	Rasen			
		Verdünnung 1:10^3	75	2	0	152			
		Verdünnung 1:10^4	4	0	0	13			
		Gesamt KbE	**5,75E+04**	**1,40E+03**	nd.	**1,41E+05**			

Tabellenanhang

Tabellenanhang 4: Viskosität und Fließgrenze von W1 und W2 nach dem Verschlickern (50%) von Tonpulvern diverser Trocknungstemperaturen

Zeit [d]	lufttrocken W1	lufttrocken W2	60°C W1	60°C W2	105°C W1	105°C W2	120°C W1	120°C W2	200°C W1	200°C W2	300°C W1	300°C W2	400°C W1	400°C W2
Viskosität [Pas]														
0	0,979	1,102	0,996	1,264	0,848	1,091	0,877	0,806	0,621	0,528	0,541	0,015	nicht messbar	0,003
1	1,158	1,215	1,289	1,337	1,174	1,292	1,085	1,195	0,862	0,629	0,733	0,015		0,005
4	1,326	1,535	1,462	1,681	1,313	1,374	1,269	1,218	1,013	0,704	0,827	0,023		0,006
5	1,437	1,572	1,492	1,714	1,318	1,484	1,452	1,310	1,082	0,741	0,959	0,025		0,007
6	1,530	1,661	1,586	1,707	1,395	1,656	1,358	1,340	1,207	0,751	1,012	0,028		0,008
Fließgrenze [Pa]														
0	19,68	21,70	21,15	23,90	18,73	20,60	21,56	16,00	12,64	10,70	11,65	2,32	nicht messbar	2,35
1	25,24	24,10	25,66	24,80	23,91	24,20	21,62	22,00	17,54	13,70	10,48	2,44		2,32
4	26,15	29,70	28,82	30,10	26,72	25,90	24,42	22,30	20,74	13,00	13,20	2,86		2,32
5	29,00	30,40	30,15	31,50	26,77	27,60	26,54	22,70	21,00	14,50	15,09	3,05		2,32
6	31,12	31,00	31,25	32,00	26,62	30,00	26,40	23,30	23,62	13,60	17,04	3,21		2,31

Tabellenanhang 5: Keramtechnische Parameter der Basischarakterisierung; Daten von Sibleco

		W1	W2
Sedimentationsanalyse kumulativ	< 0,63 µm	50%	42%
	2 µm	60%	56%
	6,3 µm	74%	70%
	20 µm	89%	87%
	20-63 µm	98,7%	97%
	> 63 µm	100,0%	100,0%
Feuchte		10,0%	14,0%
TBF [N/mm^2]		8,2	5,4
Brennschwindung	995-1025°C	2,25%	1,70%
	1060-1085°C	4,42%	3,73%
	1105-1125°C	5,26%	4,96%
	1150-1160°C	6,22%	5,98%
	1190-1195°C	6,39%	6,92%
	1200°C	6,91%	6,79%
Wasseraufnahme	995-1025°C	12,10%	13,63%
	1060-1085°C	7,50%	8,98%
	1105-1125°C	5,37%	6,45%
	1150-1160°C	3,44%	4,10%
	1190-1195°C	1,85%	2,75%
	1200°C	1,24%	2,27%
lösl. Salze [mg/100g]	Total	85,6	18
	SO$_4$	43,2	3,6
	Cl	12,8	8,4
	NO$_3$	0,3	0,1

Tabellenanhang 6: Api Zym Basischarakterisierung; Werte von 0=kein Umsatz bis 5=max. Umsatz

	W1	W2
Alkalische Phosphatase	0,5	0
Esterase (C4)	0,5	0
Esterase Lipase (C8)	1	0,5
Lipase (C14)	0	0
Leucin Arylamidase	0	0
Valin Arylamidase	0	0
Cystin Arylamidase	0	0
Trypsin	0	0
α-Chymotrypsin	0	0
Saure Phosphatase	0	0
Naphtol-AS-BI-Phosphohydrolase	2	2
α-Galactosidase	2	0
β-Galactosidase	0,5	0
β-Glucuronidase	0	0
α-Glucosidase	3	0
β-Glucosidase	0	1
N-acetyl-β-Glucosaminidase	0	3
α-Mannosidase	0	0
α-Frucosidase	0	0
AWCD:	10,0%	6,8%

Tabellenanhang

Tabellenanhang 7: Basischarakterisierung; Kohlenstoffquellenverwertung mittels Biolog; Werte von 0=kein Umsatz bis 3= max. Umsatz

GN2	Substanz	W1	W2	GN2	Substanz	W1	W2
A2	α-Cyclodextrin	1	0	E2	Itaconsäure	0	2
A3	Dextrin	2	0	E3	α-Keto-Butyrat	2	0
A4	Glycogen	2	1	E4	α-Keto-Glutarat	2	0
A5	Tween 40	0	0	E5	α-Keto-Valerinsäure	1	0
A6	Tween 80	0	0	E6	D-L-Lactat	2	2
A7	N-Acetyl-D-galactosamin	1	0	E7	Malonsäure	2	1
A8	N-Acetyl-D-Glucosamin	2	1	E8	Propionsäure	2	0
A9	Adonitol	0	1	E9	Quinonsäure	2	1
A10	L-Arabinose	1	0	E10	D-Saccarinsäure	1	2
A11	D-Arabitol	3	0	E11	Sebacinsäure	0	0
A12	D-Cellobiose	2	0	E12	Succinat	2	0
B1	i-Erythritol	0	0	F1	Bromosuccinat	2	1
B2	D-Fructose	1	0	F2	Succinamidsäure	2	1
B3	L-Fucose	2	0	F3	Glucoronamid	1	0
B4	D-Galactose	2	1	F4	L-Alaninamid	2	0
B5	Gentiobiose	2	0	F5	D-Alanin	2	0
B6	α-D-Glucose	2	1	F6	L-Alanin	1	1
B7	m-Inositol	2	0	F7	L-Alanylglycin	2	1
B8	α-D-Lactose	2	0	F8	L-Asparagin	2	0
B9	Lactulose	2	0	F9	L-Asparaginsäure	1	1
B10	Maltose	2	0	F10	L-Glutaminsäure	1	0
B11	D-Mannitol	2	1	F11	Glycyl-L-Aspartamsäure	1	0
B12	D-Mannose	2	0	F12	Glycyl-L-Glutaminsäure	2	0
C1	C-Melibiose	2	1	G1	L-Histidin	2	1
C2	β-Methyl-D-Glucosid	3	1	G2	Hydroxy-L-Prolin	0	1
C3	D-Psicose	1	0	G3	L-Leucin	1	0
C4	D-Raffinose	2	1	G4	L-Ornithin	1	0
C5	L-Rhamnose	1	0	G5	L-Phenylalanin	2	1
C6	D-Sorbitol	2	0	G6	L-Prolin	3	0
C7	Sucrose	2	2	G7	L-Pyroglutaminsäure	3	0
C8	D-Threalose	2	0	G8	D-Serin	0	0
C9	Turanose	2	2	G9	L-Serin	2	0
C10	Xylitol	3	0	G10	L-Threonin	2	0
C11	Methyl-Pyruvat	2	1	G11	D,L-Carnithin	1	0
C12	Mono-Methyl-Succinat	2	0	G12	γ-Aminobutyrat	2	0
D1	Ethansäure	1	0	H1	Urocansäure	3	1
D2	cis-Aconitin-Säure	2	1	H2	Inosin	3	0
D3	Zitronensäure	1	0	H3	Uridin	2	0
D4	Methansäure	2	0	H4	Thymidin	1	0
D5	D-Galactonsäure Lacton	3	1	H5	Phenyethylamin	2	0
D6	D-Galacturonsäure	1	0	H6	Puterescin	2	0
D7	D-Gluconsäure	2	0	H7	2-Aminoethanol	1	1
D8	D-Glucosaminsäure	1	0	H8	2,3-Butandiol	1	0
D9	D-Glucuronsäure	2	0	H9	Glycerol	3	0
D10	α-Hydroxybutyrat	2	2	H10	D,L-α-Glycerolphosphat	0	0
D11	β-Hydroxybutyrat	2	0	H11	Glucose-1-Phosphat	0	0
D12	γ-Hydroxybutyrat	2	0	H12	Glucose-6-Phosphat	0	0
E1	p-HydroxyPhenylacetat	2	0		AWCD	57%	13%

Tabellenanhang

Tabellenanhang 8a: Basischarakterisierung; mittels NCBI zugeordnete Taxa zu Banden 01-30 der DGGE (Abbildung 3.13)

Probe	DCS O₂	DCS an	R2A O₂	R2A an	TP O₂	TP an	Sab O₂	Sab an	Cet O₂	Erster Eintrag	Übereinstimmung	Score	e-value
BC01	W1									Uncultured bacterium	97%	816	0,E+00
BC02	W1		W1/W2	W1			W1	W1		Uncultured bacterium	91%	641	0,E+00
BC03										Uncultured bacterium	77%	237	2,E-59
BC04	W1									Uncultured proteobacterium	76%	304	3,E-79
BC05	W1									*Arthrobacter sp.*	87%	544	2,E-151
BC06	W1									Uncult. beta proteobacterium	98%	794	0,E+00
BC07	W1									*Arthrobacter sp.*	98%	778	0,E+00
BC08	W2									Uncultured bacterium	96%	733	0,E+00
BC09	W2									*Arthrobacter oxydans*	77%	275	1,E-70
BC10	W2									Uncultured bacterium	97%	744	0,E+00
BC11	W2									*Bacterium mgm16*	85%	502	6,E-139
BC12	W2									Uncultured bacterium	85%	518	8,E-144
BC13	W2									Uncultured soil bacterium	80%	141	8,E-15
BC14	W2									Uncultured bacterium	99%	792	0,E+00
BC15	W2									Uncultured bacterium	95%	724	0,E+00
BC16	W2									Uncultured bacterium	98%	765	0,E+00
BC17	W2									*Nocardioides sp.*	99%	783	0,E+00
BC18	W2									Uncultured bacterium	99%	740	0,E+00
BC19		W1			W1					Uncultured *Pseudonocardia*	79%	316	4,E-83
BC20		W1			W1					Uncultured bacterium	87%	553	4,E-154
BC21		W1								Uncultured bacterium	83%	471	1,E-129
BC22										Uncultured bacterium	70%	60,8	5,E-06
BC23		W1								Uncultured bacterium	96%	713	0,E+00
BC24		W1								Uncultured bacterium	99%	753	0,E+00
BC25		W1								Uncultured bacterium	92%	563	2,E-157
BC26		W1					W1			Uncultured bacterium	80%	414	2,E-112
BC27							W1	W1		Uncultured soil bacterium	99%	765	0,E+00
BC28			W1				W1	W1		*Arthrobacter sp.*	76%	327	3,E-86
BC29			W1/W2	W1			W1	W1		*Bacterium BH2O1*	96%	726	0,E+00
BC30			W1	W1			W1	W1		*Arthrobacter sp.*	97%	749	0,E+00

O₂…aerobe Versuchsbedingungen; an…anaerobe Bedingungen

Tabellenanhang

Tabellenanhang 8b: Basischarakterisierung; mittels NCBI zugeordnete Taxa zu Banden 01-30 der DGGE (Abbildung 3.13)

Probe	DCS O₂	DCS an	R2A O₂	R2A an	TP O₂	TP an	Sab O₂	Sab an	Cet O₂	Erste beschriebene Spezies	Übereinstimmung	Score	e-value
BC01	W1									Aquaspirillum autotrophicum	94%	755	0,E+00
BC02	W1		W1/W2	W1			W1	W1		Arthrobacter oryzae	90%	621	9,E-175
BC03										Arthrobac. oryzae bzw. Arthr. humicola	77%	232	9,E-58
BC04	W1									Aquaspirillum autotrophicum	74%	271	2,E-69
BC05	W1									Arthrobacter sulfonivorans	86%	538	8,E-150
BC06	W1									Aquaspirillum autotrophicum	95%	726	0,E+00
BC07	W1									Arthrobacter sulfonivorans	98%	773	0,E+00
BC08	W2									Arthrobacter polychromogenes	97%	728	0,E+00
BC09	W2									Arthrobacter oxydans	77%	275	1,E-70
BC10	W2									Arthrobacter oxydans	97%	740	0,E+00
BC11	W2									Arthrobacter polychromogenes	85%	497	2,E-137
BC12	W2									Arthrobacter oxydans	85%	511	1,E-141
BC13	W2									Arthrobacter oxydans	80%	137	1,E-13
BC14	W2									Arthrobacter oxydans	99%	780	0,E+00
BC15	W2									Arthrobacter oxydans	95%	717	0,E+00
BC16	W2									Arthrobacter oxydans	98%	756	0,E+00
BC17	W2									Nocardioides albus	99%	782	0,E+00
BC18	W2									Phyllobacterium ifriqiyense	99%	740	0,E+00
BC19		W1			W1					Pseudonoc. hydrocarbonoxydans	77%	313	5,E-82
BC20		W1			W1					Belliella baltica	86%	540	2,E-150
BC21		W1								Methylibium petroleiphilum	83%	471	1,E-129
BC22										nicht ermittelbar			
BC23		W1								Truepera radiovictrix	92%	623	2,E-175
BC24		W1								Climacium dendroides	99%	747	0,E+00
BC25		W1								Sphingomonas sanxanigenens	91%	551	1,E-153
BC26		W1								Hyphomicrobium zavarzinii	78%	361	1,E-96
BC27							W1			Arthrobacter oryzae	99%	756	0,E+00
BC28			W1				W1	W1		Arthrobacter sulfonivorans	76%	324	3,E-85
BC29			W1/W2	W1			W1	W1		Arthrobacter sulfonivorans	94%	690	0,E+00
BC30			W1	W1			W1	W1		Arthrobacter oryzae	97%	747	0,E+00

O₂…aerobe Versuchsbedingungen; an…anaerobe Bedingungen

Tabellenanhang

Tabellenanhang 9a: Basischarakterisierung; mittels NCBI zugeordnete Taxa zu Banden 31-60 der DGGE (Abbildung 3.13)

Probe	DCS O_2 an	R2A O_2 an	TP O_2 an	Sab O_2 an	Cet O_2 an	Erster Eintrag	Übereinstimmung	Score	e-value
BC31		W1				*Arthrobacter sp.*	97%	717	0,E+00
BC32		W2				*Arthrobacter sp.*	87%	360	3,E-96
BC33		W2				*Nocardioides sp.*	68%	87,7	2,E-14
BC34		W2				*Nocardioides sp.*	80%	260	2,E-66
BC35		W2				*Nocardioides sp.*	76%	215	7,E-53
BC36		W2				*Arthrobacter sp.*	96%	724	0,E+00
BC37		W2	W1			Uncultured bacterium	96%	630	1,E-177
BC38		W2	W1	W1		*Nocardioides sp.*	98%	758	0,E+00
BC39			W1	W1	W2	Uncultured bacterium	99%	724	0,E+00
BC40					W2	Uncultured bacterium	99%	704	0,E+00
BC41			W2			*Sphingomonas sp.*	98%	699	0,E+00
BC42			W2			*Sphingomonas sp.*	97%	691	0,E+00
BC43			W2			*Sphingomonas sp.*	99%	690	0,E+00
BC44			W2			*Nocardioides sp.*	87%	394	2,E-106
BC45			W2			*Nocardioides sp.*	99%	738	0,E+00
BC46		W2				Uncultured Sphingomonas sp.	100%	713	0,E+00
BC47						Uncultured bacterium	80%	264	2,E-67
BC48		W2				*Nocardioides albus*	99%	744	0,E+00
BC49		W2				*Nocardioides sp.*	91%	648	0,E+00
BC50		W2				*Nocardioides sp.*	95%	659	0,E+00
BC51						*Arthrobacter sp.*	97%	751	0,E+00
BC52		W2				*Nocardioides sp.*	99%	773	0,E+00
BC53		W2				*Nocardioides sp.*	99%	774	0,E+00
BC54		W2				Uncultured bacterium	99%	713	0,E+00
BC55		W2				Uncultured bacterium	99%	704	0,E+00
BC56		W1				*Arthrobacter sp.*	99%	729	0,E+00
BC57		W1				Uncultured bacterium	99%	719	0,E+00
BC58		W2				Uncultured bacterium	96%	553	3,E-154
BC59		W2				Uncultured bacterium	94%	625	6,E-176
BC60		W2				*Nocardioides sp.*	99%	737	0,E+00

O_2…aerobe Versuchsbedingungen; an…anaerobe Bedingungen

Tabellenanhang

Tabellenanhang 9b: Basischarakterisierung; mittels NCBI zugeordnete Taxa zu Banden 31-60 der DGGE (Abbildung 3.13)

Probe	DCS O₂	DCS an	R2A O₂	R2A an	TP O₂	TP an	Sab O₂	Sab an	Cet O₂	Erste beschriebene Spezies	Übereinstimmung	Score	e-value
BC31			W1							Arthrobacter oryzae	96%	711	0,E+00
BC32			W2							Arthrobacter phenanthrenivorans	87%	354	1,E-94
BC33			W2							Nocardioides fulvus	68%	87,7	2,E-14
BC34			W2							Nocardioides fulvus	80%	260	2,E-66
BC35			W2		W1					Nocardioides fulvus	76%	215	7,E-53
BC36			W2		W1					Arthrobacter sulfonivorans	96%	717	0,E+00
BC37			W2	W1	W1		W1			Arthrobacter polychromogenes	96%	619	3,E-174
BC38			W2	W1	W1		W1			Nocardioides albus	98%	756	0,E+00
BC39									W2	Phyllobacterium ifriqiyense	99%	724	0,E+00
BC40									W2	Phyllobacterium ifriqiyense	99%	704	0,E+00
BC41					W2					Sphingomonas melonis	97%	695	0,E+00
BC42					W2					Sphingomonas melonis	97%	686	0,E+00
BC43					W2					Sphingomonas melonis	99%	690	0,E+00
BC44					W2					Nocardioides fulvus	87%	394	2,E-106
BC45					W2					Nocardioides albus	99%	737	0,E+00
BC46			W2		W2					Sphingomonas melonis	100%	713	0,E+00
BC47				W2						Arthrobacter polychromogenes	80%	264	2,E-67
BC48				W2						Nocardioides albus	99%	744	0,E+00
BC49				W2						Nocardioides fulvus	91%	643	0,E+00
BC50				W2						Nocardioides albus	95%	659	0,E+00
BC51										Arthrobacter polychromogenes	97%	728	0,E+00
BC52				W2						Nocardioides albus	99%	771	0,E+00
BC53				W2						Nocardioides albus	99%	774	0,E+00
BC54				W2						Phyllobacterium ifriqiyense	99%	713	0,E+00
BC55				W2						Phyllobacterium ifriqiyense	99%	704	0,E+00
BC56			W1							Arthrobacter globiformis	98%	704	0,E+00
BC57			W1							Mesorhizobium amorphae / M. loti	99%	713	0,E+00
BC58			W2							Phyllobacterium ifriqiyense	96%	553	3,E-154
BC59			W2							Phyllobacterium ifriqiyense	94%	625	6,E-176
BC60			W2							Nocardioides albus	99%	735	0,E+00

O₂…aerobe Versuchsbedingungen; an…anaerobe Bedingungen

Tabellenanhang

Tabellenanhang 10: zusätzliche Untersuchungen zu Basischarakterisierung; weitere zugeordnete Taxa kultivierter Organismen, DGGE nicht gezeigt

Probe	Erster Eintrag	Übereinstimmung	Score	e-value	Erste beschriebene Spezies	Übereinstimmung	Score	e-value
4001	Arthrobacter sp.	98%	780	0,E+00	Arthrobacter sulfonivorans	98%	774	0,E+00
4002	Uncultured bacterium	98%	749	0,E+00	Aquaspirillum autotrophicum	95%	728	0,E+00
4003	Arthrobacter sp.	74%	208	1,E-50	Arthrobacter oryzae	74%	208	1,E-50
4004	Arthrobacter sp.	100%	809	0,E+00	Arthrobacter sulfonivorans	99%	803	0,E+00
4005	Arthrobacter polychromogenes	99%	771	0,E+00	Arthrobacter polychromogenes	99%	771	0,E+00
4006	Uncultured bacterium	90%	545	5,E-152	Aquiflexum balticum	89%	531	1,E-147
4007	Uncultured Arthrobacter	96%	98,7	4,E-18	Rhodobacter veldkampii	96%	98,7	4,E-18
4008	Bacterium C5	95%	610	1,E-171	Arthrobacter humicola bzw. oryzea	95%	610	1,E-171
4009	Arthrobacter sp.	96%	693	0,E+00	Arthrobacter sulfonivorans	95%	690	0,E+00
4010	Uncultured bacterium	99%	776	0,E+00	Arthrobacter sulfonivorans	98%	765	0,E+00
4011	Nocardioides albus	99%	773	0,E+00	Nocardioides albus	99%	773	0,E+00
4012	Uncultured bacterium	99%	729	0,E+00	Phyllobacterium ifrigiyense	99%	729	0,E+00
4013	Sphingomonas sp.	100%	733	0,E+00	Sphingomonas adhaesiva	99%	724	0,E+00
4014	Sphingomonas sp.	87%	466	3,E-128	Sphingomonas adhaesiva	87%	461	1,E-126
4015	Uncultured bacterium	71%	176	9,E-41	Sphingomonas yunnanensis	71%	170	4,E-39
4034	Uncultured bacterium	98%	657	0,E+00	Phyllobacterium ifrigiyense	98%	657	0,E+00
4035	Uncultured bacterium	97%	609	4,E-171	Phyllobacterium ifrigiyense	97%	609	4,E-171
4036	Arthrobacter sp.	87%	556	3,E-155	Arthrobacter oxydans	87%	556	3,E-155
4037	Nocardioides albus	91%	545	5,E-152	Nocardioides albus	91%	545	5,E-152
4038	Uncultured bacterium	99%	702	0,E+00	Phyllobacterium ifrigiyense	99%	702	0,E+00
4039	Arthrobacter sp.	99%	657	0,E+00	Arthrobacter oxydans	99%	657	0,E+00
4040	Nocardioides albus	98%	664	0,E+00	Nocardioides albus	98%	664	0,E+00

Tabellenanhang

Tabellenanhang 11: Basischarakterisierung; mittels NCBI zugeordnete Taxa zu gesamt-DNA-Extrakten der DGGE aus Abbildung 3.20

	Probe	Erster Eintrag	Übereinstimmung	Score	e-value	Erste beschriebene Spezies	Übereinstimmung	Score	e-value
	G16	Uncultured betaproteobacteria	79%	416	7,E-113	Acidithiobacillus plumbophilus	78%	399	6,E-108
	G17	Uncultured bacterium	79%	416	8,E-113	Acidithiobacillus plumbophilus	77%	376	7,E-101
	G18	Uncultured beta proteobacterium	95%	747	0,E+00	Acidithiobacillus plumbophilus	92%	711	0,E+00
	G19	Uncultured actinobacterium	91%	654	0,E+00	Cellulomonas cellasea	88%	581	8,E-163
	G20	Nocardioides sp.	99%	791	0,E+00	Nocardioides albus	98%	785	0,E+00
W1	G21	Uncultured beta proteobacterium	98%	836	0,E+00	Acidithiobacillus plumbophilus	94%	760	0,E+00
	G22	Uncultured beta proteobacterium	98%	794	0,E+00	Acidithiobacillus plumbophilus	94%	719	0,E+00
	G23	Uncultured beta proteobacterium	75%	298	1,E-77	Acidithiobacillus plumbophilus	74%	271	2,E-69
	G24	Uncultured beta proteobacterium	98%	818	0,E+00	Acidithiobacillus plumbophilus	94%	737	0,E+00
	G25	Uncultured beta proteobacterium	98%	843	0,E+00	Acidithiobacillus plumbophilus	95%	765	0,E+00
	G26	Uncultured beta proteobacterium	97%	823	0,E+00	Acidithiobacillus plumbophilus	94%	746	0,E+00
	G27	Uncultured beta proteobacterium	97%	838	0,E+00	Acidithiobacillus plumbophilus	94%	760	0,E+00
	G28	Uncultured beta proteobacterium	83%	511	1,E-141	Acidithiobacillus plumbophilus	81%	459	7,E-126
	G29	Uncultured bacterium	93%	684	0,E+00	Pseudonocardia saturnea	92%	654	0,E+00
W2	G30	Uncultured actinobacterium	93%	677	0,E+00	Cellulomonas cellasea	90%	612	5,E-172
	G31	Rubrobacteridae bacterium	98%	841	0,E+00	Patulibacter americanus	88%	619	3,E-174
	G32	Uncultured bacterium	81%	390	3,E-105	Nocardioides terrigena	80%	372	8,E-100
	G33	Nocardioides sp.	79%	279	1,E-71	Nocardioides terrigena	78%	264	3,E-67

195

Tabellenanhang

Tabellenanhang 12: Chemisch- physikalische Parameter im Verlauf des Maukversuchs; Daten von Sibelco

		W1					W2					
		t1	t6	t13	t27	t83	t1	t6	t13	t27	t41	t83
Chemische Analyse [%]	SiO$_2$	74,21	74,47	74,31	74,13	73,95	74,56	74,92	74,96	74,78	74,85	74,17
	TiO$_2$	1,4	1,39	1,4	1,41	1,4	1,35	1,33	1,32	1,33	1,34	1,34
	Al$_2$O$_3$	19,73	19,61	19,68	19,82	20,06	19,54	19,12	19,27	19,28	19,22	19,88
	Fe$_2$O$_3$	1,63	1,53	1,58	1,56	1,55	1,35	1,45	1,3	1,37	1,37	1,36
	CaO	0,26	0,25	0,25	0,26	0,25	0,2	0,2	0,14	0,2	0,2	0,2
	MgO	0,4	0,38	0,38	0,39	0,39	0,42	0,42	0,41	0,43	0,43	0,42
	K$_2$O	2,17	2,16	2,18	2,22	2,19	2,4	2,38	2,45	2,41	2,42	2,44
	Na$_2$O	0,2	0,21	0,22	0,21	0,2	0,18	0,19	0,15	0,19	0,19	0,19
	GV	5,95	5,96	5,63	5,64	5,83	5,62	5,32	5,21	5,08	5,21	5,18
	C	0,16	0,16	0,14	0,13	0,15	0,02	0,13	0,01	0,01	0,026	0,02
	pH	5,87	5,98	6,55	7,13	5,04	6,84	6,52	7,28	8,02	6,51	6,1
	LF [µS/cm]	343	310	334	524	491	69	50	47	51	51	50
lösliche Salze [mg/100g]	Total	85,6	57,5	21,8	95,8	69,9	18	14	4,3	39,1	31,3	27,4
	SO$_4$	43,2	34	35,6	50,4	76,2	3,6	2,4	4	4,6	4,8	3,8
	Cl	12,8	10,2	0	0,6	11,8	8,4	7,9	0,2	1	4,6	7,4
	NO$_3$	0,3	0,1	0,2	0,1	0,1	0,1	0,04	0,4	0,2	0,1	0,1

Tabellenanhang 13: Freie Kationen im Verlauf des Maukversuchs; Daten von FGK

		Ca [mg/kg]	K [mg/kg]	Mg [mg/kg]	Na [mg/kg]
W1	t1	4,73	2,86	1,43	8,09
	t6	7,67	4,50	2,43	4,96
	t13	1,74	2,57	1,22	3,89
	t27	9,22	2,62	2,63	7,19
	t41	17,10	15,76	5,73	3,80
	t83	1,48	0,93	0,52	8,23
W2	t1	1,36	0,69	0,47	6,23
	t6	1,74	2,57	1,22	3,76
	t13	1,44	2,21	0,63	2,89
	t27	1,11	2,60	0,56	7,21
	t41	2,58	2,55	0,97	2,22
	t83	1,42	0,83	0,52	6,95

Tabellenanhang 14: Wassergehalte der Proben des Maukversuchs

Probenahme	W1	W2
t1	13,62 %	13,76 %
t3	13,60 %	13,70 %
t6	13,18 %	13,80 %
t9	13,80 %	13,14 %
t13	13,07 %	14,43 %
t16	13,55 %	14,26 %
t20	13,65 %	14,47 %
t27	13,67 %	13,97 %
t41	12,91 %	12,17 %
t83	13,09 %	13,59 %

Tabellenanhang

Tabellenanhang 15: Abhängigkeit zwischen pH-Wert, Fließgrenze und Viskosität W2

pH-Wert	Viskosität [Pas]		Fließgrenze [Pa]	
	Mittelwert	Stabw	Mittelwert	Stabw
3,8	4,00	0,19	55,86	2,89
4,7	3,85	0,21	54,26	3,10
5,4	3,72	0,12	51,62	1,70
5,9	3,29	0,17	46,17	1,86
6,9	2,85	0,17	42,06	2,11
7,7	1,28	0,36	30,59	1,41
8,1	0,69	0,14	11,90	2,81
8,4	0,45	0,09	7,67	0,83

Tabellenanhang 16: Korngrößenverteilung im Verlauf des Maukversuchs (Petrick 2008)

Fraktion	W1					W2				
	t1	t6	t13	t27	t41	t1	t6	t13	t27	t41
>63 µm	2%	2%	2%	2%	2%	6%	5%	6%	4%	4%
63-20 µm	21%	17%	18%	18%	20%	19%	21%	23%	20%	26%
20-2 µm	29%	31%	32%	31%	34%	30%	31%	35%	28%	31%
2-0,6 µm	22%	24%	26%	23%	25%	39%	40%	33%	42%	36%
<0,6 µm	27%	26%	23%	27%	18%	5%	4%	4%	6%	3%

Tabellenanhang 17: Konzentrationen der Kohlenstoffspezifikationen während des Maukversuchs; Daten von Sibelco

	Zeit	W1	W2	Stabw W1	Stabw W2
DOC [µg/g]	t1	57,58	29,36	0,05	0,78
	t3	44,86	30,14	0,63	0,37
	t6	62,21	46,93	1,87	0,47
	t13	48,76	73,91	0,76	1,85
	t16	34,12	43,62	0,30	1,17
	t20	41,86	37,93	1,19	0,23
	t41	31,95	51,40	0,93	0,61
	t83	22,81	51,84	8,21	0,86
TOC [µg/g]	t1	57,72	29,68	0,05	0,79
	t3	44,53	30,34	0,63	0,38
	t6	63,83	46,74	1,92	0,47
	t13	49,11	72,84	0,76	1,82
	t16	33,72	42,83	0,29	1,15
	t20	42,15	37,37	1,20	0,23
	t41	31,75	52,19	0,92	0,62
	t83	25,59	58,17	9,21	0,96
TIC [µg/g]	t1	9,08	10,14	0,66	0,93
	t3	4,41	10,92	0,36	0,04
	t6	6,10	7,41	0,95	0,36
	t13	2,78	7,98	0,14	0,30
	t16	0,81	8,44	0,22	0,23
	t20	1,94	19,60	0,48	0,43
	t41	0,00	31,92	0,00	0,48

Tabellenanhang

Tabellenanhang 18: KbE auf R2A (20°C, 8d) im Verlauf des Maukversuchs

Zeit	W1 KbE	Stabw.	W2 KbE	Stabw.
t1	3,3E+05	1,1E+05	3,4E+06	4,8E+05
t3	9,2E+05	1,1E+05	1,1E+06	6,6E+04
t6	1,2E+06	7,7E+04	1,5E+06	2,7E+05
t9	1,9E+06	3,4E+05	3,0E+06	2,4E+05
t13	1,5E+06	2,9E+05	1,6E+06	3,2E+05
t16	1,6E+06	3,2E+05	7,3E+05	2,4E+05
t20	1,5E+06	1,9E+05	6,6E+05	2,6E+04
t27	1,2E+06	3,1E+05	5,1E+05	1,3E+05
t41	1,5E+06	9,7E+04	2,0E+06	4,6E+05
t71	1,4E+06	5,2E+05	1,0E+06	4,4E+05
t83	9,4E+05	4,1E+05	1,2E+06	2,7E+05

Tabellenanhang

Tabellenanhang 19: Daten zu ApiZym, t1 bis t13 im Verlauf des Maukversuchs; Prozesses; 0 = kein Umsatz; 5 = max. Umsatz

			1	2	3	4	5	6	7	8	9	10	11	12	13	14	15	16	17	18	19	20	
			Kontr.	Alkal. Phos.	Esterase (C4)	Esterase Lipase	Lipase (C14)	Leucin-Arylami.	Valin-Arylami.	Cystin-Arylami.	Trypsin	α-Chymo-	Saure Phos.	Naphtol-AS-BI-	α-Galacto-	β-Galacto-	β-Glucu-	α-Gluco-	β-Gluco-	N-acetyl-	α-Manno-	α-Fuco-	AWCD
Prozess-wasser	uv RT	24h	0	2	2	2	0	0	0,5	0	0	0	1	2	0	0	0	0	0	0	0	0	10,0%
		48h	0	2	2	4	1	1	1	0	0	0	1	1	0	0	0	0	0	0	0	0	13,7%
	1:100 RT	24h	0	0,5	1	0,5	0,5	0,5	0	0	0	0	0,5	1	0	0	0	0	0	0	0	0	3,7%
		48h	0	0,5	1	0	0,5	0	1	0	0	0	0,5	1	0	0	0	0	0	0	0	0	5,3%
t1	1:100 24h 36°C	W1	0	0	0	0	0	0	0	0	0	0	1	1	0	0	0	0	0	0	0	0	2,1%
		W2	0	0	0	0	0	0	0	0	0	0	0	1	0	0	0	0	0	0	0	0	1,1%
	1:100 24h 36°C	W1	0	0	0	0	0	0	0	0	0	0	0,5	1	0	0	0	0	0	0	0	0	1,6%
		W2	0	3	2	2	0	2	0	0	0	0	1	2	0	0	0	0	0	0	0	0	3,2%
t3	1:4 48h 20°C	W1	0	3	2	2	0	2	0	0	0	0	3	0,5	1	3	0	3	1	1	0	3	26,3%
		W2	0	3	1	3	0	2	0	0	0	0	1	1	1	2	0	2	3	0	1	5	25,8%
	1:40 48h 20°C	W1	0	1	1	2	0	1	0,5	0	0	0	1	2	0	0	0	1	0	0	0	1	12,1%
		W2	0	1	2	2	0	0	0	0	0	0	1	2	0	0	0	0	1	0	0	0	11,6%
t6	1:100 24h 36°C	W1	0	0	0	0	0	0	0	0	0	0	0	2	0	0	0	0	0	0	0	0	3,2%
		W2	0	1	1	1	0	0,5	0	0	0	0	1	2	0	0	0	0,5	0	0	0	0	3,2%
	1:4 48h 20°C	W1	0	0	2	2	0	0	0	0	0	0	0,5	0,5	0,5	0	0	0,5	0	0	0	0	6,3%
		W2	0	0,5	1	1	0,5	0	0	0	0	0	0,5	0,5	0,5	0	0	0	0	0	0	0,5	7,4%
	1:40 48h 20°C	W1	0	0	0	1	0	0	0	0	0	0	0,5	2	0	0	0	0,5	0	0	0	0	5,8%
		W2	0	0	2	1	0	0	0	0	0	0	0,5	2	0	0	0	0	0	0	0	0	4,7%
t9	1:100 24h 36°C	W1	0	0	0	0	0	0	0	0	0	0	0,5	2	0	0	0	0	0	0	0	0	2,6%
		W2	0	0	2	2	0	0	0	0	0	0	1	2	0	0	0	2	2	3	0	0	3,7%
	1:4 48h 20°C	W1	0	2	2	2	0	0	0	0	0	0	1	0	0	0	0	0	1	0	0	3	14,7%
		W2	0	3	2	1	0	0,5	0,5	0	0	0	1	0	0	0	0	2	0	0	0	0	13,7%
	1:40 48h 20°C	W1	0	0,5	0	1	0	0	0	0	0	0	0,5	0,5	0	0	0	0,5	0	0	0	0	5,3%
		W2	0	0,5	1	1	0	0	0	0	0	0	0,5	0,5	0	0	0	0	0	0	0	0	3,7%
t13	1:4 48h 20°C	W1	0	1	2	2	0	0	0	0,5	0	0	2	1	0	0	0	1	1	0	0	4	10,5%
		W2	0	2	2	2	0	0	0	0	0	0	1	1	1	1	0	1	2	0	0	0	16,3%
	1:40 48h 20°C	W1	0	0	1	1	0	0	0	0	0	0	1	1	0	0	0	0	0	0	0	0	4,2%
		W2	0	0	1	0	0	0	0	0	0	0	0,5	2	0	0	0	0	0	0	0	0	4,7%

Tabellenanhang

Tabellenanhang 20: Daten zu ApiZym im Verlauf des Maukversuchs; t16 bis t83; 0 = kein Umsatz; 5 = max. Umsatz

		1 Kontr.	2 Alkal. Phos-	3 Esterase (C4)	4 Lipase Esterase	5 Lipase (C14)	6 Leucin-Arylami-	7 Valin-Arylami-	8 Cystin-Arylami-	9 Trypsin	10 α-Chymo-	11 Saure Phos-	12 Naphtol-AS-BI-	13 α-Galacto-	14 β-Galacto-	15 β-Glucu-	16 α-Gluco-	17 β-Gluco-	18 N-acetyl-	19 α-Manno-	20 α-Fuco-	AWCD
t16	1:100 24h 36°C W1	0	0,5	0,5	0,5	0,5	0	0	0	0	0	1	2	0	0	0	0	0	0	0	0	5,3%
	W2	0	0,5	0,5	0,5	0	0	0	0	0	0	0	2	0	0	0	0	0	0	0	0	4,7%
	1:4 48h 20°C W1	0	1	3	1	0	0	0	0	0	0	2	1	0	1	0	3	3	4	0	2	22,1%
	W2	0	2	4	1	0	0	0	0	0	0	2	0,5	0	0	0	1	1	2	0	2	16,3%
	1:40 48h 20°C W1	0	0,5	2	1	0	0	0	0	0	0	0,5	1	0	0	0	0,5	0	2	0	0	8,9%
	W2	0	0,5	2	1	0	0	0	0	0	0	0,5	0,5	0	0	0	0	0	0	0	0	4,7%
t20	1:100 24h 36°C W1	0	0,5	0,5	0,5	0,5	0,5	0,5	0	0,5	0	1	2	0	0	0	0	0	0	0	0	6,8%
	W2	0	0,5	0,5	0,5	0	0	0	0	0	0	0	1	0	0	0	0	0	0	0	0	3,7%
	1:4 48h 20°C W1	0	1	3	2	0	1	0	0	0	0	2	2	0	1	0	2	2	3	0	1	21,1%
	W2	0	1	3	2	0	0	0	0	0	0	2	2	0	0	0	1	1	0	0	0	12,1%
	1:40 48h 20°C W1	0	0	2	1	0	0	0	0	0	0	0,5	0,5	0	1	0	0,5	0	0	0	0	7,4%
	W2	0	0,5	2	2	0	0	0	0	0	0	1	1	0	0	0	0	0	0	0	0	5,8%
t27	1:100 24h 36°C W1	0	0	0	0	0	0	0	0	0	0	0,5	2	0	0	0	0	0	0	0	0	2,6%
	W2	0	0	0	0	0	0	0	0	0	0	0	2	0	0	0	1	1	0	0	0	2,6%
	1:4 48h 20°C W1	0	0,5	2	1	0	0	0	0	0	0	2	0	0	0	0	1	0	5	0	0	14,2%
	W2	0	0	2	2	0	0	0	0	0	0	0,5	0,5	0	0	0	0	0	0	0	0	3,7%
	1:40 48h 20°C W1	0	0	2	1	0	0	0	0	0	0	0,5	1	0	0	0	0	0	2	0	0	6,8%
	W2	0	0	1	0,5	0	0	0	0	0	0	0	0	0	0	0	0	0	0	0	0	2,6%
t41	1:100 24h 36°C W1	0	0	0	0	0	0	0	0	0	0	1	2	0	0	0	0	0	0	0	0	3,2%
	W2	0	0	0	0	0	0	0	0	0	0	1	2	0	0	0	0	0	1	0	0	4,2%
	1:4 48h 20°C W1	0	1	3	1	0	0	0	0	0	0	2	2	0	0	0	2	0	5	0	0	10,5%
	W2	0	1	3	1	0	0	0	0	0	0	2	2	0	0	0	0	0	0	0	0	7,4%
	1:40 48h 20°C W1	0	0	2	1	0	0	0	0	0	0	1	1	0	0	0	0,5	0	2	0	0	5,3%
	W2	0	0	1	1	0	0	0	0	0	0	1	1	0	0	0	0	0	0	0	0	4,2%
t83	1:4 48h 20°C W1	0	3	0,5	0,5	0	0	0	0	0	0	1	1	0	0	0	0,5	1	5	0	0	13,2%
	W2	0	1	1	1	0	0	0	0	0	0	0,5	0,5	0	0	0	0	0,5	0	0	0	4,7%
	1:40 48h 20°C W1	0	0	1	1	0	0	0	0	0	0	0,5	1	0	0	0	0	0	0	0	0	3,7%
	W2	0	0	0,5	0,5	0	0	0	0	0	0	0	0	0	0	0	0	0	0	0	0	2,1%

Tabellenanhang

Tabellenanhang 21: Biolog GN2 im Verlauf des Maukversuchs; Werte A1 bis D12; Werte zwischen 0= kein Umsatz bis 3= max. Umsatz; DS...Mittelwert

GN2	Substanz	W1							W2					
		t1	t6	t13	t20	t27	t41	DS	t1	t6	t13	t20	t27	t41	DS
A1	Wasser	1	0	1	0	0	0	11%	0	0	0	0	0	0	0%
A2	α-Cyclodextrin	3	3	3	3	0	2	78%	0	0	0	0	1	2	17%
A3	Dextrin	3	3	3	3	2	2	89%	0	1	1	0	0	2	22%
A4	Glycogen	2	2	2	2	2	2	67%	0	0	1	0	1	2	22%
A5	Tween 40	0	1	2	1	1	1	33%	2	0	0	0	3	2	39%
A6	Tween 80	1	1	2	1	2	2	50%	2	2	3	1	0	2	56%
A7	N-Acetyl-D-galactosamin	3	1	0	0	0	2	33%	0	2	0	0	0	2	22%
A8	N-Acetyl-D-glucosamin	3	3	2	3	2	1	78%	2	3	3	0	2	3	72%
A9	Adonitol	0	0	1	0	0	2	17%	0	0	1	1	0	2	22%
A10	L-Arabinose	1	2	2	1	1	1	44%	0	0	0	0	0	1	6%
A11	D-Arabitol	3	3	3	3	1	3	89%	1	0	0	0	1	3	28%
A12	D-Cellobiose	2	3	2	3	2	2	78%	0	3	2	1	2	3	61%
B1	i-Erythritol	3	0	2	0	0	3	44%	0	0	0	0	0	2	11%
B2	D-Fructose	1	3	3	3	3	2	83%	2	2	0	1	0	2	39%
B3	L-Fucose	1	3	2	0	1	3	56%	0	0	0	0	1	2	17%
B4	D-Galactose	2	3	2	3	2	2	78%	3	2	1	1	0	2	50%
B5	Gentiobiose	2	2	3	3	2	2	78%	0	2	0	0	1	2	28%
B6	α-D-Glucose	1	3	3	2	2	1	67%	3	3	3	0	2	2	72%
B7	m-Inositol	0	3	3	2	2	3	72%	3	2	2	0	1	2	56%
B8	α-D-Lactose	2	3	2	3	2	2	78%	0	2	2	0	0	2	33%
B9	Lactulose	3	3	3	3	2	3	94%	0	0	1	0	0	2	17%
B10	Maltose	1	3	2	3	3	2	78%	0	2	2	1	1	2	44%
B11	D-Mannitol	2	3	2	3	3	2	83%	2	2	1	0	1	2	44%
B12	D-Mannose	2	3	2	2	2	2	72%	0	3	2	1	1	2	50%
C1	C-Melibiose	0	3	2	3	2	2	67%	2	3	3	1	1	3	72%
C2	β-Methyl-D-Glucosid	1	2	2	2	2	2	61%	1	2	1	0	1	2	39%
C3	D-Psicose	0	1	1	1	1	1	28%	0	0	1	0	0	2	17%
C4	D-Raffinose	1	3	2	3	2	2	72%	2	3	3	0	0	2	56%
C5	L-Rhamnose	0	0	1	0	1	2	22%	0	0	1	1	1	2	28%
C6	D-Sorbitol	0	3	2	2	2	3	67%	1	3	3	0	1	2	56%
C7	Sucrose	0	3	3	3	2	2	72%	0	3	3	2	3	3	78%
C8	D-Threalose	1	3	2	2	2	2	67%	3	1	1	0	0	2	39%
C9	Turanose	0	2	3	2	2	2	61%	1	3	2	0	0	2	44%
C10	Xylitol	0	2	2	2	2	3	61%	0	1	1	0	0	2	22%
C11	Methyl-Pyruvat	0	0	3	3	2	2	56%	2	2	2	0	1	2	50%
C12	Mono-Methyl-Succinat	2	0	2	2	2	2	56%	0	2	1	0	1	2	39%
D1	Ethansäure	2	0	1	1	1	1	33%	0	0	0	0	1	1	11%
D2	cis-Aconitin-Säure	2	2	3	3	2	2	78%	3	2	2	0	0	3	56%
D3	Zitronensäure	1	3	3	2	3	0	67%	1	2	0	0	0	2	28%
D4	Methansäure	2	2	1	0	0	1	33%	0	0	0	0	1	0	6%
D5	D-Galactonsäure Lacton	1	2	3	3	2	2	72%	2	1	0	0	0	2	28%
D6	D-Galacturonsäure	3	0	0	0	1	2	33%	2	0	0	0	2	2	33%
D7	D-Gluconsäure	1	3	2	3	2	3	78%	3	3	3	1	2	3	83%
D8	D-Glucosaminsäure	2	2	0	2	0	2	44%	0	2	1	0	1	1	28%
D9	D-Glucuronsäure	1	3	2	2	2	2	67%	0	1	1	0	0	2	22%
D10	α-Hydroxybutyrat	3	3	3	3	2	3	89%	0	0	1	0	0	1	17%
D11	β-Hydroxybutyrat	2	3	2	2	2	2	72%	3	0	0	0	0	2	28%
D12	γ-Hydroxybutyrat	1	3	3	2	3	2	78%	0	0	0	0	0	2	11%

Tabellenanhang

Tabellenanhang 22: Biolog GN2 im Verlauf des Maukversuchs; Werte E1 bis H12 und AWCD; Werte zwischen 0= kein Umsatz bis 3= max. Umsatz; DS...Mittelwert

GN2	Substanz	W1							W2					
		t1	t6	t13	t20	t27	t41	DS	t1	t6	t13	t20	t27	t41	DS
E1	p-HydroxyPhenylacetat	1	2	2	2	1	3	61%	0	2	1	0	0	2	28%
E2	Itaconsäure	2	0	0	0	0	0	11%	0	0	0	0	0	1	6%
E3	α-Keto-Butyrat	2	2	2	1	1	2	56%	0	1	0	0	0	1	11%
E4	α-Keto-Glutarat	2	3	2	3	2	2	78%	2	2	2	0	0	2	44%
E5	α-Keto-Valerinsäure	0	0	0	0	0	2	11%	1	0	0	0	0	0	6%
E6	D-L-Lactat	1	3	2	2	3	2	72%	0	1	1	1	1	2	33%
E7	Malonsäure	1	2	2	2	1	2	56%	0	1	1	0	1	0	17%
E8	Propionsäure	2	2	2	2	1	2	61%	0	0	1	0	0	1	11%
E9	Quinonsäure	1	2	3	2	2	2	67%	3	1	1	0	0	2	39%
E10	D-Saccarinsäure	2	0	2	1	1	2	44%	3	1	1	0	0	2	39%
E11	Sebacinsäure	0	2	2	1	1	2	44%	0	1	1	0	0	1	17%
E12	Succinat	2	1	3	3	1	0	56%	2	1	1	2	1	2	50%
F1	Bromosuccinat	3	3	2	3	2	0	72%	0	1	1	2	1	1	33%
F2	Succinamidsäure	0	2	3	0	1	2	44%	0	2	1	0	0	2	28%
F3	Glucoronamid	1	0	1	1	1	1	28%	0	1	0	0	0	0	6%
F4	L-Alaninamid	3	2	2	3	0	2	67%	0	1	0	0	0	3	22%
F5	D-Alanin	1	3	2	2	1	2	61%	2	2	1	1	0	3	50%
F6	L-Alanin	0	2	3	3	1	2	61%	3	1	0	0	0	2	33%
F7	L-Alanylglycin	0	2	3	2	2	1	56%	0	0	2	0	2	2	33%
F8	L-Asparagin	3	3	3	3	2	2	89%	3	2	2	0	0	2	50%
F9	L-Asparaginsäure	2	3	2	3	1	2	72%	0	2	2	0	0	2	33%
F10	L-Glutaminsäure	0	2	3	3	2	2	67%	3	2	2	0	1	3	61%
F11	Glycyl-L-Aspartamsäure	0	0	0	0	0	0	0%	0	0	0	0	0	2	11%
F12	Glycyl-L-Glutaminsäure	3	1	3	0	1	2	56%	0	2	0	0	0	3	28%
G1	L-Histidin	1	3	3	3	2	2	78%	2	2	2	3	1	2	67%
G2	Hydroxy-L-Prolin	0	3	1	0	0	2	33%	0	0	1	1	1	2	28%
G3	L-Leucin	2	2	2	1	1	3	61%	1	0	1	0	0	3	28%
G4	L-Ornithin	2	2	1	2	1	3	61%	2	0	0	0	0	2	22%
G5	L-Phenylalanin	3	2	2	2	3	1	72%	1	2	1	0	1	2	39%
G6	L-Prolin	2	3	3	3	3	2	89%	2	3	1	0	1	2	50%
G7	L-Pyroglutaminsäure	2	3	2	3	2	2	78%	3	2	1	3	1	2	67%
G8	D-Serin	1	1	0	0	0	2	22%	0	0	0	0	0	1	6%
G9	L-Serin	3	3	2	2	2	2	78%	3	1	1	0	0	2	39%
G10	L-Threonin	0	3	2	2	2	2	61%	0	1	1	0	0	2	22%
G11	D,L-Carnithin	2	1	2	0	0	2	39%	0	1	0	0	0	2	17%
G12	γ-Aminobutyrat	1	3	2	3	2	3	78%	0	2	1	0	0	2	28%
H1	Urocansäure	2	2	3	3	2	3	83%	1	3	2	0	1	3	56%
H2	Inosin	0	3	3	2	2	2	67%	1	2	2	0	0	2	39%
H3	Uridin	1	3	3	3	2	2	78%	0	0	1	0	1	2	22%
H4	Thymidin	2	0	0	0	0	1	17%	0	0	1	0	0	2	17%
H5	Phenyethylamin	0	1	1	1	2	2	39%	0	0	1	0	3	2	33%
H6	Puterescin	0	3	2	2	2	2	61%	2	0	1	0	0	2	28%
H7	2-Aminoethanol	1	1	1	0	2	2	28%	3	0	0	0	0	2	28%
H8	2,3-Butandiol	3	0	0	0	0	0	17%	0	0	1	0	0	0	6%
H9	Glycerol	1	1	3	2	2	2	61%	3	3	3	3	0	2	78%
H10	D,L-α-Glycerolphosphat	1	0	0	0	0	0	6%	0	0	0	0	0	0	0%
H11	Glucose-1-Phosphat	1	0	0	0	0	0	6%	0	0	0	0	0	0	0%
H12	Glucose-6-Phosphat	2	0	0	0	0	0	11%	0	0	0	0	0	0	0%
	AWCD	46	65	65	59	48	61		32	40	34	10	18	62	

Tabellenanhang 23: Esteraseaktivität im Verlauf des Maukversuchs; 25% Schlicker; 24h Inkubation; in % Substratumsatz je h

Zeit	W1	W2
t1	0,33	0,71
t3	0,83	2,09
t6	0,29	0,70
t9	0,40	1,32
t13	0,46	2,03
t16	0,71	1,91
t20	0,78	2,25
t27	0,40	1,47
t41	0,19	1,40
t83	0,07	0,98

Tabellenanhang 24: Ct-Werte der qRT-PCR zum Nachweis von Pilzen und sulfatreduzierenden Bakterien während des Maukversuchs

	Zeit	W1 Ct-Wert	Stabw.	W2 Ct-Wert	Stabw.
Pilze	t1	36,8	1,1	39,3	1,0
	t3	34,5	0,2	36,1	2,2
	t6	36,3	1,3	36,9	1,8
	t9	36,4	1,6	32,8	4,8
	t13	36,9	1,9	36,5	2,0
	t16	36,3	1,5	27,4	5,9
	t20	33,3	2,4	40,0	0,5
	t27	33,9	1,7	35,6	2,6
	t41	28,9	5,7	37,8	1,5
	t83	38,9	1,2	37,8	1,8
SRB	t1	29,8	0,2	31,8	0,4
	t3	29,0	1,4	28,2	0,5
	t6	26,4	0,1	31,0	0,2
	t9	24,0	0,5	31,3	0,1
	t13	26,9	0,2	30,5	0,3
	t16	24,0	0,1	30,2	0,0
	t20	23,2	0,0	32,4	0,1
	t27	22,8	0,0	27,9	0,0
	t41	24,0	0,2	31,1	0,1
	t83	30,9	3,5	30,3	0,1

Tabellenanhang

Tabellenanhang 25: Ausgewählte Banden aus der 16S rDNA-DGGE aus Gesamt-DNA von W1 im Verlauf des Maukversuchs; Sequenzierergebnisse

Nr.	Erster Datenbankeintrag				Erste bestimmbare Spezies			
	Name	Score	Ident	e-value	Name	Score	Ident	e-value
1/1	Uncultured bacterium	136	69%	7,E-29	*Polynucleobacter necessarius*	125	69%	1,E-25
1/2	Uncultured bacterium	140	71%	6,E-30	*Thiobacillus denitrificans*	122	70%	2,E-24
1/3	*Bacillus thuringiensis*	73,4	78%	9,E-10	*Bacillus thuringiensis*	73,4	78%	9,E-10
1/4	Uncultured bacterium	345	84%	7,E-92	*Pedobacter cryoconitis*	288	86%	2,E-74
1/5	Uncultured bacterium	224	85%	9,E-56	*Pseudomonas mandelii*	221	85%	1,E-54
1/6	*Bacillus cereus*	526	85%	6,E-146	*Bacillus cereus*	526	85%	6,E-146
1/7	*Bacillus cereus*	434	96%	1,E-118	*Bacillus cereus*	434	96%	1,E-118
1/8	*Bacillus cereus*	702	98%	0,E+00	*Bacillus cereus*	702	98%	0,E+00
1/9	*Bacillus cereus*	742	97%	0,E+00	*Bacillus cereus*	742	97%	0,E+00
1/10	Uncultured bacterium	168	74%	9,E-39	*Thiobacillus thiophilus*	150	73%	2,E-33
1/11	Uncultured *Curvibacter*	700	97%	0,E+00	*Variovorax paradoxus*	657	94%	0,E+00
1/12	*Enterobacter sp.*	147	72%	3,E-32	*Enterobacter cloacae*	141	70%	1,E-30
1/13	Uncultured bacterium	205	78%	1,E-49	*Thiobacillus denitrificans*	194	77%	2,E-46
1/14	Uncultured bacterium	230	75%	4,E-57	*Acidithiobacillus plumbophilus*	230	75%	4,E-57
1/15	Uncultured bacterium	304	89%	2,E-79	*Hymenobacter chitinovorans*	179	77%	4,E-42
1/16	Uncultured bacterium	69,8	69%	1,E-08	*Acidithiobacillus plumbophilus*	66,2	68%	1,E-07
1/17	Uncultured bacterium	230	71%	6,E-57	*Hymenobacter chitinovorans*	109	67%	1,E-20
1/18	*Pseudomonas sp.*	829	100%	0,E+00	*Pseudomonas mandelii*	827	99%	0,E+00
1/19	*Bacillus sp.*	823	99%	0,E+00	*Bacillus cereus*	823	99%	0,E+00
1/20	Uncultured *Streptomyces*	728	98%	0,E+00	*Streptomyces laurentii*	719	97%	0,E+00
1/21	Uncultured *Streptomyces*	771	98%	0,E+00	*Streptomyces laurentii*	762	97%	0,E+00
1/22	Uncultured *Staphylococcus*	796	98%	0,E+00	*Staphylococcus capitis*	792	97%	0,E+00
1/23	Uncultured *Streptomyces*	746	98%	0,E+00	*Streptomyces turgidiscabies*	733	98%	0,E+00
1/24	Uncultured *Streptomyces*	769	99%	0,E+00	*Streptomyces turgidiscabies*	746	97%	0,E+00

Grau…Werte mit Zuordnungswahrscheinlichkeit >97% zum Datenbankeintrag bei NCBI bzw. Datensätze mit e-value = 0

Tabellenanhang

Tabellenanhang 26: Ausgewählte Banden aus der 16S rDNA-DGGE aus Gesamt-DNA von W2 im Verlauf des Maukversuchs; Sequenzierergebnisse Banden 2/1 bis 2/25

Nr.	Erster Datenbankeintrag				Erste bestimmbare Spezies			
	Name	Score	Ident	e-value	Name	Score	Ident	e-value
2/1	*Aeromonas sp.*	439	90%	4,E-120	*Aeromonas veronii*	434	90%	2,E-118
2/2	*Pseudomonas sp.*	830	100%	0,E+00	*Pseudomonas cannabina, mandelii, fluorescens, syringiae*	825	100%	0,E+00
2/3	Uncultured bacterium	830	99%	0,E+00	*Aeromonas jandaei*	825	99%	0,E+00
2/4	Uncultured bacterium	834	99%	0,E+00	*Aeromonas jandaei*	829	99%	0,E+00
2/5	*Serratia sp.*	491	89%	9,E-136	*Serratia plymuthica*	468	87%	1,E-128
2/6	*Enterococcus faecium*	782	97%	0,E+00	*Enterococcus faecium*	782	97%	0,E+00
2/7	*Enterococcus faecium*	697	93%	0,E+00	*Enterococcus faecium*	697	93%	0,E+00
2/8	*Enterococcus faecalis*	482	83%	6,E-133	*Enterococcus faecalis*	482	83%	6,E-133
2/9	*Enterococcus sp.*	765	97%	0,E+00	*Enterococcus faecium*	765	97%	0,E+00
2/10	Uncultured bacterium	774	98%	0,E+00	*Pseudomonas saccharophila*	764	97%	0,E+00
2/11	Uncultured bacterium	553	93%	3,E-154	*Pseudomonas saccharophila*	542	92%	5,E-151
2/12	Uncultured bacterium	713	95%	0,E+00	*Pseudomonas saccharophila*	702	95%	0,E+00
2/13	Uncultured Polyangiaceae	627	92%	2,E-176	*Phaselicystis flava*	479	85%	6,E-132
2/14	*Pseudomonas sp.*	618	91%	1,E-173	*Pseudomonas monteilii bzw. Pseudomonas putida*	618	91%	1,E-173
2/15	*Pseudomonas stutzeri*	453	87%	2,E-124	*Pseudomonas stutzeri*	453	87%	2,E-124
2/16	*Pseudomonas plecoglossicida*	807	99%	0,E+00	*Pseudomonas plecoglossicida*	807	99%	0,E+00
2/17	*Pseudomonas putida*	726	97%	0,E+00	*Pseudomonas putida*	726	97%	0,E+00
2/18	*Pseudomonas plecoglossicida*	838	100%	0,E+00	*Pseudomonas plecoglossicida*	838	100%	0,E+00
2/19	*Zoogloea sp.*	298	74%	1,E-77	*Zoogloea ramigera*	286	74%	8,E-74
2/20	Uncultured bacterium	708	99%	0,E+00	*Zoogloea ramigera*	690	98%	0,E+00
2/21	*Acinetobacter sp.*	769	98%	0,E+00	*Acinetobacter johnsonii*	765	96%	0,E+00
2/22	Uncultured bacterium	792	99%	0,E+00	*Janthinobacterium agaricidamnosum*	774	98%	0,E+00
2/23	Uncultured bacterium	787	98%	0,E+00	*Thermomonas dokdonensis*	646	91%	0,E+00
2/24	Uncultured bacterium	399	91%	3,E-108	*Propionibacterium acnes*	396	90%	4,E-107
2/25	Uncult. Intrasporangiaceae	398	90%	1,E-107	*Intrasporangium calvum*	392	90%	5,E-106

Grau… Werte mit Zuordnungswahrscheinlichkeit >97% zum Datenbankeintrag bei NCBI bzw. Datensätze mit e-value = 0

Tabellenanhang

Tabellenanhang 27: Ausgewählte Banden aus der 16S rDNA-DGGE aus Gesamt-DNA von W2 im Verlauf des Maukversuchs; Sequenzierergebnisse Banden 2/26 bis 2/48

Nr.	Erster Datenbankeintrag				Erste bestimmbare Spezies			
	Name	Score	Ident	e-value	Name	Score	Ident	e-value
2/26	Uncultured Gemmatimonadales	706	95%	0,E+00	*Gemmatimonas aurantiaca*	556	87%	3,E-155
2/27	Uncultured Gemmatimonadales	697	95%	0,E+00	*Gemmatimonas aurantiaca*	547	87%	2,E-152
2/28	Uncultured Gemmatimonadales	700	95%	0,E+00	*Gemmatimonas aurantiaca*	551	87%	1,E-153
2/29	Uncultured Pseudomonas	403	83%	4,E-109	*Pseudomonas alcaligenes*	401	83%	1,E-108
2/30	*Pseudomonas alcaligenes*	316	79%	4,E-83	*Pseudomonas alcaligenes*	316	79%	4,E-83
2/31	*Enterococcus faecium*	255	80%	1,E-64	*Enterococcus faecium*	255	80%	1,E-64
2/32	Uncultured bacterium	499	91%	5,E-138	*Aquabacterium citratiphilum*	461	89%	1,E-126
2/33	Uncultured bacterium	809	100%	0,E+00	*Pelomonas aquatica*	809	100%	0,E+00
2/34	Uncultured Burkholderiales	818	99%	0,E+00	*Aquabacterium citratiphilum*	749	96%	0,E+00
2/35	*Enterococcus sp.*	796	98%	0,E+00	*Enterococcus faecium*	796	98%	0,E+00
2/36	*Tolumonas auensis*	832	99%	0,E+00	*Tolumonas auensis*	832	99%	0,E+00
2/37	Uncultured bacterium	311	78%	2,E-81	*Rhizobacter fulvus*	311	78%	2,E-81
2/38	Uncultured bacterium	820	99%	0,E+00	*Rhizobacter fulvus*	812	99%	0,E+00
2/39	Uncultured bacterium	818	99%	0,E+00	*Acinetobacter junii*	785	97%	0,E+00
2/40	*Shigella sp.*	751	97%	0,E+00	*Escherichia coli*	751	97%	0,E+00
2/41	Uncultured Escherichia	248	80%	1,E-62	*Escherichia coli*	239	79%	6,E-60
2/42	Uncultured bacterium	715	95%	0,E+00	*Pseudomonas saccharophila*	706	94%	0,E+00
2/43	Uncultured bacterium	684	94%	0,E+00	*Cellulomonas cellasea*	592	90%	4,E-166
2/44	*Enterococcus faecium*	325	76%	9,E-86	*Enterococcus faecium*	325	76%	9,E-86
2/45	Uncultured Pelomonas	789	99%	0,E+00	*Pelomonas aquatica*	789	99%	0,E+00
2/46	Uncultured bacterium	762	97%	0,E+00	*Pelomonas aquatica*	760	97%	0,E+00
2/47	Uncultured bacterium	131	67%	3,E-27	*Aquabacterium commune*	116	66%	7,E-23
2/48	Uncultured Burkholderiales	751	96%	0,E+00	*Polyangium brachysporum*	984	93%	0,E+00

Grau... Werte mit Zuordnungswahrscheinlichkeit >97% zum Datenbankeintrag bei NCBI bzw. Datensätze mit e-value = 0

Tabellenanhang

Tabellenanhang 28: Sequenzzuordnungen der DNA aus der DGGE kultivierter Organismen von W1; Kultur auf DCS

Bande	Probe	Erster Datenbankeintrag	Ident	e-value	Erste beschriebene Spezies	Ident	e-value
B01		Uncultured bacterium	86%	5,E-79	*Arthrobacter ramosus*	91%	1,E-73
B02		Uncultured bacterium	87%	4,E-67	*Arthrobacter oxydans*	86%	2,E-65
B03		*Arthrobacter sp.*	98%	0,0	*Arthrobacter sulfonivorans*	98%	0,0
B04		*Arthrobacter sp.*	99%	0,0	*Arthrobacter sulfonivorans*	98%	0,0
B05		Uncultured bacterium	90%	2,E-97	*Arthrobacter oryzae*	88%	6,E-91
B06		Uncultured bacterium	88%	8,E-116	*Arthrobacter oxidans*	87%	1,E-112
B08		*Arthrobacter sp.*	87%	4,E-81	*Arthrobacter oxydans*	86%	5,E-79
B09		*Arthrobacter sp.*	96%	2,E-155	*Arthrobacter oryzae*	96%	8,E-154
B10	t1	*Arthrobacter sp.*	97%	8,E-147	*Arthrobacter oryzae*	96%	5,E-143
B11		*Micrococcineae*	90%	4,E-100	*Arthrobacter oxydans*	90%	2,E-98
B12		*Micrococcus sp.*	86%	1,E-30	*Micrococcus luteus*	85%	6,E-28
B13		*Arthrobacter sp.*	96%	0,0	*Arthrobacter oxydans*	96%	0,0
B14		*Arthrobacter sp.*	90%	5,E-118	*Arthrobacter oryzae*	89%	1,E-113
B15		*Arthrobacter sp.*	98%	0,0	*Arthrobacter sulfonivorans*	98%	0,0
B16		*Arthrobacter sp.*	99%	0,0	*Arthrobacter oxydans*	98%	0,0
B17		*Arthrobacter sp.*	96%	4,E-177	*Arthrobacter globiformis*	95%	3,E-172
B18		*Arthrobacter sp.*	94%	2,E-136	*Arthrobacter oxydans*	94%	2,E-135
B20	t16	Uncultured bacterium	96%	0,0	*Terrabacter lapilli*	94%	7,E-175
B21		Uncultured actinobacterium	83%	5,E-100	*Massilia albidiflava*	82%	1,E-94
B22	t20	Uncultured bacterium	98%	0,0	*Duganella nigrescens*	96%	0,0
B23		*Rhodanobacter sp.*	99%	0,0	*Dyella ginsengisoli*	96%	0,0
B24		*Arthrobacter humicola*	99%	0,0	*Arthrobacter humicola*	99%	0,0
B25	t27	*Aestuariimicrobium kwangyangense*	98%	0,0	*Aestuariimicrobium kwangyangense*	98%	0,0

Grau… Werte mit Zuordnungswahrscheinlichkeit >97% zum Datenbankeintrag bei NCBI bzw. Datensätze mit e-value = 0
Schraffur…bei NCBI publizierte Sequenzen PopSet [261288870] (Kaden & Krolla-Sidenstein 2009b)

Tabellenanhang

Tabellenanhang 29a: Sequenzzuordnungen von Kulturen aus DCS ohne zeitliche Zuordnung zu Daten des Maukversuchs

Kultur	Erster Datenbankeintrag	Ident	e-value	Erste beschriebene Spezies	Ident	e-value
K01	Uncultured bacterium	99%	0,0	*Pseudomonas fluorescens*	99%	0,0
K02	Uncultured bacterium	97%	0,0	*Sphingobium yanoikuyae*	96%	0,0
K03	Uncultured bacterium	95%	0,0	*Enterococcus faecalis*	94%	0,0
K04	*Nocardioides sp.*	99%	0,0	*Nocardioides fulvus*	99%	0,0
K05	Uncultured bacterium	98%	0,0	*Arthrobacter globiformis*	98%	0,0
K06	Uncultured bacterium	66%	7,E-43	*Enterococcus faecalis*	66%	9,E-42
K07	*Pseudomonas sp.*	98%	0,0	*Pseudomonas borealis*	98%	0,0
K08	*Pseudomonas sp.*	99%	0,0	*Pseudomonas borealis*	99%	0,0
K09	Uncultured bacterium	98%	0,0	*Pseudomonas aeruginosa*	98%	0,0
K10	*Streptomyces phaeochromogenes*	99%	0,0	*Streptomyces phaeochromogenes*	99%	0,0
K11	*Streptomyces phaeochromogenes*	83%	8,E-118	*Streptomyces phaeochromogenes*	83%	8,E-118
K13	Uncultured bacterium	93%	0,0	*Acidithiobacillus plumbophilus*	92%	0,0
K14	*Sphingomonas sp.*	90%	1,E-159	*Sphingomonas faenia*	90%	1,E-159
K15	*Acidithiobacillus ferrooxidans*	94%	0,011	*Acidithiobacillus ferrooxidans*	94%	0,011
K16	Uncultured bacterium	98%	0,0	*Aquaspirillum autotrophicum*	95%	0,0
K17	*Oxalobacteraceae*	98%	0,0	*Massilia plicata*	98%	0,0
K18	*Arthrobacter sp.*	99%	0,0	*Arthrobacter sulfonivorans*	98%	0,0
K19	Uncultured bacterium	99%	0,0	*Rhizobium giardinii*	98%	0,0
K20	Uncultured bacterium	98%	0,0	*Rhizobium giardinii*	97%	0,0

Grau… Werte mit Zuordnungswahrscheinlichkeit >97% zum Datenbankeintrag bei NCBI bzw. Datensätze mit e-value = 0 Schraffur… bei NCBI publizierte Sequenzen PopSet [261288875] (Kaden & Krolla-Sidenstein 2009c)

Tabellenanhang 30b: Sequenzzuordnungen von Kulturen aus DCS ohne zeitliche Zuordnung zu Daten des Maukversuchs

Kultur	Erster Datenbankeintrag	Ident	e-value	Erste beschriebene Spezies	Ident	e-value
K21	*Arthrobacter sp.*	99%	0,0	*Arthrobacter sulfonivorans*	98%	0,0
K22	Uncultured bacterium	95%	0,0	*Nocardioides jensenii*	95%	0,0
K23	*Streptomyces sp.*	99%	0,0	*Streptomyces caniferus*	98%	0,0
K24	*Streptomyces sp.*	99%	0,0	*Streptomyces caniferus*	98%	0,0
K25	*Acidovorax sp.*	99%	0,0	*Nocardioides jensenii*	96%	0,0
K26	*Oxalobacteraceae bacterium*	98%	0,0	*Massilia plicata*	98%	0,0
K27	*Oxalobacteraceae bacterium*	98%	0,0	*Massilia plicata*	98%	0,0
K28	Uncultured bacterium	99%	0,0	*Massilia plicata*	98%	0,0
K29	*Oxalobacteraceae bacterium*	99%	0,0	*Massilia plicata*	98%	0,0

Grau…Werte mit Zuordnungswahrscheinlichkeit >97% zum Datenbankeintrag bei NCBI bzw. Datensätze mit e-value = 0
Schraffur…bei NCBI publizierte Sequenzen PopSet [261288875] (Kaden & Krolla-Sidenstein 2009c)

Tabellenanhang 31: Keramtechnische Parameter während des Maukversuchs; Daten von Sibelco

		W1		W2		
		t1	t27	t1	t27	t83
	TBF [N/mm²]	8,2	7,8	5,4	6,1	5,6
Pfefferkorn Analytik	3,30%	26,1	27,9	27,8	26	25,6
	2,50%	24,4	26,3	25,9	24,2	24
	2%	22,7	24,6	24	22,3	22,3
	Bowmaker Wert	529	563	656	599	518
	Trockenschwindung [%]	7,6	8,0	6,6	7,2	6,6
Brennschwindung [%]	995-1025°C	2,3	2,2	1,7	1,1	0,5
	1060-1085°C	4,4	4,1	3,7	3,2	2,7
	1105-1125°C	5,3	5,6	5,0	4,8	4,3
	1150-1160°C	6,2	6,5	6,0	5,6	5,3
	1190-1195°C	6,4	6,9	7,0	6,7	6,1
	1200°C	6,9	7,0	6,8	6,5	6,6
Wasseraufnahme [%]	995-1025°C	12,1	12,4	13,6	13,9	14,0
	1060-1085°C	7,5	7,6	9,0	9,6	10,1
	1105-1125°C	5,4	5,8	6,5	7,0	6,6
	1150-1160°C	3,4	2,9	4,1	4,2	4,0
	1190-1195°C	1,9	1,5	2,8	2,4	2,2
	1200°C	1,2	0,5	2,3	1,9	1,9

Tabellenanhang

Abbildungsanhang

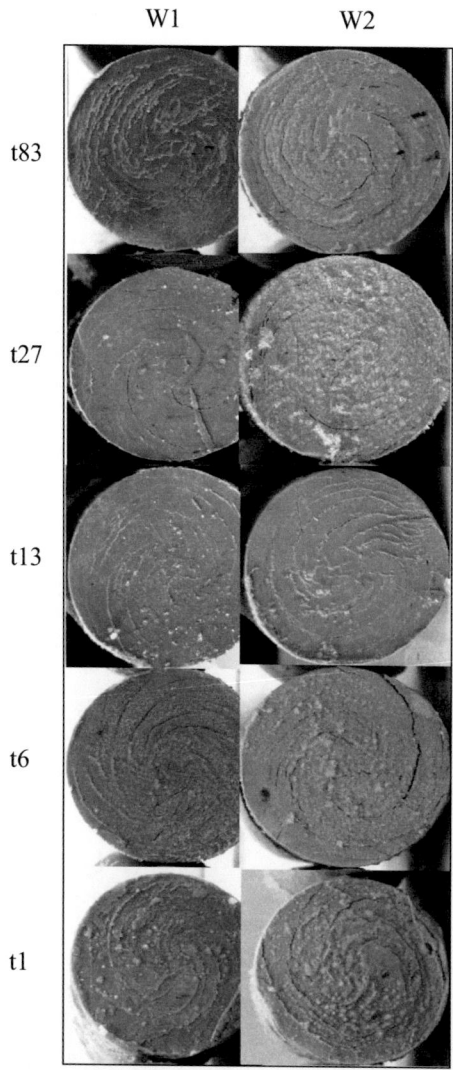

Abbildungsanhang 1: Extrudierte Rundstränge; Frostbruchproben; Maukversuch; Daten vom FGK

Abbildungsverzeichnis

Abbildung 1.1: Aufbau und Klassifizierung von Tonmineralen (Lory 2010) 19

Abbildung 1.2: Einfluss des pH-Wertes auf die Teilchenordnung im Ton (Jasmund & Lagaly 1993) 20

Abbildung 1.3: Sauerstoffgradient in einem Bodenpartikel 27

Abbildung 1.4: Kohlenstoffkreislauf; 28

Abbildung 1.5: Bakterielle Stoffwechselwege ausgehend vom Citratzyklus 29

Abbildung 1.6: Stickstoffkreislauf 30

Abbildung 1.7: Smectit–Illit-Umwandlung TEM-Aufnahme (Kim 2004). 33

Abbildung 2.1: Tone W1 und W2; Körnung ca. 1 cm - 2 cm 35

Abbildung 2.2: Genutztes Rheometer Physica MCR 301 mit Becher-Zylinder-Messsystem 38

Abbildung 2.3: Zusammensetzung Sabouraud Agar 46

Abbildung 2.4: Zusammensetzung PBS 46

Abbildung 2.5: Zusammensetzung R2A Agar 46

Abbildung 2.6: Zusammensetzung Cetrimid Agar 47

Abbildung 2.7: Aufbau des Dynamischen Kultivierungssystems (DCS) 48

Abbildung 2.8: Reaktion des Tetrazolium-Kations zu Formazan (Kaden 2009) 50

Abbildung 2.9: Zuordnung der Kohlenstoffverbindungen in der Biolog GN2 MicroPlate^{TM} 51

Abbildung 2.10: Zuordnung der Kohlenstoffverbindungen in der Biolog EcoPlate^{TM} 52

Abbildung 2.11: Bewertung der Stoffumsätze im Biolog 53

Abbildung 2.12: Schema der Bindung der DNA durch Kationenbrücken und organische Moleküle an Tonminerale (Blume et al. 2002) 58

Abbildung 2.13: Fließschema zur DNA-Analytik der Tone 59

Abbildungsverzeichnis

Abbildung 2.14: Zusammensetzung des Extraktionspuffers für die Phenol-Chloroform-Extraktion 60

Abbildung 2.15: Pipettierschema für einen 25 µl PCR-Ansatz 64

Abbildung 2.16: .... Oben: Fließschema zur Methodenetablierung 76

Abbildung 3.1: DGGE der Proben der DNA- Extraktionsmethoden und Variationen; Gradient 40%-70%; unterschiedliche Banden sind nummeriert 82

Abbildung 3.2: 16S rDNA einer Gradienten-PCR von *Pseudomonas aeruginosa;* Primer 27f/517R 87

Abbildung 3.3: DGGE-Gel zur Untersuchung des Einflusses der $MgCl_2$-Konzentration und der Annealingtemperatur auf die Bandenpräsenz der DNA von *Pseudomonas aeruginosa*; Banden 1 bis 3 sequenziert; Bande 1: 99% Übereinstimmung; Banden 2 und 3 100% Übereinstimmung 88

Abbildung 3.4: PCR-Produkte der DNA-Extrakte aus den getrockneten Tonen Primer 27f-517R; Ref...ungetrockneter Ton, Luft...Luftgetrockneter Ton 92

Abbildung 3.5: Kumulative Korngrößenverteilung W1 und W2 96

Abbildung 3.6: W1; STA; Gewichtsverlust und Kalorimetrie in Abhängigkeit der Temperatur (Petrick 2008) 98

Abbildung 3.7: W2; STA; Gewichtsverlust und Kalorimetrie in Abhängigkeit der Temperatur (Petrick 2008) 98

Abbildung 3.8: Übersicht über die Konzentration an löslichen Salzen in W1 und W2 im Rahmen der Basischarakterisierung 100

Abbildung 3.9: Brennschwindung (links) und Wasseraufnahme (rechts) nach Gradientenbrand 101

Abbildung 3.10: Gradientenbrand W1 (oben) und W2 (unten); Brennfarbe 102

Abbildung 3.11: Aktivität von Enzymen W1 und W2 (ApiZym); Verbindungen der einzelnen Enzyme stellen keine Kontinuität dar und dienen der besseren Visualisierung 105

Abbildung 3.12: Umsatzraten von Kohlenstoffquellen der Tone W1 und W2 (Biolog GN2) 107

Abbildung 3.13: Basischarakterisierung; DGGE der PCR-Produkte der Kulturen 108

Abbildungsverzeichnis

Abbildung 3.14: Darstellung der Verwandtschaftsverhältnisse aller kultivierten und bestimmten Spezies auf Basis der 16S rDNA unter Berücksichtigung nah verwandter Typstämme 109

Abbildung 3.15: Intrabakterielles Stoffwechselschema von *Arthrobacter sulfonivorans*; Verwertung von Dimethylsulfon und Kopplung des Abbauweges an den Ribulosemonophosphatweg; unterbrochene Linien stellen alternative Reaktionen dar 112

Abbildung 3.16: Grundstrukturen (1 und 2) von Phenylharnstoffherbiziden; Substituenten in Tabelle 3.10 113

Abbildung 3.17: Catecholabbau durch *Arthrobacter globiformis* nach Emerson et al. (2008) 114

Abbildung 3.18: Cholinabbau durch *Arthrobacter globiformis* (Ikuta et al. 1977b) 114

Abbildung 3.19: DGGE der Gesamt-DNA von W1 und W2 119

Abbildung 3.20: Anoxische Eisenreduktion durch *Acidithiobacillus ferrooxidans* 119

Abbildung 3.21: Konzentrationen NO_3, Cl und SO_4 im Verlauf des Maukversuches; NO_3 Bezug auf Sekundärachse (Darstellung aller Werte in Tabellenanhang 12) 121

Abbildung 3.22: Verfügbarkeit freier Kationen während des Maukversuchs; Verbindungen der Werte der y-Achse stellen keine Kontinuität dar und dienen der besseren Visualisierung 123

Abbildung 3.23: pH Werte im Verlauf des Maukversuchs (Werte in Tabellenanhang 12) 125

Abbildung 3.24: Abhängigkeit zwischen pH-Wert und der Viskosität bzw. der Fließgrenze am Beispiel von W2 126

Abbildung 3.25: Probenfeuchte im Verlauf des Maukversuchs; Darstellung der Originaldaten in Tabellenanhang 14 127

Abbildung 3.26: Verlauf der Konzentrationen des DOC, TOC und TIC während des Maukversuchs 128

Abbildung 3.27: Verlauf des pH-Wertes und des Gehaltes an frei löslichen Kalziumionen in W2 während des Maukversuchs 129

Abbildungsverzeichnis

Abbildung 3.28: Analyse des organischen Kohlenstoffs mittels STA in der Fraktion <0,6 µm durch Integration der Werte 235 °C - 410 °C 130

Abbildung 3.29: ATR-IR Spektren des DOC von W1 (oben) und W2 (unten); 132

Abbildung 3.30: ATR-IR Spektren von W2; schwarz...t1; hellblau t6; hellgrün...t16; grün...t20; rot...t41 133

Abbildung 3.31: Korngrößenanalysen im Verlauf des Maukversuchs 135

Abbildung 3.32: Mineralphasenbestand während des Maukversuchs; Bestimmung mittels XRD (Petrick 2008) 136

Abbildung 3.33: Homogenitätskontrolle t41; 137

Abbildung 3.34: KbE (R2A; 20°C; 8d) im Verlauf des Maukversuchs; .. 138

Abbildung 3.35: Relative Enzymkonzentrationen im Verlauf des Maukversuchs; Skala 1-5; ApiZym; Verbindungen der Werte der y-Achse stellen keine Kontinuität dar und dienen der Visualisierung 140

Abbildung 3.36: AWCD der Enzym- Einzelwerte des ApiZym im Verlauf des Maukversuchs 141

Abbildung 3.37: Esteraseaktivität in %; Substratumsatz je h; Schlicker 25%, Inkubation 24 h 142

Abbildung 3.38: Esteraseaktivität in Korrelation zu KbE in % SU/h bezogen auf 10^6 Bakterien 143

Abbildung 3.39: AWCD Biolog GN2 und Eco Plates im Verlauf des Maukversuchs 144

Abbildung 3.40: Ähnlichkeitsbeziehungen der Abbauleistungen im Biolog GN2 auf Basis von 95 C-Quellen; rot...statistisch wahrscheinliche aber nicht signifikante Zuordnung 145

Abbildung 3.41: Optische Dichte nach Inkubation verdünnter Tonschlicker in R2A(l) bei 20°C für 8 Tage 146

Abbildung 3.42: qRT-PCR Pilze (Primer NS7/NS8); Ct-Werte im Verlauf des Maukversuchs 147

Abbildung 3.43: DGGE der Fragmente der pilzspezifischen qRT-PCR links W1, rechts W2 147

Abbildungsverzeichnis

Abbildung 3.44: qRT-PCR Ct-Werte sulfatreduzierender Bakterien und Abbildung der Sulfatgehalte im Verlauf des Maukversuchs 149

Abbildung 3.45: W2; DGGE der DNA von SRB im Verlauf des Maukversuchs 149

Abbildung 3.46: W1 DGGE der Gesamt-DNA im Verlauf des Maukversuchs; Gradient 70%-40%; 27f/517R 151

Abbildung 3.47: W2 DGGE der Gesamt-DNA im Verlauf des Maukversuchs; Gradient 70%-40%; 27f/517R 152

Abbildung 3.48: Cyclohexylamin 155

Abbildung 3.49: DGGE W1 jeweils t1 und t83 159

Abbildung 3.50: DGGE der auf DCS angezüchteten Kulturen von W1 im Verlauf des Maukversuchs 161

Abbildung 3.51: Ähnlichkeit zwischen den DGGE Spuren (Abbildung 3.50) basierend auf 74 Banden der 16S rDNA aus den Kulturen des DCS im Verlauf des Maukversuchs 162

Abbildung 3.52: Darstellung der Verwandtschaftsverhältnisse der auf DCS kultivierten Spezies auf Basis der mittels DGGE separierten 16S rDNA unter Berücksichtigung nah verwandter Typstämme 164

Abbildung 3.53. Verwandtschaftsverhältnisse der im DCS kultivierten Bakterien zu den nächsten verwandten Spezies 166

Abbildung 3.54: KbE autochthoner und allochthoner Spezies nach einer Störung des Systems im Boden (Varnam & Evans 2000) 168

Abbildung 3.55: Brennschwindung und Wasseraufnahme für die Proben t1 und t27 des Maukversuchs bei unterschiedlichen Brenntemperaturen; Proben W1, W2; Messwerte von Sibelco 171

Literatur

Akob, D., M. Mills, H., J. Gihring, T., M. Kerkhof, L. Stucki, J., W. Anastacio, A., S. Chin, K. J. Kusel, K. Palumbo, A., V. Watson, D., B. & Kostka, J., E. (2008). Functional Diversity and Electron Donor Dependence of Microbial Populations Capable of U(VI) Reduction in Radionuclide-Contaminated Subsurface Sediments. *Applied and Environmental Microbiology* **74**(10), 3159-3170.

Alef, K. (2008). Bestimmung mikrobieller Aktivität und Biomasse in Boden und Kompost. *Umweltwissenschaften und Schadstoff- Forschung* **2**(2), 76-78.

Altschul, S. Madden, T. Schaffer, A. Zhang, J. H. Zhang, Z. Miller, W. & Lipman, D. (1998). Gapped BLAST and PSI-BLAST: A new generation of protein database search programs. *Faseb Journal* **12**(8), A1326-A1326.

Altschul, S. F. Gish, W. Miller, W. Myers, E. W. & Lipman, D. J. (1990). Basic Local Alignment Search Tool. *Journal of Molecular Biology* **215**(3), 403-410.

Amann, R. I. Binder, B. J. Olson, R. J. Chisholm, S. W. Devereux, R. & Stahl, D. A. (1990). Combination of 16s Ribosomal-Rna-Targeted Oligonucleotide Probes with Flow-Cytometry for Analyzing Mixed Microbial-Populations. *Applied and Environmental Microbiology* **56**(6), 1919-1925.

Amann, R. I. Ludwig, W. & Schleifer, K. H. (1995). Phylogenetic Identification and in-Situ Detection of Individual Microbial-Cells without Cultivation. *Microbiological Reviews* **59**(1), 143-169.

Aragno, M. & Schlegel, H., G. (1978). *Aquaspirillum autotrophicum*, a New Species of Hydrogen-Oxidizing, Facultatively Autotrophic Bacteria. *International Journal of Systematic and Evolutionary Microbiology* **28**(1), 112-116.

Augé, R., M. Stodola, A., J., W. Tims, J., E. & Saxton, A., M. (2001). Moisture retention properties of a mycorrhizal soil. *Plant and Soil* **230**(1), 87-97.

Bailey, S. W. Brindley, G. W. Johns, W. D. Martin, R. T. & Ross, M. (1971). Summary of National and International Recommendations on Clay Mineral Nomenclature - 1969-70 Cms Nomenclature Committee. *Clays and Clay Minerals* **19**(2), 129-132.

Barker, G., J. & Truog, E. (1938). Improvement of stiff-mud clays through pH control. *Journal of the American Ceramic Society* **21**(9), 324-331.

Baross, J., A. Liston, J. & Morita, R., J. (1978). Ecological relationship between *Vibrio parahaemolyticus* and agar-digesting vibrios as evidences by bacteriophage suspectibility patterns. *Applied and Environmental Microbiology* **36**, 500-505.

Benson, M., J. Gawronski, J., D. Eveleigh, D., E. & Benson, D., R. (2004). Intracellular Symbionts and Other Bacteria Associated with Deer Ticks (*Ixodes scapularis*) from Nantucket and Wellfleet, Cape Cod, Massachusetts. *Appied and Environmental Microbiology* **70**(1), 616-620.

Berresheim, H. Tanner, D., J. & Eisele, F., L. (1993). Method for real-time detection of dimethyl sulfone in ambient air. *Analytical Chemistry* **65**(21), 3168-3170.

Beurdeley, M. (1962). *Porzellan aus China, Compagnie des Indes*. Bruckmann-Verlag. München.

Biolog (2001a). Gram Negative Identification Test Panel - GN2 MicroPlate^{TM}. Zugriff: 12/2009. http://www.biolog.com/pdf/GN2b_Brochure.pdf.

Biolog (2001b). Microbial Community Analysis - EcoPlate^{TM}. Zugriff: 12/2009. http://www.biolog.com/pdf/eco_microplate_sell_sheet.pdf.

Block, S., S. (2001). *Disinfection, Sterilization and Preservation*. Lippincott Williams and Wilkins. Philadelphia.

Blume, H. P. Brümmer, G., W. Kandeler, E. Hartge, K. H. Auerswald, K. Beyer, L. & R., F. W. (2002). *Lehrbuch der Bodenkunde Scheffer Schachtschabel*. Spektrum Akademischer Verlag. Heidelberg.

Blume, H. P. Brümmer, G. W. Horn, R. & Kandeler, E. (2010). *Lehrbuch der Bodenkunde Scheffer Schachtschabel*. Spektrum Akademischer Verlag.

Bollmann, A. Lewis, K. & Epstein, S. S. (2007). Incubation of environmental samples in a diffusion chamber increases the diversity of recovered isolates. *Applied and Environmental Microbiology* **73**(20), 6386-6390.

Bopp, B. A. Sonders, R. C. & Kesterson, J. W. (1986). Toxicological aspects of cyclamate and cyclohexylamine. *Critical Reviews in Toxicology* **16**(3), 213-306.

Borchner, B., R. (2005). Biolog: Modern Phenotypic Microbial Identification. In *Encyclopedia of Rapid Microbiological Methods* (Ed M. Miller, J.), pp. 55-73. PDA/DHI.

Borodina, E. Kelly, D., P. Rainey, F., A. Ward-Rainey, N., L. & Wood, A., P. (2000). Dimethylsulfone as a growth substrate for novel methylotrophic species of *Hyphomicrobium* and *Arthrobacter*. *Archives of Microbiology* **173**, 425-437.

Borodina, E. Kelly, D., P. & Schumann, P. (2002). Enzymes of dimethylsulfone metabolism and the phylogenetic characterization of the facultative methylotrophs *Arthrobacter sulfonivorans* sp. nov., *Arthrobacter methylotrophus* sp. nov. and *Hyphomicrobium sulfonivorans* sp. nov. *Archives of Microbiology* **177**, 173-183.

Bosbach, D. Hall, C. & Putnis, A. (1998). Mineral precipitation and dissolution in aqueous solution: in-situ microscopic observations on barite with atomic force microscopy. *Chemical Geology* **151**, 143-160.

Bouonaurio, R. Stravato, V., M. Kosako, Y. Fujiwara, N. Naka, T. Kobayashi, K. Cappelli, C. & Yabuuchi, E. (2002). *Sphingomonas melonis* sp. nov., a novel pathogen that causes brown spots on yellow Spanish melon fruits. *International Journal of Systematic and Evolutionary Microbiology* **52**, 2081-2087.

Brock, T., J. & Gustafson, J. (1976). Ferric iron reduction by sulfur- and iron-oxidizing bacteria. *Applied and Environmental Microbiology* **32**, 567-571.

Carnahan, A. Fanning, G., R. & Joseph, S., W. (1991). *Aeromonas jandaei* (formerly genospecies DNA group 9 *A. sobria*), a new sucrose-negative species isolated from clinical specimens. *Journal of Clinical Microbiology* **29**(3), 560-564.

Carroll, D. & Starkey, H., C. (1971). Reactivity of clay minerals with acids and alkalies. *Clays and Clay Minerals* **19**, 321-333.

Casida, L. E. & Liu, K. C. (1974). Arthrobacter globiformis and Its Bacteriophage in Soil. *Appl Microbiol* **28**(6), 951-959.

Chang, V., T., C. Williams, R., J., P. Makishima, A. Belshawl, N., S. & O'Nions, R., K. (2004). Mg and Ca isotope fractionation during $CaCO_3$ biomineralisation. *Biochemical and Biophysical Research Communications* **323**(1), 79-85.

Literatur

Chen, S., H. & Aitken, M., D. (1999). Salicylate stimulates the degradation of high molecular weight polycyclic aromatic hydrocarbons by *Pseudomonas saccharophila* P15. *Environmental Science & Technology* **33**(3), 435-439.

Cho, J. C. & Giovannoni, S. J. (2003). Parvularcula bermudensis gen. nov., sp nov., a marine bacterium that forms a deep branch in the alpha-Proteobacteria. *International Journal of Systematic and Evolutionary Microbiology* **53**, 1031-1036.

Christensen, B. B. Haagensen, J. A. J. Heydorn, A. & Molin, S. (2002). Metabolic commensalism and competition in a two-species microbial consortium. *Applied and Environmental Microbiology* **68**(5), 2495-2502.

Clearfield, A. (1988). Role of ion exchange in solid-state chemistry. *Chemical Reviews* **88**(1), 125-148.

Connell, J. H. (1978). Diversity in Tropical Rain Forests and Coral Reefs. *Science* **199**(4335), 1302-1310.

CPS-SKEW (2006). Invasive gebietsfremde Pflanzen: Bedrohung für Natur, Gesundheit und Wirtschaft; Art der Watch Liste: *Amorpha fruticosa*. Schweizerische Kommission für die Erhaltung von Wildpflanzen. City.

Csonka, L., N. (1989). Physiological and genetic responses of bacteria to osmotic stress. *Microbiology and Molecular Biology Reviews* **53**(1), 121-147.

Dandie, C. E. Miller, M. N. Burton, D. L. Zebarth, B. J. Trevors, J. T. & Goyer, C. (2007). Nitric Oxide Reductase-Targeted Real-Time PCR Quantification of Denitrifier Populations in Soil. *Applied and Environmental Microbiology* **73**(13), 4250-4258.

Das, A. & Varma, A. (2009). Symbiosis: The Art of Living. In *Symbiotic Fungi* pp. 1-28.

DIN51085 (2006). Prüfung oxidischer Roh- und Werkstoffe - Bestimmung des Gehaltes an Gesamtschwefel. *Beuth GmbH*.

DIN-ISO10694 (1996). Bodenbeschaffenheit - Bestimmung von organischem Kohlenstoff und Gesamtkohlenstoff nach trockener Verbrennung (Elementaranalyse) (ISO 10694:1995). *Beuth GmbH*.

DIN-ISO11465 (1996). Bodenbeschaffenheit - Bestimmung der Trockensubstanz und des Wassergehalts auf Grundlage der Masse - Gravimetrisches Verfahren (ISO 11465:1993). *Beuth GmbH*.

Dong, H. L., Kostka, J. E., Kim, J. (2003). Microscopic evidence for microbial dissolution of smectite. *Clays and Clay Minerals* **51**(5), 502-512.

Drobner, E. Huber, H. Rachel, R. & Stetter, K. O. (1992). Thiobacillus plumbophilus spec. nov., a Novel Galena and Hydrogen Oxidizer. *Archives of Microbiology* **157**(3), 213-217.

Dunger, W. (1983). *Tiere im Boden.* Ziemsen. Wittenberg.

Ebert, R. (2003). Verfahren und Vorrichtung zur Messung der Bildsamkeit von Materialien wie keramischen Rohstoffen und Massen. Patent G01N3/08(2006.01), Deutschland.

Eisenstadt, J., M. & Klein, H., P. (1959). Sulfur Incorporation into the Alpha-Amylase of *Pseudomonas saccharophila*. *Journal of Bacteriology* **77**(5), 661-666.

Emerson, J. P. Kovaleva, E. G. Farquhar, E. R. Lipscomb, J. D. & Que, L., Jr. (2008). Swapping metals in Fe- and Mn-dependent dioxygenases: evidence for oxygen activation without a change in metal redox state. *Proc Natl Acad Sci U S A* **105**(21), 7347-7352.

Epstein, W. (1986). Osmoregulation by potassium transport in *Escherichia coli*. *FEMS Microbiology Letters* **39**(1-2), 73-78.

Ernst, D. Kiefer, E. Drouet, A. & Sandermann, H. (1996). A simple method of DNA extraction from soil for detection of composite transgenic plants by PCR. *Plant Molecular Biology Reporter* **14**(2), 143-148.

Farmer, V., C. (1974). Layer Silicates. In *The infrared spectra of minerals* pp. 331-364. Mineralogical Society.

Feil, C. (2006). *Biochemie des anaeroben Toluol- Stoffwechsels von Thauera aromatica.* Doctoral Thesis, Technische Hochschule Darmstadt.

Fenchel, T. King, G., M. & Blackburn, T., H. (2005). *Bacterial Biogeochemistry: The Ecophysiology of Mineral Cycling.* Elsevier Academic Press. Amsterdam.

Ferrari, B. C., Binnerup, S. J., Gillings, M. (2005). Microcolony cultivation on a soil substrate membrane system selects for previously uncultured soil bacteria. *Applied and Environmental Microbiology* **71**(12), 8714-8720.

Literatur

Fischer-Romero, C. Tindall, B., J. & Juttner, F. (1996). *Tolumonas auensis* gen. nov., sp. nov., a Toluene-Producing Bacterium from Anoxic Sediments of a Freshwater Lake. *International Journal of Systematic and Evolutionary Microbiology* **46**(1), 183-188.

Fuchs, G. (2007). *Allgemeine Mikrobiologie*. Georg Thieme Verlag. Stuttgart.

Fuhs, G., W. Chen, M. Sturman, L., S. & Moore, R., S. (1985). Virus Adsorption to Mineral Surfaces Is Reduced by Microbial Overgrowth and Organic Coatings. *Microbial Ecology* **11**(1), 25-39.

Funke, G. Frodl, R. & Sommer, H. (2004). First comprehensively documented case of Paracoccus yeei infection in a human. *Journal of Clinical Microbiology* **42**(7), 3366-3368.

Gaidzinski, R. Osterreicher-Cunha, P. Fh, J., D. & Tavares, L., M. (2009). Modification of clay properties by aging: Role of indigenous microbiota and implications for ceramic processing. *Applied Clay Science* **43**(1), 98-102.

Gardan, L. Shafik, H. Belouin, S. Broch, R. Grimont, F. & Grimont, P. A. D. (1999). DNA relatedness among the pathovars of *Pseudomonas syringae* and description of *Pseudomonas tremae* sp. nov. and *Pseudomonas cannabina* sp. nov. (ex Sutic and Dowson 1959). *International Journal of Systematic and Evolutionary Microbiology* **49**(2), 469-478.

Garland, J., L. (1996). Analytical approaches to the characterization of samples of microbial communities using patterns of potential C source utilization. *Soil Biology and Biochemistry* **28**(2), 213-221.

Gisi, U. (1997). *Bodenökologie*. Thieme Verlag. Stuttgart.

Gleason, F., H. & Unestam, T. (1968). Cytochromes of Aquatic Fungi. *Journal of Bacteriology* **95**(5), 1599-1603.

Glick, D., P. (1936). The microbiology of aging clays. *Journal of American Ceramic Society* **19**, 169-175.

Gobat, J., M. Aragno, M. & Matthey, W. (2003). *The living soil: fundamentals of soil science and soil biology*. Enfield Science Publ. Inc. Plymouth.

Gomila, M. Bowien, B. Falsen, E. Moore, E., R., B. & Lalucat, J. (2007). Description of *Pelomonas aquatica* sp. nov. and *Pelomonas puraquae* sp. nov., isolated from industrial and haemodialysis water. *International Journal of Systematic and Evolutionary Microbiology* **57**(11), 2629-2635.

Gonzalez-Bashan, L., E. Lebsky, V., K. Hernandez, J., P. Bustillos, J., J. & Bashan, Y. (2000). Changes in the metabolism of the microalga *Chlorella vulgaris* when coimmobilized in alginate with the nitrogen-fixing *Phyllobacterium myrsinacearum*. *Canadian Journal of Microbiology* **46**(7), 653-659.

Gotz, D. Banta, A. Beveridge, T. J. Rushdi, A. I. Simoneit, B. R. T. & Reysenbach, A. (2002). Persephonella marina gen. nov., sp nov and Persephonella guaymasensis sp nov., two novel, thermophilic, hydrogen-oxidizing microaerophiles from deep-sea hydrothermal vents. *International Journal of Systematic and Evolutionary Microbiology* **52**, 1349-1359.

Graham, R. P. & Sullivan, J. D. (1939). Workability of Clays. *Journal of the American Ceramic Society* **22**(1-12), 152-156.

Green, S. J. Leigh, M. B. & Neufeld, J. D. (2009). *Microbiology of Hydrocarbons, Oils, Lipids, and Derived Compounds*. Springer. Heidelberg, Germany.

Groudeva, V., I. & Groudev, S., N. (1995). Microorganisms improve kaolin properties. *American Ceramic Society Bulletin* **74**(6), 85-89.

Gullick, R., W. & Weber, W., J. (2001). Evaluation of Shale and Organoclays as Sorbent Additives for Low-Permeability Soil Containment Barriers. *Environmental Science & Technology* **35**(7), 1523-1530.

Gunner, H. B. (1963). Nitrification by *Arthrobacter globiformis*. *Nature* **197**, 1127-1128.

Haak, T., K. & Mc Feters, G., A. (1982). Nutritional relationships among microorganisms in an epilithic biofilm community. *Microbial Ecology* **8**, 115-126.

Hecker, K. H. & Roux, K. H. (1996). High and low annealing temperatures increase both specificity and yield in touchdown and stepdown PCR. *Biotechniques* **20**(3), 478-485.

Heimstädt, K. & Mörtel, H. (1995). Mikrobielle Beeinflussung der Rheologie keramischer Schlicker = The influence of microbes on the rheology of ceramic slurries. *CFI. Ceramic forum international* **72**(9), 546-550.

Hicks, S., J. & Rowbury, R., J. (1987). Bacteriophage Resistance of Attached Organisms as a Factor in the Survival of Plasmid-Bearing Strains of *Escherichia coli*. *Letters in Applied Microbiology* **4**(6), 129-132.

Literatur

Higgins, D. G. & Sharp, P. M. (1988). CLUSTAL: a package for performing multiple sequence alignment on a microcomputer. *Gene* **73**(1), 237-244.

Holman, H., Y., N. Perry, D., L. Martin, M., C. Lamble, G., M. McKinney, W., R. & Hunter-Cevera, J., C. (1999). Real-time characterization of biogeochemical reduction of Cr(VI) on basalt surfaces by SR-FTIR imaging. *Geomicrobiology Journal* **16**(4), 307-324.

Hoyt, H., L. (1982). Kaolin clay slurries of reduced viscosity. USA.

Hunter, R., J. & Nicol, S., K. (1968). The dependence of plastic flow behavior of clay suspensions on surface properties. *Journal of Colloid and Interface Science* **28**(2), 250-259.

IDT (2010). IDT SciTools Oligo Analyzer. Zugriff: 01/2010. http://eu.idtdna.com/analyzer/Applications/OligoAnalyzer/Default.aspx.

Ikuta, S. Imamura, S. Misaki, H. & Horiuti, Y. (1977a). Purification and characterization of choline oxidase from Arthrobacter globiformis. *J Biochem* **82**(6), 1741-1749.

Ikuta, S. Matuura, K. Imamura, S. Misaki, H. & Horiuti, Y. (1977b). Oxidative pathway of choline to betaine in the soluble fraction prepared from Arthrobacter globiformis. *J Biochem* **82**(1), 157-163.

Insam, H. (1997). A new set of substrates proposed for community characterization in environmental samples. In *Microbial Communities* Eds H. Insam & A. Rangger), pp. 259-260. Springer Verlag.

James, G. A. Beaudette, L. & Costerton, J. W. (1995). Interspecies Bacterial Interactions in Biofilms. *Journal of Industrial Microbiology* **15**(4), 257-262.

Janda, J., M. & Abbott, S., L. (2002). Bacterial Identification for Publication - When is enough enough? *Journal of Clinical Microbiology* **40**(6), 1887-1891.

Jarvis, B., D., W. Pankhurst, C., E. & Patel, J., J. (1982). *Rhizobium loti*, a New Species of Legume Root Nodule Bacteria. *International Journal of Systematic and Evolutionary Microbiology* **32**(3), 378-380.

Jarvis, B., D., W. Van Berkum, P. Chen, W., X. Nour, S., M. Fernandez, M., P. Cleyet-Marel, J., C. & Gillis, M. (1997). Transfer of *Rhizobium loti, Rhizobium huakuii, Rhizobium ciceri, Rhizobium mediterraneum*, and *Rhizobium tianshanense* to Mesorhizobium gen. nov. *International Journal of Systematic and Evolutionary Microbiology* **47**(3), 895-898.

Jasmund, K. & Lagaly, G. (1993). *Tonminerale und Tone. Struktur, Eigenschaften, Anwendung und Einsatz in Industrie und Umwelt.* Steinkopff Verlag.

Jenneman, G. E. Mcinerney, M. J. Crocker, M. E. & Knapp, R. M. (1986). Effect of Sterilization by Dry Heat or Autoclaving on Bacterial Penetration through Berea Sandstone. *Applied and Environmental Microbiology* **51**(1), 39-43.

Jenner, A. England, T. G. Aruoma, O. I. & Halliwell, B. (1998). Measurement of oxidative DNA damage by gas chromatography-mass spectrometry: ethanethiol prevents artifactual generation of oxidized DNA bases. *Biochemical Journal* **331**, 365-369.

Jones, J., G. (1977). The effect of environmental factors on estimated viable and total populations of planctonic bacteria in lakes and experimental enclosures. *Freshwater Biology* **7**, 67-91.

Joseph, S. W. Carnahan, A. M. Brayton, P. R. Fanning, G. R. Almazan, R. Drabick, C. Trudo, E. W., Jr. & Colwell, R. R. (1991). *Aeromonas jandaei* and *Aeromonas veronii* dual infection of a human wound following aquatic exposure. *Journal of Clinical Microbiology* **29**(3), 565-569.

Jung, S., Y. Kim, H., S. Song, J., J. Lee, S., G. Oh, T., K. & Yoon, J., H. (2007). *Aestuariimicrobium kwangyangense* gen. nov., sp. nov., an LL-diaminopimelic acid-containing bacterium isolated from tidal flat sediment. *International Journal of Systematic and Evolutionary Microbiology* **57**(9), 2114-2118.

Jurado, V. Laiz, L. Gonzalez, J., M. Hernandez-Marine, M. Valens, M. & Saiz-Jimenez, C. (2005). *Phyllobacterium catacumbae* sp. nov., a member of the order 'Rhizobiales' isolated from Roman catacombs. *International Journal of Systematic and Evolutionary Microbiology* **55**(4), 1487-1490.

Jüttner, F. & Henatsch, J., J. (1986). Anoxic hypolimnion is a significant source of biogenic toluene. *Nature* **323**(6091), 797-798.

Kaden, R. (2009). *Mikrobiologische Gewässeranalytik am Beispiel der Untersuchung einer Trinkwassertalsperre.* Diplomica Verlag.

Literatur

Kaden, R. & Krolla-Sidenstein, P. (2009a). NCBI Pop Set [260765299]: The Dynamic cultivation system for microorganisms - A new way to culture the unculturables and show the temporal shifts in population composition. NCBI.

Kaden, R. & Krolla-Sidenstein, P. (2009b). NCBI PopSet [261288870]: "The Dynamic Cultivation System, a new method to show temporal shifts in microbial community structure". NCBI.

Kaden, R. & Krolla-Sidenstein, P. (2009c). NCBI PopSet [261288875]: "Population analysis of clay". NCBI.

Kaeberlein, T. Lewis, K. & Epstein, S., S. (2002). Isolating "uncultivable" microorganisms in pure culture in a simulated natural environment. *Science* **296**(5570), 1127-1129.

Kageyama, A. Morisaki, K. Ömura, S. & Takahashi, Y. (2008). *Arthrobacter oryzae* sp. nov. and *Arthrobacter humicola* sp. nov. *International Journal of Systematic and Evolutionary Microbiology* **58**, 53-56.

Karathanasis, A. D. & Hajek, B. F. (1982). Revised Methods for Rapid Quantitative-Determination of Minerals in Soil Clays. *Soil Science Society of America Journal* **46**(2), 419-425.

Karlson, U. & Frankenberger, W., T. (1990). Alkylselenide Production in Salinized Soils. *Soil Science* **149**(1), 56-61.

Kelly, D. & Wood, A. (2000). Reclassification of some species of Thiobacillus to the newly designated genera Acidithiobacillus gen. nov., Halothiobacillus gen. nov. and Thermithiobacillus gen. nov. *International Journal of Systematic and Evolutionary Microbiology* **50**(2), 511-516.

Kertesz, M., A. & Kahnert, A. (2001). Organoschwefel-Metabolismus in Gram-negativen Bakterien. *BIOspektrum* **4**, 325-329.

Kim, J., Dong, H. L., Seabaugh, J., Newell, S. W., Eberl, D. D. (2004). Role of microbes in the smectite-to-illite reaction. *Science* **303**(5659), 830-832.

Kirk, J., L. Beaudette, L., A. Hart, M. Moutoglis, P. Khironomos, J., N. Lee, H. & Trevors, J., T. (2004). Methods of studying soil microbial diversity. *Journal of Microbiological Methods* **58**(2), 169-188.

Knösel, D., H. (1962). Prüfung von Bakterien auf Fähigkeit zur Sternbildung. *Zentralblatt für Bakreiologie, Parasitenkunde, Infektionskrankheiten und Hygiene* **116**, 79-100.

Knösel, D., H. (1984). *Genus IV. Phyllobacterium (ex Knösel 1962) nom. rev.*: Williams & Wilkins. Baltimore.

Koby, C. Boyle, W. McCoy, E. & Rohlich, G., A. (1966). A Mechanism of Floc Formation by *Zoogloea ramigera*. *Journal (Water Pollution Control Federation)* **38**(12), 1968-1980.

Koch, G. P. (1917). The Effect of Sterilization of Soils By Heat and Antiseptics Upon the Concentration of the Soil Solution. *Soil Science* **3**(6), 525-530.

Kotiaho, M. Aittamaa, M. Andersson, M., A. Mikkola, R. Valkonen, J., P. & Salkinoja-Salonen, M. (2008). Antimycin A-producing nonphytopathogenic Streptomyces turgidiscabies from potato. *Journal of Applied Microbiology* **104**(5), 1332-1340.

Kroes, R. Peters, P. W. Berkvens, J. M. Verschuuren, H. G. de Vries, T. & van Esch, G. J. (1977). Long term toxicity and reproduction study (including a teratogenicity study) with cyclamate, saccharin and cyclohexylamine. *Toxicology* **8**(3), 285-300.

Krolla-Sidenstein, P. (2007). Entwicklung neuer Aufbereitungstechnologien für tonmineralische Rohstoffe durch gezielte Nutzung und Steuerung mikrobiologischer Reaktionen. In *3. Höhr-Grenzhausener Keramiksymposium* Höhr-Grenzhausen.

Kuntze, H. Roeschmann, G. & Schwerdtfeger, G. (1994). *Bodenkunde*. Verlag Eugen Ulmer. Stuttgart.

Kuttner, E. & Sulakvelidze, A. (2005). *Bacteriophages - Biology and Applications*. CRC Press, Boca Raton. Florida, USA.

Lagaly, G. & Beneke, K. (1991). Intercalation and exchange reactions of clay minerals and non-clay layer compounds. *Colloid & Polymer Science* **269**(12), 1198-1211.

LeChevallier, M., W. Evans, T., M. Seidler, R., J. Daily, O., P. Merrell, B., R. Rollins, D., M. & Joseph, S., W. (1982). *Aeromonas sobria* in chlorinated drinking water supplies. *Microbial Ecology* **8**(4), 325-333.

Lincoln, S., P. Fermor, T., R. & Tindall, B., J. (1999). *Janthinobacterium agaricidamnosum* sp. nov., a soft rot pathogen of *Agaricus bisporus*. *International Journal of Systematic and Evolutionary Microbiology* **49**(4), 1577-1589.

Literatur

Lodwig, E., M. Leonard, M. Marroqui, S. Wheeler, T., R. Findlay, K. Downie, J., A. & Poole, P., S. (2005). Role of Polyhydroxybutyrate and Glycogen as Carbon Storage Compounds in Pea and Bean Bacteroids. *Molecular Plant-Microbe Interactions* **18**(1), 67-74.

Löffler, G. (2003). *Basiswissen Biochemie mit Pathobiochemie.* Springer Verlag. Berlin.

Lory, J. (2010). Structure of clays. Zugriff: 02/2010. www.soilsurvey.org.

Lowbury, E. J. & Collins, A. G. (1955). The use of a new cetrimide product in a selective medium for Pseudomonas pyocyanea. *Journal of Clinical Pathology* **8**(1), 47-48.

Lunsdorf, H. Erb, R. W. Abraham, W. R. & Timmis, K. N. (2000). 'Clay hutches': a novel interaction between bacteria and clay minerals. *Environmental Microbiology* **2**(2), 161-168.

Mackenzie, R. C. (1970). *Differential Thermal Analysis.* Academic Press. London.

Mantelin, S. Saux, m., F. Zakhia, F. Bena, G. Bonneau, S. Jeder, H. de Lajudie, P. & Cleyet-Marel, J.-D. (2006). Emended description of the genus *Phyllobacterium* and description of four novel species associated with plant roots: *Phyllobacterium bourgognense* sp. nov., *Phyllobacterium ifriqiyense* sp. nov., *Phyllobacterium leguminum* sp. nov. and *Phyllobacterium brassicacearum* sp. nov. *International Journal of Systematic and Evolutionary Microbiology* **56**(4), 827-839.

Margesin, R. & Schinner, F. (1996). Bacterial heavy metal-tolerance - Extreme resistance to nickel in *Arthrobacter* spp strains. *Journal of Basic Microbiology* **36**(4), 269-282.

McFarland, J. (1907). The Nephelometer: An instrument for estimating the number of bacteria in suspensions used for calculating the opsonic index and for vaccines. *Journal of the American Medical Association* **XLIX**(14), 1176-1178.

Meier, L. P. & Kahr, G. (1999). Determination of the cation exchange capacity (CEC) of clay minerals using the complexes of copper(II) ion with triethylenetetramine and tetraethylenepentamine. *Clays and Clay Minerals* **47**(3), 386-388.

Menger-Krug, E. (2008). *Veränderung der bakteriellen Populationen und des freien organischen Kohlenstoffs während des Tonalterungsprozesses (Maukens)*. Diploma Thesis, Karlsruhe.

Mergaert, J. Boley, A. Cnockaert, M. C. Müller, W.-R. & Swings, J. (2001). Identity and Potential Functions of Heterotrophic Bacterial Isolates from a Continuous-Upflow Fixed-Bed Reactor for Denitrification of Drinking Water with Bacterial Polyester as Source of Carbon and Electron Donor. *Systematic and Applied Microbiology* **24**(2), 303-310.

Milner, J. L. SiloSuh, L. Lee, J. C. He, H. Y. Clardy, J. & Handelsman, J. (1996). Production of kanosamine by Bacillus cereus UW85. *Applied and Environmental Microbiology* **62**(8), 3061-3065.

Mörtel, H. & Heimstädt, K. (1996). Microbial problems in Ceramic slurries and green bodies. In *Microbially Influenced Corrosion of Materials* Eds E. Heitz, H. C. Flemming & W. Sand), pp. 359-375. Springer-Verlag GmbH & Co KG.

Muck, S. (2007). *Molekularzytogenetische Charakterisierung einer interstitiellen Deletion 4q bei einem Patienten mit Verdacht auf Rieger-Syndrom*. Dissertation, Martin- Luther- Universität. Halle-Wittenberg.

Nick, K. & Schöler, H., F. (1996). Photochemical Degradation of Herbicides in Water by UV-radiation Generated by Hg Low-Pressure Arcs (Part II, Phenylurea). *Vom Waser* **86**, 57-72.

Nishimori, E. Kita-Tsukamoto, K. & Wakabayashi, H. (2000). *Pseudomonas plecoglossicida* sp. nov., the causative agent of bacterial haemorrhagic ascites of ayu, *Plecoglossus altivelis*. *International Journal of Systematic and Evolutionary Microbiology* **50**(1), 83-89.

Oberlies, F. & Pohlmann, G. (1958). Über die Einwirkung von Mikroorganismen auf Ton, Feldspat und Kaolin. In *Internationaler keramischer Kongress* pp. 149-168. Wiesbaden Verlag DKV e.V.

Odenyo, A., A. Mackie, R., I. Stahl, D., A. & White, B., A. (1994). The Use of 16s Ribosomal-Rna-Targeted Oligonucleotide Probes to Study Competition between Ruminal Fibrolytic Bacteria - Pure-Culture Studies with Cellulose and Alkaline Peroxide-Treated Wheat-Straw. *Applied and Environmental Microbiology* **60**(10), 3697-3703.

Literatur

Oehmen, A. Zeng, R., J. Saunders, A., M. Blackall, L., L. Keller, J. & Yuan, Z., G. (2006). Anaerobic and aerobic metabolism of glycogen-accumulating organisms selected with propionate as the sole carbon source. *Microbiology-Sgm* **152**, 2767-2778.

Okada, N. Nomura, N. Nakajima-Kambe, T. & Uchiyama, H. (2005). Characterization of the Aerobic Denitrification in Mesorhizobium sp. Strain NH-14 in Comparison with that in related Rhizobia. *Microbes and Environments* **20**(4), 208-215.

Otsuka, S. Abe, Y., Fukui, R. Nishiyama, M. & Senoo, K. (2008). Presence of previously undescribed bacterial taxa in non axenic *Chlorella* cultures. *Journal of General and Applied Microbiology* **54**, 187-193.

Overman, T., L. & Janda, J., M. (1999). Antimicrobial Susceptibility Patterns of *Aeromonas jandaei, A. schubertii, A. trota, and A. veronii* Biotype *veronii*. *Journal of Clinical Microbiology* **37**(3), 706-708.

Parsons, A., B. & Dugan, P., R. (1971). Production of Extracellular Polysaccharide Matrix by *Zoogloea ramigera*. *Applied Microbiology* **21**(4), 657-661.

Peterson, S. B. Dunn, A. K. Klimowicz, A. K. & Handelsman, J. (2006). Peptidoglycan from Bacillus cereus mediates commensalism with rhizosphere bacteria from the Cytophaga-Flavobacterium group. *Applied and Environmental Microbiology* **72**(8), 5421-5427.

Petrick, K., Diedel, R., Peuker, M., Dieterle, M., Kuch, P., Kaden, R., Krolla-Sidenstein, P., Emmerich, K. (2009). Do I/S mixed-layer minerals influence the workability of two ceramic clays from Westerwald, Germany? In *International Clay Conference* (Ed S. Fiore, Belviso, C., Giannossi, M. L.), p. 603. Castellaneta Marina, Italy.

Petrick, K., Emmerich, K., Menger-Krug, E., Kaden, R., Dieterle, M., Kuch, P., Diedel, R., Peuker, M., Krolla-Sidenstein, P. (2008). Why do two apparently similar German ceramic clays display different rheological properties during maturation? In *4th Mid-European Clay Conference* (Ed Skowronski), p. 128. Zakopane, Poland.

Pfefferkorn, K. (1924). Ein Beitrag zur Bestimmung der Plastizität in Tonen und Kaolinen. *Sprechsaal* **57**, 297-299.

Pietramellara, G. (2004). DNA binding to clay minerals. *Geophysical Research Abstracts* **6**(02538).

Pokhrel, B., M. & Thapa, N. (2004). Prevalence of *Aeromonas* in different clinical and water samples with special reference to gastroenteritis. *Nepal Medical College Journal* **6**(2), 139-143.

Prauser, H. (1976). Nocardioides, a New Genus of the Order Actinomycetales. *International Journal of Systematic and Evolutionary Microbiology* **26**(1), 58-65.

Pronk, J., T. de Bruyn, J., C. Bos, P. & Kuenen, J., G. (1992). Anaerobic Growth of *Thiobacillus ferrooxidans*. *Appied and Environmental Microbiology* **58**(7), 2227-2230.

Qiagen (2002). Isolation of bacterial DNA from soil using the QIAamp® DNA Stool Mini Kit and QIAamp DNA Blood Midi Kit. Zugriff: 10/2008. http://www1.qiagen.com/literature/protocols/pdf/QA28.pdf.

Quigley, M., M. & Colwell, R., R. (1968). Properties of Bacteria Isolated from Deep-Sea Sediments. *Journal of Bacteriology* **95**(1), 211-220.

Rael, R., M. & Frankenberger, W., T. (1996). Influence of pH, salinity, and selenium on the growth of *Aeromonas veronii* in evaporation agricultural drainage water. *Water Research* **30**(2), 422-430.

RDP (2009). Ribosomal Database Project, Probe Match. Zugriff: 01/2009. http://rdp.cme.msu.edu/probematch/search.jsp.

Reasoner, D. J. Blannon, J. C. & Geldreich, E. E. (1979). Rapid seven-hour fecal coliform test. *Applied and Environmental Microbiology* **38**(2), 229-236.

Redfield, A., C. Ketchum, B., H. & Richards, F., A. (1963). The influence of organisms on the composition of sea-water. In *The composition of seawater. Comparative and descriptive oceanography. The sea: ideas and observations on progress in the study of the seas* (Ed M. Hill, N.), pp. 26-77. Interscience Publishers. New York.

Reh, H. (2001). *Das Keramiker Jahrbuch, jährlich erscheinender Sonderband der Berichte der Deutschen Keramischen Gesellschaft/Ceramic Forum International*. Göller-Verlag. Baden-Baden.

Reineke, W. & Schlömann, M. (2007). *Umweltmikrobiologie*. Elsevier Spektrum Akademischer Verlag. München.

Literatur

Ren, T. Pellerin, N., B. Graff, G., L. Aksay, I., A. & Staley, J., T. (1992). Dispersion of Small Ceramic Particles (Al_2O_3) with *Azotobacter vinelandii*. *Applied and Environmental Microbiology* **58**(9), 3130-3135.

Riedel, H. (2008). Simulation keramischer Herstellungsprozesse. In *Jahrestagung der Deutschen Keramischen Gesellschaft* Höhr- Grenzhausen, GermanyCity.

Rinder, G. (1979). Einfluß von Tonmineralien auf das Verhalten von acidophilen *Thiobacillus*-Arten in Suspensionen. *Zeitschrift für Allgemeine Mikrobiologie* **19**(9), 643-651.

Robertson, L., A. & Kuenen, J., G. (1990). Combined heterotrophic nitrification and aerobic denitrification in *Thiosphaera pantotropha* and other bacteria. *Antonie Van Leeuwenhoek* **57**(3), 139-152.

Rosa, M., Araujo Rosa, M., Arribas Francisco, L. & Ramon, P. (1989). Relation between *Aeromonas* and faecal coliforms in fresh waters. *Journal of Applied Microbiology* **67**(2), 213-217.

Rosenzweig, W. D. & Stotzky, G. (1979). Influence of Environmental Factors on Antagonism of Fungi by Bacteria in Soil: Clay Minerals and pH. *Appl Environ Microbiol* **38**(6), 1120-1126.

Routledge, E., J. Waldock, M. & Sumpter, J., P. (1999). Response to comment on "Identification of estrogenic chemicals in STW effluent. 1. Chemical fractionation and in vitro biological screening". *Environmental Science & Technology* **33**(2), 371-371.

Roux, K., H. (1995). Optimization and Troubleshooting in PCR. *Pcr-Methods and Applications* **4**(5), 185-194.

Ruben, G., C. (1990). Use of Pectin or Pectin- like Material in Water- based Ceramics. US patent.

Sagova-Mareckova, M. Cermak, L. Novotna, J. Plhackova, K. Forstova, J. & Kopecky, J. (2008). Innovative methods for soil DNA purification tested in soils with widely differing characteristics. *Applied and Environmental Microbiology* **74**(9), 2902-2907.

Salonius, P. O. Robinson, J. B. & Chase, F. E. (1967). A Comparison of Autoclaved and Gamma-Irradiated Soils as Media for Microbial Colonization Experiments. *Plant and Soil* **27**(2), 239-248.

Sanger, F. Nicklen, S. & Coulson, A. R. (1977). DNA sequencing with chain-terminating inhibitors. *Proc Natl Acad Sci U S A* **74**(12), 5463-5467.

Sarma, P., S. (2002). Aeromonas jandaei cellulitis and bacteremia in a man with diabetes. *The American Journal of Medicine* **112**(4), 325-325.

Sarman, U. Monoj, K., R. & Singh, H., D. (1994). Isolation of plasmid pRLI from *Arthrobacter oxydans* 317 and demonstration of its role in steroid 1 (2)-dehydrogenation. *Journal of Basic Microbiology* **34**(3), 183-190.

Schramm, G. (2004). *Einführung in Rheologie und Rheometrie*. Thermo Electron. Karlsruhe.

Schuppler, M. Mertens, F. Schon, G. & Gobel, U. B. (1995). Molecular Characterization of Nocardioform Actinomycetes in Activated-Sludge by 16s Ribosomal-Rna Analysis. *Microbiology-Uk* **141**, 513-521.

Shen, Y. Yan, D.-Z. Chi, X.-Q. Yang, Y.-Y. Leak, D. & Zhou, N.-Y. (2008). Degradation of cyclohexylamine by a new isolate of *Pseudomonas plecoglossicida*. *World Journal of Microbiology and Biotechnology* **24**(8), 1623-1625.

Sørensen, T. (1948). A method of establishing groups of equal amplitude in plant sociology based on similarity of species content. *Det Kongelige Danske Videnskabernes Selskab Biologiske Skrifter* **5**, 1-34.

Sposito, G. Skipper, N., T. Sutton, R. Park, S. Soper, A., K. & Greathouse, J., A. (1999). Surface geochemistry of the clay minerals. *Proceedings of the National Academy of Sciences of the United States of America* **96**(7), 3358-3364.

Stackebrandt, E. Verbarg, S. Frühling, A. Busse, H.-J. & Tindall, B., J. (2009). Dissection of the genus *Methylibium*: reclassification of *Methylibium fulvum* as *Rhizobacter fulvus* comb. nov., *Methylibium aquaticum* as *Piscinibacter aquaticus* gen. nov., comb. nov. and *Methylibium subsaxonicum* as *Rivibacter subsaxonicus* gen. nov., comb. nov. and emended descriptions of the genera *Rhizobacter* and *Methylibium*. *International Journal of Systematic and Evolutionary Microbiology* **59**(10), 2552-2560.

Steinbüchel, A. & Oppermann-Sanio, F., B. (2003). *Mikrobiologisches Praktikum*. Springer- Verlag. Berlin, Heidelberg, New York.

Literatur

Stinear, T. Jentkin, G., A. Johnson, P., D., R. & Davies, J., K. (2000). Comparative genetic analysis of *Mycobacterium ulcerans* und *Mycobacterium marinum* reveals evidence of recent divergence. *Journal of Bacteriology* **182**, 6322-6330.

Stouthamer, A., H. de Boer, A., P. van der Oost, J. & van Spanning, R., J. (1997). Emerging principles of inorganic nitrogen metabolism in *Paracoccus denitrificans* and related bacteria. *Antonie Van Leeuwenhoek* **71**(1-2), 33-41.

Stumm-Zollinger, E. (1972). Die bakterielle Oxydation von Pyrit. *Archives of Microbiology* **83**(2), 110-119.

Suttle, C., A. (2000). *The ecology of Cyanobacteria - Their diversity in time and space*. Kluwer Academic Publishers. Boston.

Swank, W., T. Fitzgerald, J., W. & Ash, J., T. (1984). Microbial Transformation of Sulfate in Forest Soils. *Science* **223**(4632), 182-184.

Taylor, J. P. Wilson, B. Mills, M. S. & Burns, R. G. (2002). Comparison of microbial numbers and enzymatic activities in surface soils and subsoils using various techniques. *Soil Biology and Biochemistry* **34**(3), 387-401.

Tebbe, C. C. & Vahjen, W. (1993). Interference of humic acids and DNA extracted directly from soil in detection and transformation of recombinant DNA from bacteria and a yeast. *Appl. Environ. Microbiol.* **59**(8), 2657-2665.

Telle, R. (2007). *Salmang Scholze Keramik*. Springer. Berlin, Heidelberg.

Thermo Scientific (2008). NanoDrop 1000 Spectrophotometer V3.7 User's Manual.

Torsvik, V. Goksoyr, J. & Daae, F. L. (1990). High Diversity in DNA of Soil Bacteria. *Applied and Environmental Microbiology* **56**(3), 782-787.

Trahan, L. Söderling, E. Dréan M., F. Chevrier, M., C. & Isokangas, P. (1992). Effect of Xylitol consumption on the Plaque-Saliva distribution of mutans streptococci and the occurence and long-term survival of Xylitol-resistant strains. *American Journal of Dentisty* **71**(11), 1785-1791.

Turnbull, G. A. Ousley, M. Walker, A. Shaw, E. & Morgan, J. A. (2001). Degradation of substituted phenylurea herbicides by Arthrobacter globiformis strain D47 and characterization of a plasmid-associated hydrolase gene, puhA. *Applied and Environmental Microbiology* **67**(5), 2270-2275.

TVO (2001). Verordnung über die Qualität von Wasser für den menschlichen Gebrauch. (Ed BRD), City.

Tyson, G. & Banfield, J. (2005). Cultivating the uncultivated: A community genomics perspective. *Trends in Microbiology* **13**(9), 411-415.

Ulery, A. L., Drees, L. R. (2008). *Methods of soil analysis: Mineralogical methods*. ASA-CSSA-SSSA.

Ultee, A. Souvatzi, N. Maniadi, K. & König, H. (2004). Identification of the culturable and nonculturable bacterial population in ground water of a municipal water supply in Germany. *Journal of Applied Microbiology* **96**(3), 560-568.

Ungerer, E. (1930). Austauschreaktionen schwerlöslicher Phosphate und Sulfate mit Permutiten. *Colloid & Polymer Science* **52**(2), 227-231.

Vaiberg, S., N. Vlasov, A., S. & Skripnik, V., P. (1980). Treating clays with silicate bacteria. *Glass and Ceramics* **37**(8), 387-389.

Valenzuela-Enricas, C. Neria-González, I. Alcántara-Hernández, R., J. Estrada-Alvarado, I. Zavala-Diaz de la Serna, F., J. Dendooven, L. & Marsch, R. (2009). Changes in bacterial populations of the highly alkine saline soil of the former lake Texcoco (Mexico) following flooding. *Extremophiles* **13**(4), 609-621.

Van Wamel, W., J., B. Hendrickx, A., P., A. Bonten, M., J., M. Top, J. Posthuma, G. & Willems, R., J., L. (2007). Growth Condition-Dependent Esp Expression by *Enterococcus faecium* Affects Initial Adherence and Biofilm Formation. *Infection and Immunity* **75**(2), 924-931.

van der Veen, A. (2003). *Schwefelspezifikationen und assoziierte Metalle in rezenten Sedimenten*. Doctoral Thesis, Technische Universität Carolo Wilhelmina. Braunschweig.

Varnam, A., H. & Evans, G., G. (2000). *Environmental Microbiology*. Manson Publishing. London.

Velde, B. (1995). *Origin and Mineralogy of Clays*. Springer Verlag.

Literatur

Vilain, S. Luo, Y. Hildreth, M. B. & Brozel, V. S. (2006). Analysis of the life cycle of the soil saprophyte Bacillus cereus in liquid soil extract and in soil. *Applied and Environmental Microbiology* **72**(7), 4970-4977.

Violante, A. Huang, P., M. Bollag, J., M. & Gianfreda, L. (2002). Soil mineral-organic matter- microorganism interactions and ecosystem health. In *Development in Soil Sciences 28* Elsevier Academic Press. Amsterdam.

von Stetten, F. Mayr, R. & Scherer, S. (1999). Climatic influence on mesophilic Bacillus cereus and psychrotolerant Bacillus weihenstephanensis populations in tropical, temperate and alpine soil. *Environ Microbiol* **1**(6), 503-515.

Wang, E., T. van Berkum, P. Sui, X., H. Beyene, D. Chen, W., X. & Martinez-Romero, E. (1999). Diversity of rhizobia associated with *Amorpha fruticosa* isolated from Chinese soils and description of *Mesorhizobium amorphae* sp. nov. *International Journal of Systematic and Evolutionary Microbiology* **49**(1), 51-65.

Wattel-Koekkoek, E., J., W. & Buurman, P. (2004). Mean Residence Time of Kaolinite and Smectite-Bound Organic Matter in Mozambiquan Soils. *Soil Science Society of America Journal* **68**(1), 154-161.

Watts, S., F. Brimblecombe, P. & Watson A., J. (1990). Methanesulphonic acid, dimethyl sulphoxide and dimethyl sulphone in aerosols. *Atmospheric environment* **24**(2), 353-359.

Wauters, G. Charlier, J. Janssens, M. & Delmee, M. (2000). Identification of *Arthrobacter oxydans, Arthrobacter luteolus* sp. nov., and *Arthrobacter albus* sp. nov., Isolated from Human Clinical Specimens. *Journal of Clinical Microbiology* **38**(6), 2412-2415.

Weaver, T., L. & Dugan, P., R. (1972). The eutrophication implications of interactions between naturally occurring particulates and methane oxidizing bacteria. *Water Research* **6**(7), 817-828.

Weidenbörner, M. (1998). *Lebensmittel- Mykologie*. Behr. Hamburg.

Weiss, A. (1963). Ein Geheimnis des chinesischen Porzellans. *Angewandte Chemie* **75**(16-17), 755-762.

White, T., J. Bruns, T. Lee, T. & Taylor, J. (1990). Amplification and direct sequencing of fungal ribosomal RNA genes for phylogenetics. In *A Guide to Methods and Applications* Eds M. Innis, A., D. Gelfand, H., J. Sninsky, J. & T. White, J.), pp. 315-322. Academic Press. New York.

Whiting, A. K. Boldt, Y. R. Hendrich, M. P. Wackett, L. P. & Que, L., Jr. (1996). Manganese(II)-dependent extradiol-cleaving catechol dioxygenase from Arthrobacter globiformis CM-2. *Biochemistry* **35**(1), 160-170.

Whittaker, H. (1939). Effect of Particle Size on Plasticity of Kaolinite. *Journal of the American Ceramic Society* **22**(1-12), 16-23.

Winding, A. Binnerup, S. & Sørensen, J. (1994). Viability of indigenous soil bacteria assayed by respiratory activity and growth. *Applied and Environmental Microbiology* **60**, 2869-2875.

Wolarowitsch, M. & Tolstoi, D. (1935). Über Viskosität und Plastizität disperser Systeme; VI. Untersuchungen des Einflusses von Temperatur und Elektrolyten auf die plastischen Eigenschaften von Kaolin. *Colloid & Polymer Science* **73**(1), 92-96.

Wolfaardt, G. M. Lawrence, J. R. Robarts, R. D. & Caldwell, D. E. (1994). The Role of Interactions, Sessile Growth, and Nutrient Amendments on the Degradative Efficiency of a Microbial Consortium. *Canadian Journal of Microbiology* **40**(5), 331-340.

Xie, C., H. & Yokota, A. (2005). Reclassification of *Alcaligenes latus* strains IAM 12599T and IAM 12664 and *Pseudomonas saccharophila* as *Azohydromonas lata* gen. nov., comb. nov., *Azohydromonas australica* sp. nov. and *Pelomonas saccharophila* gen. nov., comb. nov., respectively. *International Journal of Systematic and Evolutionary Microbiology* **55**(6), 2419-2425.

Xu, P. Yu, B. Li, F., L. Cai, X., F. & Ma, C., Q. (2006). Microbial degradation of sulfur, nitrogen and oxygen heterocycles. *Trends in Microbiology* **14**(9), 398-405.

Yoon, M., H. Ten, L., N. Im, W., T. & Lee, S., T. (2007). *Methylibium fulvum* sp. nov., a member of the Betaproteobacteria isolated from ginseng field soil, and emended description of the genus *Methylibium*. *International Journal of Systematic and Evolutionary Microbiology* **57**(9), 2062-2066.

Literatur

Young, D., A. & Smith, D., E. (2000). Simulations of Clay Mineral Swelling and Hydration: Dependence upon Interlayer Ion Size and Charge. *The Journal of Physical Chemistry B* **104**(39), 9163-9170.

Young, R., N. Warkentin, B., P. Phadungchewit, Y. & Galvez, R. (1990). Buffer capacity and lead retention in some clay materials. *Water, Air and Soil Pullution* **53**, 53-67.

Zeller, M. (2000). *Molekulare Geschlechts- und Verwandtschafts- Bestimmung in historischen Skelettresten.* Dissertation, Eberhard-Karls-Universität. Tübingen.

Zhang, G. X., Dong, H. L., Kim, J. W., Eberl, D. D. (2007a). Microbial reduction of structural Fe3+ in nontronite by a thermophilic bacterium and its role in promoting the smectite to illite reaction. *American Mineralogist* **92**(8-9), 1411-1419.

Zhang, G. X., Kim, J. W., Dong, H. L., Sommer, A. J. (2007b). Microbial effects in promoting the smectite to illite reaction: Role of organic matter intercalated in the interlayer. *American Mineralogist* **92**(8-9), 1401-1410.

Zumft, W., G. (1997). Cell biology and molecular basis of denitrification. *Microbiology and Molecular Biology Reviews* **61**, 533-616.

Danksagung

Ich danke Herrn Prof. Schlömann für die Möglichkeit der Promotion an der Technischen Universität Bergakademie Freiberg sowie für die Begutachtung der Arbeit. Für die fachliche Betreuung und die vielen nützlichen Hinweise sowie das gute Arbeitsklima in der Arbeitsgruppe möchte ich mich bei Peter Krolla-Sidenstein bedanken. Für die labortechnischen Zuarbeiten danke ich Eve Menger-Krug, welche direkt an der Planung und Durchführung des Maukversuchs beteiligt war, Linglan He, welche im Rahmen eines Praxissemesters unter anderem die Sterilisierungsexperimente an Tonen durchführte sowie Roman Mink und Claudia Rück, welche als wissenschaftliche Hilfskräfte immer dann zur Stelle waren, wenn die Arbeiten allein nicht mehr zu bewältigen waren. Für die gute Zusammenarbeit innerhalb des gesamten Projektes und vor allem während des Maukversuchs danke ich Herrn P. Kuch und Herrn M. Dieterle von Sibelco Deutschland, welche die Aufarbeitung der Tone realisierten und keramtechnische Messwerte zur Verfügung stellten, Herrn Dr. R. Diedel und Frau M. Peuker, welche die keramtechnischen Messungen der Basisuntersuchungen und während des Maukversuchs am FGK durchführten sowie Frau PD Dr. K. Emmerich und Frau K. Petrick für die Zuarbeit nanomineralogischer Daten. Für die statistischen Auswertungen der Daten des Maukversuchs danke ich weiterhin Herrn Dr. M. Mühling. Ich danke Frau Dr. Christina Jungfer, für die hilfreichen fachlichen Hinweise.

Ich danke ausserdem den Firmen Analytik Jena, PeQLab und EURx, welche DNA-Extraktionskits als Proben für einen Methodenvergleich zur Verfügung gestellt haben und diesen umfangreichen Test damit erst ermöglichten.

Für die Förderung des Gesamtprojektes, mit dem Titel „Entwicklung neuer Aufbereitungstechnologien für tonmineralische Rohstoffe durch gezielte Nutzung und Steuerung mikrobiologischer Reaktionen" (01RI0626B) danke ich dem BMBF.

Großem Dank bin ich auch meiner Familie und vor allem meiner Frau Heike verpflichtet, welche mir durch vielfältige Unterstützung die zeitlichen Möglichkeiten zum Verfassen dieser Arbeit einräumte. Entschuldigen möchte ich mich bei meiner Tochter Lea-Sophie, mit welcher ich in den nächsten Monaten wieder viel mehr Zeit verbringen werde.

Lebenslauf

Persönliches:

Name:	René Kaden
Geburtsdatum:	31. März 1975
Geburtsort:	Marienberg
Studienabschluß:	Dipl. Biologe

Berufserfahrung:

Seit 06/2007	Tätigkeit als wissenschaftlicher Mitarbeiter im Karlsruher Institut für Technologie KIT, Institut für Funktionelle Grenzflächen (IFG)
Seit 10/2008	nebenberufliche Tätigkeit als Lektor und Coach für wissenschaftliche Abschlussarbeiten bei Studilektor.de
12/2006 - 03/2007	Anstellungsverhältnis als wissenschaftliche Hilfskraft am Helmholtz-Zentrum UFZ Leipzig sowie an der TU Dresden zur Methodenentwicklung in der Mikrobiologie
11/2000 – 05/2007	Tätigkeit als freiberuflicher Dozent beim Studiertreff in Dresden

Akademische Ausbildung:

11/2009 – 05/2010	Promotion zum Thema „Mikrobiologische Charakterisierung von Tonrohstoffen unter Berücksichtigung des Alterationsprozesses Mauken" an der Technischen Universität Bergakademie Freiberg
10/2003 – 12/2006	Studium der Biologie an der TU Dresden mit den Schwerpunkten Mikrobiologie, Botanik und Hydrobiologie Diplomarbeit: „Charakterisierung der mikrobiellen Biozönose im Sediment und Freiwasser der Talsperre Saidenbach"
10/2000 – 09/2003	Studium der Humanmedizin an der Universitätsklinik „Carl Gustav Carus" in Dresden

Schule:

08/1996 – 07/1999	Allgemeine Hochschulreife; Erzgebirgskolleg Breitenbrunn

Eidesstattliche Erklärung

Hiermit versichere ich, dass ich die vorliegende Arbeit ohne unzulässige Hilfe Dritter und ohne Benutzung anderer als der angegebenen Hilfsmittel angefertigt habe; die aus fremden Quellen direkt oder indirekt übernommenen Gedanken sind als solche kenntlich gemacht.

Bei der Auswahl und Auswertung des Materials sowie der Herstellung des Manuskripts habe ich Unterstützungsleistungen von folgenden Personen erhalten:

Dr. M. Mühling: statistische Auswertung und Visualisierung der Daten der Abbildungen 3.40 und 3.51.

Weitere Personen waren an der Abfassung der vorliegenden Arbeit nicht beteiligt. Die Hilfe eines Promotionsberaters habe ich nicht in Anspruch genommen. Weitere Personen haben von mir keine geldwerten Leistungen für Arbeiten erhalten, die nicht als solche kenntlich gemacht worden sind.

Die Arbeit wurde bisher weder im Inland noch im Ausland in gleicher oder ähnlicher Form einer anderen Prüfungsbehörde vorgelegt.

Vorabpublikationen

Teile dieser Arbeit wurden in folgenden Publikationen vorab veröffentlicht

"Mikrobiologische Aufbereitung von Tonen", DKG Jahrestagung, Höhr Grenzhausen, Germany 2008

„Monitoring shifts in microbial community composition in clayey sediments by culture-dependent and culture-independent approaches", Biofilms III, Munich, Germany, 2008

"Why do two apparently similar German ceramic clays display different rheological properties during maturation?, MECC, Zakopane, Poland, 2008

"Biological Processes during Clay Maturation", MECC, Zakopane, Poland, 2008

"Shifts in Microbial Community Composition in Clayey Sediments by Culture-dependent and Culture-independent Approaches", Shizuoka, Japan, 2008

„2009 CFI Comprehensive Material Characterization of Clay Mineral Raw Materials for Development of Microbiological Processing Technologies", CFI, 2009

"Do I/S mixed-layer minerals influence the workability of two ceramic clays from Westerwald, Germany?", ICC, Castellaneta Marina, Italy, 2009

"Methods Characterising Microbial Community Composition during Clay Aging", ICC, Castellaneta Marina, Italy, 2009

"Why do two apparently similar German ceramic clays display different rheological properties during maturation?" Fiore S, Belviso C, Giannossi ML (eds) Proceedings of the 14th International Clay Conference, Castellaneta Marina, Italy, pp 400, 2009

"Mineralogical characterization of clays for the developement of microbial driven processing technologies" 3. DTTG-Workshop, ETH Zürich, 2009

"Investigation of the clay maturing process as basis for property-enhancing utilization and control of microbiological reactions" Fiore S, Belviso C, Giannossi ML (eds) 14th International Clay Conference, 2009

"Umfassende Materialcharakterisierung von tonmineralogischen Rohstoffen zur Entwicklung mikrobiologischer Aufbereitungstechnologien", 5. CMM Workshop, Bad Herrenalb, Germany, 2009

„Methoden zur Charakterisierung mikrobieller Populationen in Tonrohstoffen unterschiedlichen Alters", 5. CMM Workshop, Bad Herrenalb, Germany, 2009

NCBI PopSet [260765299]: The Dynamic cultivation system for microorganisms - A new way to culture the unculturables and show the temporal shifts in population composition, 2009

"*Oxalobacteraceae* bacterium 60BC01 16S ribosomal RNA gene" NCBI Nr.: GQ919037

"*Arthrobacter* sp. 60BC07 16S ribosomal RNA gene" NCBI Accession Nr.: GQ919038

"*Micrococcaceae* bacterium 60BC08 16S ribosomal RNA gene" NCBI Nr.: GQ919032

"*Arthrobacter* sp. 60BC10 16S ribosomal RNA gene" NCBI Accession Nr.: GQ919033

"*Arthrobacter* sp. 60BC14 16S ribosomal RNA gene" NCBI Accession Nr.: GQ919034

"*Arthrobacter* sp. 60BC16 16S ribosomal RNA gene" NCBI Accession Nr.: GQ919035

"*Nocardioides* sp. 60BC17 16S ribosomal RNA gene" NCBI Accession Nr.: GQ919036

NCBI PopSet [261288870]: "The dynamic cultivation system, a new method to show temporal shifts in microbial community structure", 2009

"*Micrococcaceae* bacterium B13 16S ribosomal RNA gene" NCBI Nr.: GU002566

"*Arthrobacter* bacterium. B16 16S ribosomal RNA gene" NCBI Nr.: GU002567

"*Massilia* sp. B22 16S ribosomal RNA gene" NCBI Accession Nr.: GU002568

"*Dyella* sp. B23 16S ribosomal RNA gene" NCBI Accession Nr.: GU002569

"*Propionibacteriaceae* bacterium B25 16S ribosomal RNA gene" NCBI Nr.: GU002570

NCBI PopSet [261288875]: "Population analysis of clay", 2009

"*Sphingobium* sp. K02 16S ribosomal RNA gene" NCBI Accession Nr.: GU002571

"*Enterococcaceae* bacterium. K03 16S ribosomal RNA gene" NCBI Nr.: GU002572

"*Arthrobacter* sp. K05 16S ribosomal RNA gene" NCBI Accession Nr.: GU002573

"*Pseudomonas* sp. K07 16S ribosomal RNA gene" NCBI Accession Nr.: GU002574

"*Pseudomonas* sp. K09 16S ribosomal RNA gene" NCBI Accession Nr.: GU002575

"*Rhizobiales* bacterium. K20 16S ribosomal RNA gene" NCBI Nr.: GU002576

"*Nocardioidaceae* bacterium K22 16S ribosomal RNA gene" NCBI Nr.: GU002577

"*Streptomyces* sp. K23 16S ribosomal RNA gene" NCBI Accession Nr.: GU002578

Der disserta Verlag bietet die kostenlose Publikation
Ihrer Dissertation als hochwertige
Hardcover- oder Paperback-Ausgabe.

Fachautoren bietet der disserta Verlag
die kostenlose Veröffentlichung professioneller Fachbücher.

Der disserta Verlag ist Partner für die Veröffentlichung
von Schriftenreihen aus Hochschule und Wissenschaft.

Weitere Informationen auf www.disserta-verlag.de